赤嶺 淳

AKAMINE Jun

ナマコを歩く

現場から考える
生物多様性と文化多様性

新泉社

目次

II　ナマコを獲る

第3章　フィリピンのナマコ漁　マンシ島の事例から……088

第4章　日本のナマコ漁　北海道と沖縄の事例から……124

III　ナマコを食べる

第5章　イリコ食文化　歴史と現在……158

IV ナマコで考える

第9章 同時代をみつめる眼　鶴見良行のアジア学とナマコ学……272

写真：門田修

ブックデザイン……………藤田美咲
カバー・表紙・本扉写真……門田 修
カバー袖写真……筆者
（*I. fuscus*：Steven Purcell）

ナマコを歩く

現場から考える
生物多様性と文化多様性

序章

ナマコをめぐるエコ・ポリティクス

環境主義下の世界に生きる

一九九七年以来、わたしはナマコという定着性沿岸資源に注目し、東南アジアと日本の島嶼《とうしょ》において、人びとはいかに自然環境を利用しながら生活してきたのかについて研究してきた。

いうまでもなく、ナマコについては、すでに鶴見良行が『ナマコの眼』〔鶴見 1990〕という大著において、オーストラリア北岸から東南アジア、日本をつないだ海道――ナマコ海道――の歴史を叙述している。

鶴見のユニークさは、第一に、アジアとヨーロッパを結ぶハイウェイともいえるマラッカ海道ではなく、オーストラリア北部からインドネシア中部のスラウェシ島西側を通過し、中国へと北上するマイナーな海道――マカッサル海道――を想定したことにある〔鶴見 1987〕。また、「ナマコの眼《まなこ》」という架空のレンズをとおし、いわゆる「鎖国」期の長崎でおこなわれていた清国との二国間貿易が、厦門《アモイ》や広州といった中国の港市を通じてマカッサル海道ともつらなる多国間貿易に包摂されていた、とマクロな歴史像を仮定したことにある［鶴見 1990］。

図0-1　マカッサル海道・マラッカ海道概念図

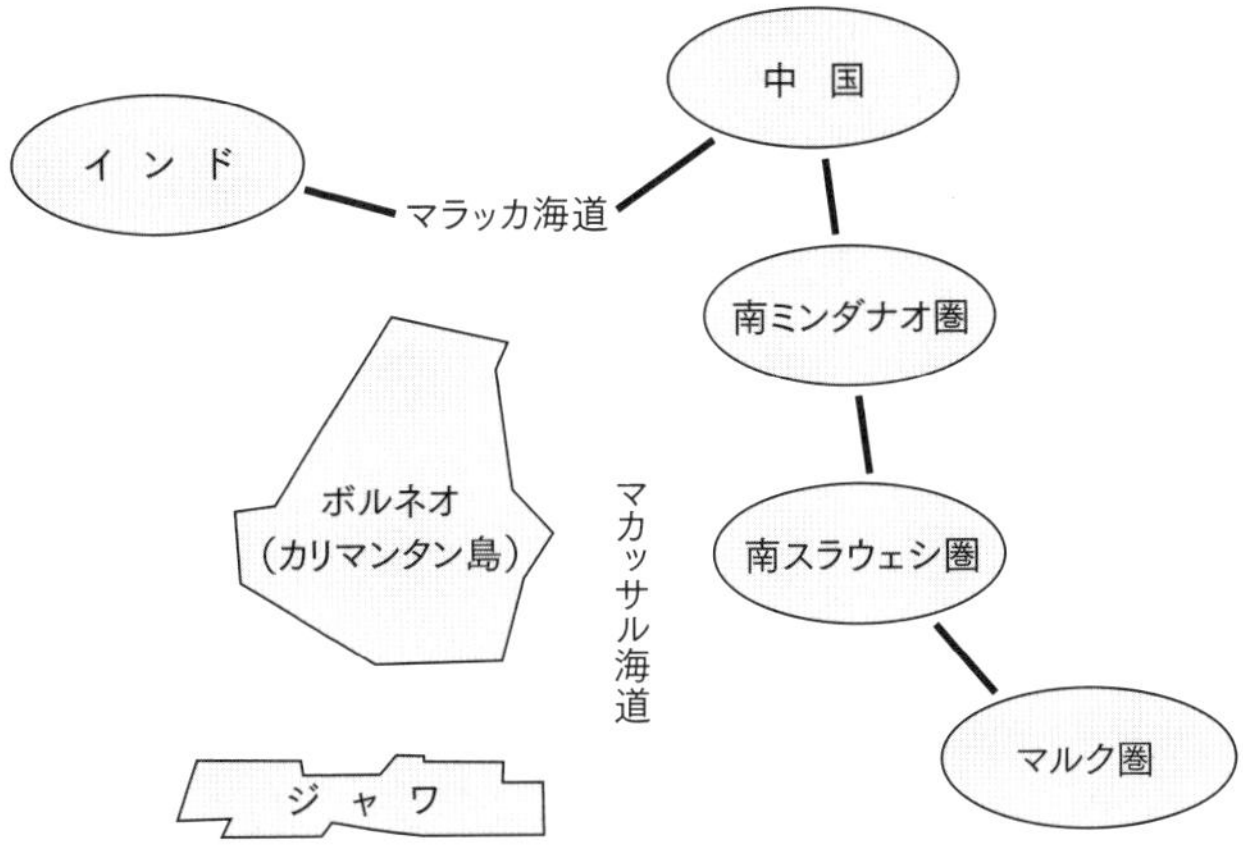

出所：鶴見［1987：4］．

このことは、「島国根性」という熟語に象徴されるように、グローバル化時代の今日においても、なお日本を閉じた社会とみなす「鎖国」概念を打破するうえで重要な問題提起をなしている。また、宮本常一や網野善彦らに通じる海世界への関心は、鶴見自身が中央主義史観とよぶ、「まず国家ありき」の歴史観への批判を込めたものでもあった。

たしかにボーダーレス社会と形容され、人間や資本、情報などがかつてないスピードで越境する今日、国家のあり方については再考を要することでもある。事実、一九九〇年に上梓された『ナマコの眼』で鶴見が描いた世界と今日との差異のひとつは、グローバルに展開される環境保護運動が、ローカルなナマコ産業に影響を与えている点にある。

一九七〇年代に高まりをみせた地球環境への関心は、環境主義(environmentalism)とよばれる。なかでも、一九七二年に「かけがえのない地球」(Only One Earth)をスローガンとしてスウェーデンのストックホルムで開催された国連人間環境会議(UNCHE:United Nations Conference on the Human Environment)は、国家の枠組みを超えた環境問題、すなわち地球環境問題の存在を広くアピールし、「地球環境主義」を誕生せしめたものとして注目される。

事実、この人間環境会議において、経済社会理事会の専門機関として国連環境計画(UNEP:United Nations Environmental Program)の設置が決定された。UNEPの設立は、国連が環境問題に取り組む姿勢を鮮明にしただけではなく、その本部をケニアのナイロビとしたことだけでも画期的な出来事であった。それは、それまで途上国に本部をおく専門機関が国連システムのなかには皆無だったからである。

地球環境主義は、ストックホルム会議二〇周年を記念して一九九二年にブラジルのリオデジャネイロで開催された国連環境開発会議(UNCED:United Nations Conference on Environment and Development, 地球サミット)において頂点に達し、今日にいたっている。地球サミットは、生物多様性保全や温暖化防止といった、まさに地球規模で対処せざるをえない環境問題への喚起をうながし、これらの問題に対処するための国際条約(生物多様性条約と地球温暖化防止条約)の締結・批准といった行動を各国政府に要請した。

このように地球環境主義が、テロ対策や安全保障とならぶ国際政治課題にまで成長したことは、ポスト「冷戦」期の国際政治状況と無関係ではない[米本 1994; Porter and Brown 1996＝2001]。また、みずからも地球環境国際議員連盟（GLOBE：Global Legislators Organization for the Balanced Environment）の一員として生物多様性条約の成立に奔走した堂本暁子（元参議院議員・前千葉県知事）が、同条約の成立過程に果たしたNGOの功績を評価するように［堂本 1995a, 1995b］、地球環境政治を具現化するためには、環境NGOとの協働が不可欠となった。

官への依存を脱し、市民みずからが暮らしやすい社会を構築していく意味において、NGOの発展は歓迎すべきことである。また、社会でさまざまに生じている問題群が複雑怪奇に、かつ同時多発的に相互に関与しあい、容易に国境を越える現状のなか、高度な専門性をもち、緊急かつ柔軟に国際的行動を起こすことのできるNGOへの期待が高まることに不思議はない。

その最たる例が地球環境問題であろう。しかし、たとえば日本の調査捕鯨船への妨害に顕著なように、一部NGOの行動に対する評価は賛否が著しく分かれており、無条件でNGO活動を支援できない状況にあることも、まぎれもない事実である。

捕鯨に象徴される問題は、文化の固有性と資源の所有権をめぐる問題に換言できる。捕鯨は、南氷洋という公海における資源はだれのものなのか、という問題を提起する一方で、高度に回遊する動物だとはいえ、日本の沿岸に寄ってきたクジラを獲ることの是非が国際的世論に左右されるという現実を露呈することとなった。

このような資源の所有と利用に関する研究はコモンズ研究（Commons Studies）とよばれ、環境主義の高まりと同時に一九七〇年代以降にさかんとなり、地域社会によって管理される共有資源＝コモンズについて、世界中のさまざまな事例にもとづく研究が隆盛をみせている［McCay and

Acheson eds. 1996; National Research Council 2002; Kishigami and Savelle eds. 2005]。

理論的に資源は、その所有形態から、私的財産(private property)、公的財産(state property)、共的財産(common property)、非所有(オープン・アクセス open access)の四つに分類されうる[Feeny et al. 1990]。日本の入会地《いりあいち》に象徴されるように、村落社会のなりたちを資源利用の観点から明らかにするため、従来のコモンズ研究の多くは、共的所有の実態解明に努力をそそいできた。しかし、東南アジアの漁民社会を研究してきた経験から、わたしはオープン・アクセスの実態こそが解明されるべきだと考えている。理由は以下のふたつである。

第一に、オープン・アクセスの無主(非所有)性ゆえに東南アジアでは、破壊的漁業が横行しているからである。たしかに共的管理が確立している東インドネシアの事例もあるが[村井 1998; Novaczek et al. 2001; 秋道 2004]、だれもがアクセスできる漁場で爆薬や青酸化合物を使うといった破壊的漁法によって、東南アジアのサンゴ礁の多くは劣化している。持続的な資源管理を望むのであれば、オープン・アクセスによる漁業形態の実態把握が急務の課題である[赤嶺 2002a]。

第二の理由は、本書ではより重要なことであるが、オープン・アクセスの解釈に関わっている。環境保護論者や生物多様性保全論者が好んで用いるグローバル・コモンズ(global commons)では、人類の共有財産(common heritage)性が強調されている。コモンズ論のいう「みんなのもの」とオープン・アクセスの意味する「だれのものでもない」ことは、本来は異なる概念である。それが同じ土俵で取り上げられるようになったのは、冒頭に掲げた一九七二年のストックホルム会議においてであった。コモンズ論の端緒となったハーディンの論文「共有地(コモンズ)の悲劇」[Hardin 1968]

が公表された四年後のことである。

地球環境主義の誕生を契機として、オープン・アクセスである非所有資源のうち、大気や公海、南極などは、たんに「非所有」という実質的な所有形態だけではなく、観念的な「人類の共有財産」として一定の規制をかけることが前提とされるようになったのである［Buck 1998］。この延長線上に、生物多様性の保全、とくにクジラやゾウをはじめとした野生動物保護思想を位置づけることができる。興味深いことに、まさに人類の共有財産の保護をうたうユネスコ（UNESCO：国連教育科学文化機関）による世界遺産条約も、ストックホルム会議と同じ一九七二年に採択されている。

そして注目すべきは、一九九二年の国連環境開発会議において、まさに地球レベルの、グローバル・コモンズをめぐる問題が議論されたことである。そのことは、この会議が地球サミット（the Earth Summit）と称され、この場において、地球温暖化防止条約（気候変動に関する国際連合枠組条約、通称「気候変動枠組条約」）と生物多様性条約が成立したことに象徴的である。

地球環境主義者のいう「グローバル・コモンズの保護」は、疑念をはさむ余地のない説得力に満ちた主張であるようにみえる。しかし、先進国に住み、地球環境保護を唱えているわたしたちの大多数は、生産活動に従事せず、都市で消費者として暮らしているため、生物多様性の保全は、日々の営みと密接に結びついた直接的な関心事とはなりえず、リアリティを抱けない事柄である。また、生物多様性の保全を訴える主張は、数値に置換されたデジタルな科学的根拠にもとづいている。他方、それらの生物資源を利用してきた人びとの多くは、みずからの経験にもとづくアナログな記憶しかもちえず、みずからの立場の正統性を説明する科学的方法をもっていない［古川

1999]。そのような不平等な条件のもと、人類全体のため（あるいは地球の危機を救うため）には地域住民の生活が制約を受けても仕方がない、といった論理がまかりとおることとなる。しかも、環境問題は、冷戦が終焉した以降の国際社会における政治課題である以上、科学性を超えた政治権力の行使・対立がみられても不思議ではない。二〇〇九年末にデンマークの首都コペンハーゲンで開催された地球温暖化防止条約（気候変動枠組条約）第一五回締約国会議（CoP15）において、先進国と途上国とがはげしく対立したことは記憶に新しいはずである。これなどは、環境問題が政治課題化した好例であろう。

本書では、自然と人間、あるいはグローバル・コモンズと地域社会の関係を考える一事例として、中国食文化圏で少なくとも四〇〇年にわたり珍重されてきた「ナマコ」を取り上げ、野生生物の利用と管理の問題点を検討してみたい。わたしがナマコに着目する理由は、以下の四点にある。

(1) ナマコは現在、ワシントン条約（CITES：絶滅のおそれのある野生動植物の種の国際取引に関する条約、一九七五年発効）の俎上にある。ワシントン条約はUNEPの管轄下にあり、UNEPの設置とほぼ同時に成立した条約でもある。ストックホルム会議を契機として誕生した地球環境主義そのものと、その後の時代を考察する格好の題材となりうるはずだ。しかも、人もモノも情報も資本もボーダーレスに移動する時代にあって、国際条約という性格上、本条約の主体は国家である。鶴見が問題視した国家主義とは正反対の意味で、本条約を観察することで国家を相対化できるのではないか、との狙いもある。

(2) ナマコは地先の定着性沿岸資源である。したがって、原理的には、それぞれの地域の特性に適応した管理しやすい動物だといえる。その意味からしても、コモンズ研究にはもってこいの題材である。しかし同時に地先の海を越え、よその地域や国家に越境したり、だれのものでもない海でオープン・アクセス的に操業しやすい、という問題点をもはらんでいる。もちろん、ここにも国家の枠は存在する。というのも、漁業法などの国内法を整備し、その監督をつかさどるのは、国家だからである。くわえて、漁業生産の現場では、非当事者である環境NGOも関与しうる時代である。漁村におけるコモンズ資源の利用・規制を比較検討することで、当事者と非当事者の権力関係が相対化できるであろう。

(3) そもそもナマコは、日本をはじめ東南アジアや南太平洋などで漁獲され、「伝統」的に中国へ輸出されてきた動物である。しかも、中国では煮熟《しゃじゅく》したのちに干した乾燥ナマコ(干ナマコ)を水で戻して食してきた。ナマコにかぎらずフカヒレ(魚翅《ユイチー》)や干アワビ、干貝柱などの乾燥海産物は、「乾貨《ガンフォ》」と称され、清代以降の中国で珍重されてきた。興味深いことに、一部の例外を除き、これらの生産地のほとんどでは、こういった乾燥海産物を消費する食文化はなかった。つまり、これらの乾燥海産物は、もっぱら中国へ輸出するために生産されてきたのである。そして近年では、伝統的な生産国のみならず、南北アメリカ大陸やアフリカ大陸沿岸などでも生産が活発化しているように、ナマコ資源の利用と管理については、まさにグローバルな視点を必要とする。同時にナマコは中国食文化の一食材である以上、ナマコだけを隔離してその保全策を論じても無意味である。「中国食文化のなかのナマコ」といったマクロな視点を保持しながら、同じく環境保護の視点から問題とされているフカヒレなどとも比較していく姿勢が不可欠である。

(4) およそ四〇〇年におよぶナマコ食文化の歴史は、偶然にも世界史でいう「近代」という時代に相当する。この間、中国は清国時代の王制から中華民国を経て、中華人民共和国にいたっている。当然、ナマコ食文化のありようも、固定的・静的ではありえなかった。日本列島史をみてても、いわゆる俵物《たわらもの》貿易という徳川幕府の管理下で生産が奨励された時代もあったが、今日では漁業法で規定されるように漁業協同組合が自主的に資源管理を進めている。植民地主義が浸透しつつあった一八〜一九世紀の東南アジアでは、在地の領主たちがこれらの乾燥海産物の貿易を通じて経済力をたくわえてもいた。もともと国境という意識が希薄であった東南アジア海域世界も、独立後半世紀以上がたった今日では、国境が確立し、「越境」操業が問題視されるようになった。前記の問題群を考察するには、当然、歴史的視座も必要となる。

本書の第5章で明らかにするように、そもそも温帯のナマコと熱帯のナマコとでは、種も生態も異なっており、それぞれの種に固有の歴史が形成されてきた。その一方で、生産地である日本も東南アジアも、また消費地である中国も一様に環境主義の時代をむかえている。食文化も、文化の一側面である以上、経済や政治の状況とリンクしながら刻々と変化しつづける存在でしかありえない。

本書では、ナマコという野生動物をめぐって、資源利用者の漁民、資源管理の枠組みづくりの主体としての国家や国際機関、さらには豊富な活動資金のもとボーダーレスに環境保護運動を推進する環境NGOらが、さまざまに入りみだれて関係しあう動態を「エコ・ポリティクス」とよび、ワシントン条約という野生生物の国際貿易を規制する条約を舞台として展開されるエコ・ポリティクスの様相を検討してみたい。同時に野生動物の保全は、資源利用を含んだ地域社会と食文化の歴史性をふまえ、生産者のみならず流通業者など、さまざまな関係者を巻き込んだ、外部にひらかれた体制が望ましいことを提示したい。

以下、第1章では、本書でいうエコ・ポリティクスのみならず、広義の政治経済が、いかに環境保全をめぐる問題を複雑にしているのかを明らかにするため、フィリピンのダイナマイト漁をあつかうことにする。この章において、サンゴ礁を爆破する人びとと、その行為を批判するわたしたちとが、いかなる関係性で結びついているかを明示し、環境問題の現場に生きる人びとと批判者であるわたしたちも、同じ時代に生活しているという同時代性を意識することが環境問題の分析視角に必要なことを強調しておきたい。第2章では、ガラパゴス諸島で勃発した「ナマコ戦争」の経緯を報告し、ワシントン条約におけるナマコ問題の処遇——エコ・ポリティクス——の実態について報告する。

第3章と第4章では、東南アジアと日本におけるナマコ生産の現場を紹介し、持続的利用のあり方について検討したい。つづく第5章では、イリコ(乾燥ナマコ)食文化の歴史をふりかえり、刺参と光参の区分について論じ、第6章と第7章において大連の市場やソウルのナマコ事情を報告しながら、現在のナマコ食文化の奥行きの広さを指摘したい。さらに第8章では、南北アメリカ大陸におけるナマコの生産・流通・消費の実態を米国の市場調査を交えて紹介する。一九八〇年代半ば以降に南米大陸を巻き込んで展開した「刺参ブーム」と一九九〇年代半ばに勃発した「ナマコ認しておきたい。

戦争」の関連性を考察するなかで、グローバル化時代のナマコ市場をみつめる視点のありかを確

そして、第9章では、『ナマコの眼』〔鶴見 1990〕の著者でもあり、ナマコ学の開祖でもある故鶴見良行氏の思想とかれが構想したアジア研究の方法論と枠組みについて紹介する。第10章は、鶴見の提唱したモノ研究の一環として、未完成ながらも現在進行中のわたしの実践例を報告したい。

もちろん、冒頭に記したように本書も鶴見の構想したナマコ学の延長線上にある。そのため、本書はナマコ資源の保全を論じつつも、「グローバル化時代に人びとは、いかに自分らしく生きていけるのか」を文化多様性の保全という立場から問題提起することに主眼をおいている。こうした問題をあつかううえで注意が必要なのが、第1章で紹介する同時代的視座であり、そのことをより一般化するためにクジラとオランウータンの保護の問題を終章であつかい、本書を閉じることにしたい。

I

エコ・ポリティクスとコモンズ

ダイナマイト漁．
硝安油剤をビンに詰める（フィリピン，タウィタウィ州）．
写真提供：門田修

第1章 ダイナマイト漁の構図

環境問題への視角

はじめに

熱帯雨林の伐採とならび、ダイナマイト漁によるサンゴ礁の破壊が「地球環境問題」として注目を集めている。

サンゴには熱帯雨林と同様、地球温暖化の主因とされる二酸化炭素を吸収し、固定化するはたらきがある。そんなサンゴ礁が破壊されると、まず海中の二酸化炭素の吸収がおぼつかなくなり、そして水温が上昇をはじめ、今度は逆に二酸化炭素が放出され、さらに地球温暖化が加速されるから、というのである。

科学的にもっともな説明ではあるが、この視点には、サンゴ礁に暮らす人びととかれらをとりまく政治経済状況への理解が欠如している。いうまでもなくサンゴ礁の発達する地域は熱帯なのであり、そのほとんどは、いわゆる発展途上国である。他方、ダイナマイト漁民を批判するのは、だいたいが先進国に暮らすわたしたちである。

わたしは環境保全と経済開発に関して、なにも途上国と先進国の対立をあおろうとするものでもないし、途上国で現実に起こっている環境破壊を貧困の所為に限定するものでもない。しかし、わたしたちが、いわゆる世界システム——先進国が先進国たりうるのは、発展途上国からあがる利益が先進国に還流する仕組み——のなかで生活しているという現実をかえりみるとき、たんなる科学的な見地から環境問題を論じるのは無責任にすぎる、とする立場にある。

以下では、フィリピンにおいて、なぜ人びとはダイナマイトを投げるようになったのかを歴史的にふりかえるとともに、ダイナマイト漁による漁獲物が、どのように利用されているのかを明らかにし、ダイナマイト漁民をフィリピン経済、しいては世界経済の文脈に定位し、環境にまつわる地球規模と地域レベルで生起する問題群の重層性について考えてみたい。

一　ダイナマイト漁とは——「サンゴ礁の破壊」

本書でいうダイナマイト漁は、爆薬を用いる漁法の総称である。爆発のショックで肚《はら》(うきぶくろ)が破裂し、海底に沈んだ魚や海面に浮いている魚を拾い集めるだけの漁業である。英語では、爆破や爆風を意味するブラストにちなみ、ブラスト・フィッシング(blast fishing)とよばれている。(1)

とはいえ、実際に使用される爆薬は火薬ではない。廉価で安全性の高い、市販の硝酸アンモニウム(ammonium nitrate)に油剤をまぜた硝安油剤爆薬(ammonium nitrate fuel oil explosive, 通称ANFO爆薬)が主流である。(2)

序章で記したように、ダイナマイト漁は環境保護論者からの非難にさらされている。具体的にどのような批判がなされているのか、インターネットでダイナマイト漁を検索してみよう。グーグルでは六三一〇件であるものの、ヤフー・ジャパンでは二万三五〇〇件もがヒットする(3)(二〇〇六年一一月二一日検索)。そのほとんどが、「美しいサンゴ礁が崩壊の危機にあります。それはダイナマイト漁によるものです」というようにダイナマイト漁の脅威をあおるとともに、「漁師には、自然保護という概念が薄いため、ほとんど罪悪感なく」おこなわれている、と無教養な漁民の不道徳性を批判したものである。

他方、漁民をナイーブに描く視点も存在している。インドネシアのスラウェシ島北端に、海中の断崖絶壁ドロップ・オフで世界的に有名なブナケン島がある(図1-1)。そこで潜ったダイバーのホームページから引用する。

ブナケンの人たちは、環境保護に基本的には同意してくれるらしいのですが、……一部の島の人は、ある誘惑に負けてしまいます。その誘惑とは、主にシンガポールなどからくる華僑の中国人による、ダイナマイト漁です。ダイナマイト漁は底引き網と一緒で、環境根絶やし型であると同時に、珊瑚などにも傷をつけるので、環境破壊力抜群です。しかし中国人は夜間、ダイナマイトを持って島に現れ、地元の漁師にダイナマイトを渡して、ダイナマイト漁で得た魚（とくにフカヒレなど）を高価で買い上げていくらしいです［「マナド、ブナケン旅行記（二〇〇三年五月）本編」http://joefs.mind.meiji.ac.jp/~joe/travel3/travel3-2.html, 二〇〇九年一〇月一八日取得］。

このダイバーの観察によると、漁民たちは、本意ではないものの、お金の誘惑に負けてダイナマイト漁に手をそめているのだという。このダイバーと旅行をともにしたわけではないので、かれが紹介する話の検証は、わたしには不可能である。しかし、この記述には生態学的に首をかしげたくなる箇所もある。それは、こういうことである。

そもそも複雑な地形を擁したサンゴ礁では、サンゴに網がひっかかるため、漁網が利用できない。したがって、魚をしとめるには、釣るか、潜って突くかのいずれしかない。あるいは籠を仕掛けることもある。

そんな条件のなか、サンゴ礁もろとも爆破するダイナマイト漁はサンゴ礁における効率のよい漁法として発達してきた。だから、漁獲対象は基本的にはサンゴ礁に棲む小型の魚でなければならない。もちろんサンゴ礁にもサメはいるものの、フカヒレの採取を目的にサメをダイナマイトで捕獲する話は聞いたことがないし、にわかには信じがたい。というのも、シュモクザメなどの例外はあるものの、産卵期を除き、サメは一般に群れることが少ないからである。群れずに単一で行動する魚類を目的とするダイナマイト漁は、成立しえたとしても、かなり効率の悪い漁法ということになる。(4) そのような経済効率の悪い漁法を、わざわざ漁民たちが選択するであろうか。(5)

図1-1　インドネシア全図とブナケン島の位置

ミャンマー
（ビルマ）
ラオス
タイ
インドシナ半島
バンコク
ベトナム
カンボジア
アンダマン海
プノンペン
ホーチミン
南シナ海
パラワン島
マレー半島
ランカウィ島
ペナン島
クダット
コタキナバル
サンダカン
バンダアチェ
ブルネイ
マラッカ海峡
マレーシア
クアラルンプール
メダン
マラッカ
マレーシア
ムカ
シンガポール
スマトラ島
カリマンタン島
（ボルネオ島）
パダン
サマリンダ
マカッサル海峡
パランカラヤ
パレンバン
バンジャルマシン
ブリトン島
ジャワ海
マカッサル
ジャカルタ
スラバヤ
ジャワ島
ジョクジャカルタ
インド洋
バリ島
スンバワ島
フローレス島
レンバタ島
東ティモール
ロンボク海峡
ロンボク島
ティモール島
スンバ島
クパン
B

もっとも、ダイナマイト漁も、いわゆるラグーン（サンゴ礁湖）の外でおこなわれる場合もある。実際にわたしは、フィリピンのスル諸島南部のタウィタウィ州（図1－2参照）で、カツオの群れにダイナマイトを投げ込み、捕獲する場に出くわしたことがある。またインドネシアでも、集魚灯に集まってきたアジやイワシをバガン（bagang）とよばれる敷網で漁獲する際に爆薬を用いるとの報告がある［Pet-Soede and Erdmann 1998: 5］。ただし、この場合、サンゴ礁の外なので、サンゴ礁を傷つけることはない。

おわかりだろうか。ダイナマイト漁のすべてが、サンゴ礁を破壊するわけではないのである。しかも、ダイナマイト漁は、小規模に個人的におこなわれるものから、二十数名で組織的におこなわれるものまで、さまざまである。当然ながらターゲットとする魚種や操業規模により、その社会経済的背景はもちろん、サンゴ礁へのダメージも異なってくる。

写真1-1 バガン（bagang）．
巨大な舷外浮材（アウトリガー）に設置した集魚灯を使い，
集まってきたイワシなどの表層魚を捕獲する．

たとえば、インドネシアのスラウェシ島南西端の島じまでおこなわれているダイナマイト漁は、その操業規模から小規模漁業、中規模漁業、大規模漁業と三分類することができる［Pet-Soede and Erdmann 1998］。

小規模漁業は、集落の前浜のサンゴ礁で、ひとりでおこなうものだ。魚は、素潜りで漁獲されることが多いため、小規模漁業は、せいぜい一〇メートル未満の水深でしかおこなうことができない。このような地先の浅い漁場はそれほどたくさんの選択肢があるわけでもなく、結果的に同一漁場で連続してダイナマイト漁がおこなわれることとなる。このように使用されつづけてきた漁場は、サンゴの劣化もひどく、漁獲効率が悪いことが予想される。

二万件におよぶダイナマイト漁に関するサイトのすべてを閲覧したわけではないが、インターネットで報告されている事例は、ほとんどが小規模漁業のもののようである。しかも、ほとんどの報告で漁獲対象は明らかにされていないし、操業規模の分類にもとづく社会経済的な差異も明らかではないうえ、真偽の疑わしい報告もあるから、読者はダイナマイト漁について「無計画で杜撰な漁法」との印象を抱くのではないだろうか。

中規模漁業は、サンゴ礁から離れた沖合いでイワシやアジといった表層魚をターゲットにおこなわれるダイナマイト漁をさす。五人程度で操業し、日帰りを基本とする。先述したようにイワシ類やアジ類を狙う場合には、水深は深いうえ、海底は砂地であることが多いため、サンゴへのダメージは皆無に近い。

大規模操業ともなると、一五人から二〇人が乗船し、一週間ほど航海をつづけるという。数百キロメートルも離れた漁場で操業することがほとんどである。潜水器を用いて、水深四〇メートルまで潜ることも珍しくない。漁獲は氷で冷蔵され、東部インドネシアの中心地であるマカッサル市場で消費される[Pet-Soede et al. 1999:84–85]。

大規模なダイナマイト漁では、市場価格の高い魚種だけが対象となる。というのも、二〇名の漁民たちが一週間以上も操業するとすれば、それなりに資本が必要となるからだ。だから、操業も計画的なものとならざるをえないし、そもそも漁獲を売却しうる市場の存在が前提条件となる。たとえば、南沙諸島でフィリピン漁民が狙うのは、タカサゴである。タカサゴはサンゴ礁のリーフの外縁に群れをなして生息しているので、一網打尽も容易である。市場での人気も高い。先述したマカッサルの事例と異なり、フィリピン南部マンシ島の場合は、すべてを干魚として流通させている。

二 マンシ島漁民によるダイナマイト漁

マンシ(Mangsee)島は、パラワン島南西端の港町リオトゥバ(Rio Tuba)の南方およそ一二〇キロメートルに位置し、マレーシアとの国境まで二キロメートルも離れていない(図1-2)。一九九五年の国勢調査におけるマンシ島の人口は、およそ六千人である。その九五パーセントはイスラーム教徒のサマ人である。他方、マンシ島における非サマ系住民のほとんどは、フィリピン中部ビサヤ諸島出身のキリスト教徒である。島の臨海部全域に杭上《こうじょう》家屋が散在し、島の中央部には公立の初等学校と中等学校が一校ずつ存在している。島に上水道はないが、島のどこでも湧き水が利用できる。自家発電機による電気で、マレーシアのテレビ番組、フィリピン映画、香港映画などのビデオを観ることもできる。近年では、VCDやDVDも普及している。

マンシ島は周囲三キロメートルにすぎないサンゴ礁島であるが、その小ささやアプローチの困難さに不釣合いなほどに物質的に豊かである。このちぐはぐさは、いったい何に起因しているの

図1-2 フィリピン全図と
マンシ島およびタウィタウィ州拡大図

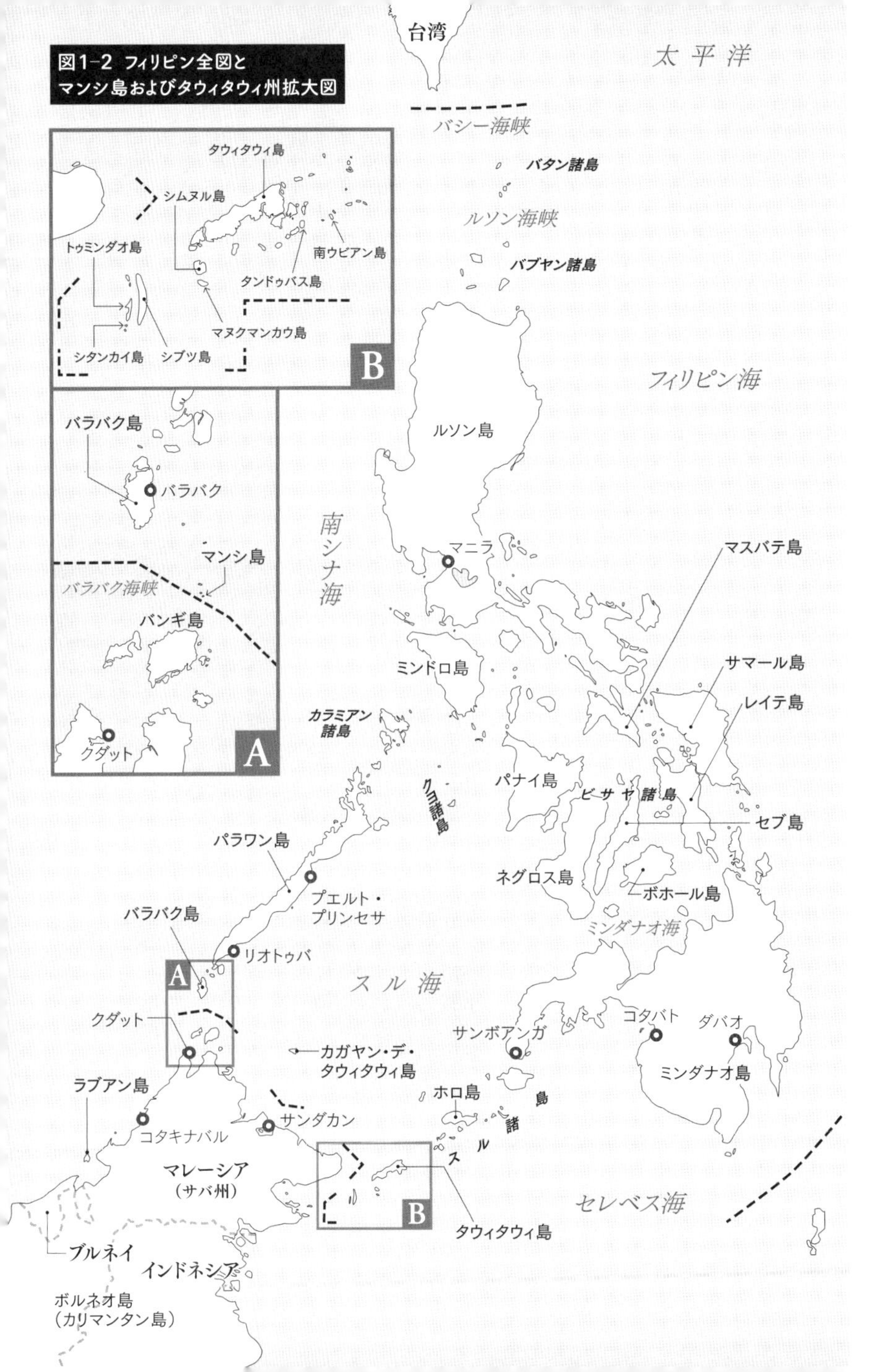

か。この繁栄の多くは、南シナ海におけるダイナマイト漁とナマコ潜水漁、マレーシアとの国境を跨いでおこなわれる「跨境《こきょう》貿易」に負っている(6)（ナマコ潜水漁については、第3章で詳述する）。

　マンシ島民の漁業活動は、漁獲物、漁法、漁場の視点から、次の三点に特徴づけられる。

　第一に、漁獲物は自家消費用ではなく、商業目的で捕獲されることである。ダイナマイト漁はタカサゴを漁獲対象とし、漁獲物のほとんどすべては塩干魚に加工され、ミンダナオ島で消費される。他方、ナマコは乾燥させたのち、プエルト・プリンセサやマニラといった集散地を経て海外へ輸出される。

　第二の特徴は、資源利用の収奪性である。タカサゴは爆薬を用いて漁獲するため、サンゴ礁の破壊を前提としている。当然ながらダイナマイト漁は、タカサゴのみならずそのほかの魚類の生息基盤をも破壊する。他方、遊泳能力をもたないナマコは、素手で拾い上げるだけでよい。したがって人びとが潜水器を用いるようになると、それだけ乱獲が進む危険性がある。マンシ島では一九九〇年代初頭より潜水器が普及した結果、浅い海底のナマコ資源は、すでにほぼ獲り尽くさ

写真1–2　マンシ島（2000年8月）．
サマ人は，こうした遠浅なサンゴ礁島を好んで居住する．

写真1–3　VCDの上映広告（1998年9月）．
1回2ペソで観覧できる．

れており、一九九八年の潜水深度は五〇メートルにも達した。そのため減圧症にかかる者も少なくなく、死亡例も見受けられるほどに、資源の減少は深刻であった［赤嶺 2000a, 2000b］。

三点目は、だれもが自由に資源を利用できるオープン・アクセスである。ダイナマイト漁とナマコ潜水漁がおこなわれる南沙諸島海域は、総面積一八万平方キロメートルにおよび、豊富な漁業資源に恵まれている（図1-3）。しかも、国際法上の領有権がいまだ確定していないため、フィリピン人のみならず中国やベトナム、マレーシアなど近隣諸国の漁民たちも操業している。(7)

ここでマンシ島におけるダイナマイト漁の事例をみてみよう。通常、一三〜一五人の乗組員が乗船し、南沙諸島での操業は二カ月間におよぶように、先に紹介したインドネシアの事例よりも

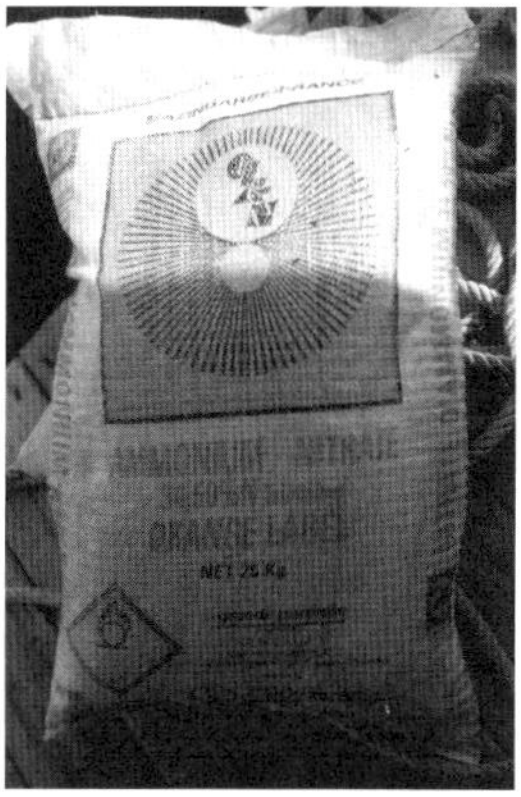

写真1-4
硝酸アンモニウム
（フランス製）.
肥料として販売され，
だれでも許可なく
自由に購入できる.

写真1-5　硝安油剤爆薬を詰めたびん.
火薬と異なり，信管を挿入して点火しないかぎり，
このままの状態では爆発しない.

写真1-6　硝安油剤をこねる.
映像提供：海工房
出所：宮澤・門田［2004］

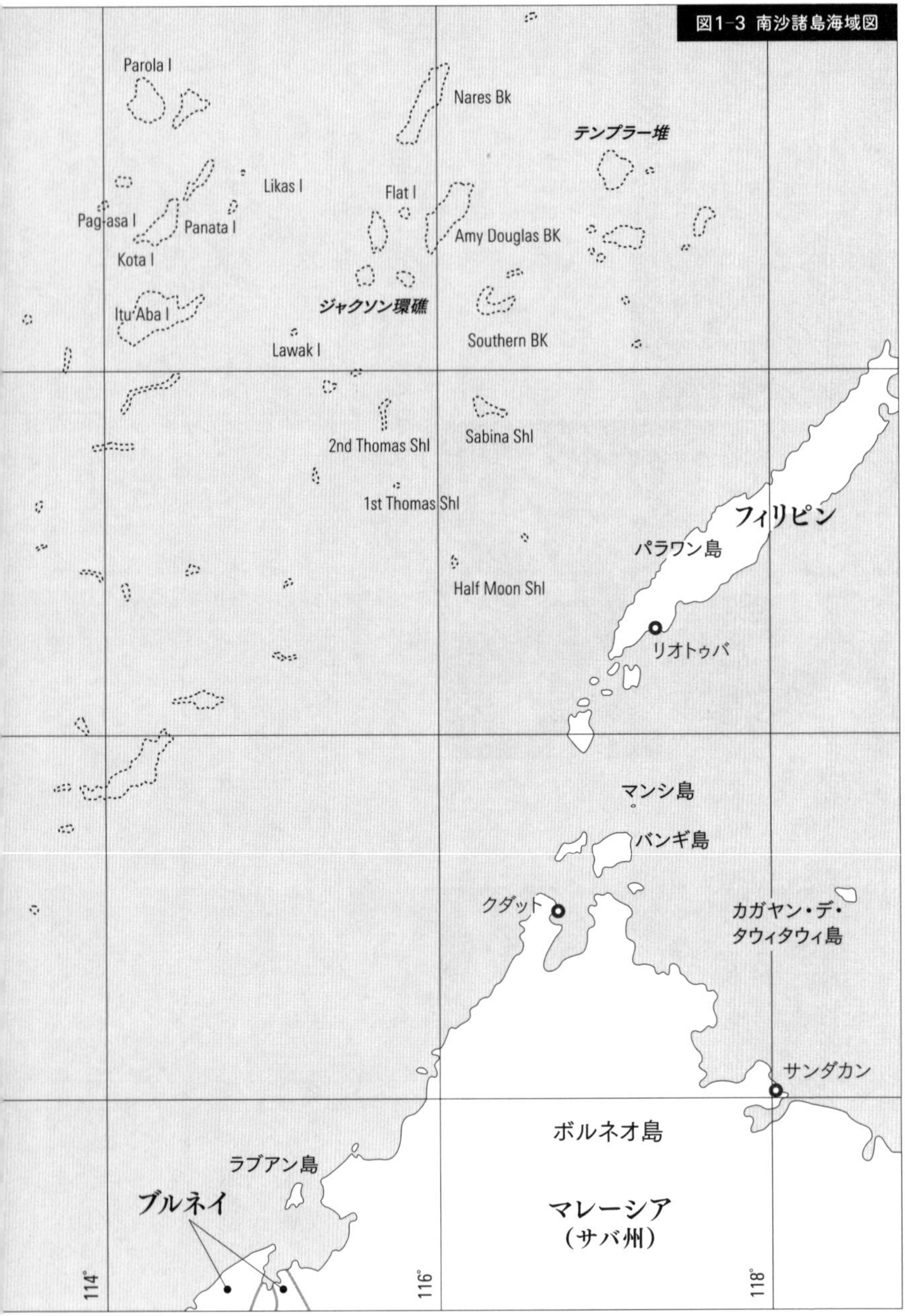
Parola I
Nares Bk
テンプラー堆
Likas I
Flat I
Pag-asa I
Panata I
Amy Douglas BK
Kota I
Itu Aba I
ジャクソン環礁
Lawak I
Southern BK
2nd Thomas Shl
Sabina Shl
1st Thomas Shl
フィリピン
パラワン島
Half Moon Shl
リオトゥバ
マンシ島
バンギ島
クダット
カガヤン・デ・
タウィタウィ島
サンダカン
ボルネオ島
ラブアン島
ブルネイ
マレーシア
(サバ州)
114°
116°
118°
図1-3 南沙諸島海域図

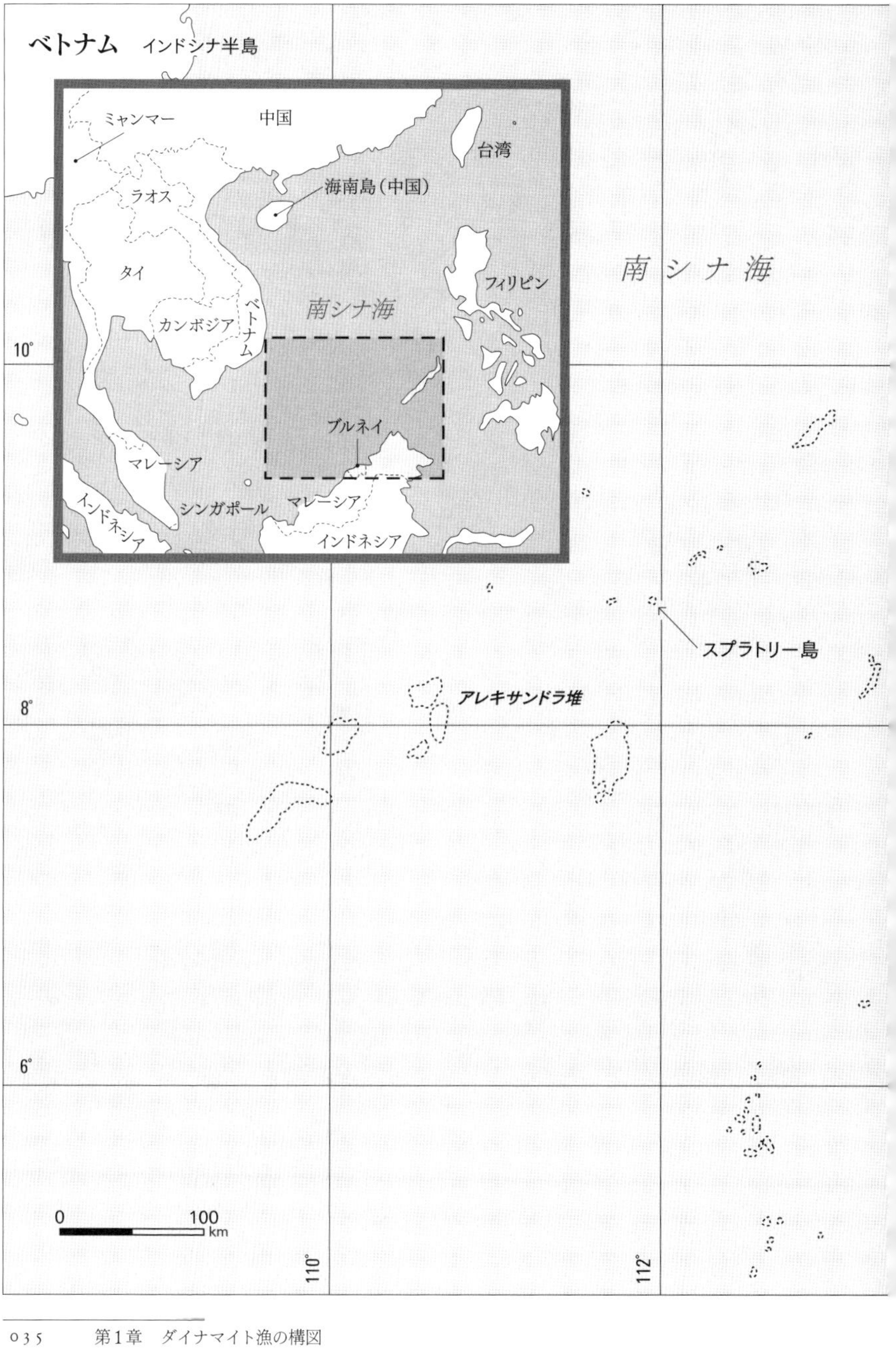
ベトナム
インドシナ半島
ミャンマー
中国
台湾
海南島（中国）
ラオス
タイ
フィリピン
南シナ海
カンボジア
ベトナム
ブルネイ
マレーシア
シンガポール
マレーシア
インドネシア
インドネシア
南シナ海
スプラトリー島
アレキサンドラ堆
10°
8°
6°
110°
112°
0
100
km

規模が大きいのが特徴的である。

マンシ島でも、硝安油剤爆薬が用いられている。現在、硝酸アンモニウムは、マレーシアのクダットから入荷しており、二五キログラムが五〇〇ペソで売買されている。[8] 硝酸アンモニウムはビールの空びん(六二〇ミリリットル)に詰めて利用される。[9] 二五キログラムの硝酸アンモニウムはびんに換算して五〇本分の爆薬に相当する。二カ月間の航海中、平均して八七五キログラムの硝酸アンモニウムが使用される。

マンシ島漁民に硝安油剤爆薬が普及したのは一九八〇年代のことである。製法は未詳であるが、それ以前は米軍基地周辺の海底で拾った不発弾から火薬を取り出して使ったり、硝酸塩に金属粉などを混合した爆薬を自家製造したりしており、爆薬を加工する過程で発生する事故も少なくなかったという。しかし、硝安油剤爆薬を用いるようになってからは、事故はほとんど起こってい

写真1-7　ダイナマイト漁
(インドネシア, スラウェシ島沖).

写真1-8　爆発からやや遅れて水柱が立つ.

写真1-9　肚が破裂した魚.

写真1-10　漁獲したタカサゴ類.

写真1-7〜1-10
映像提供：海工房　出所：宮澤・門田［2004］

ない。

漁民の説明によれば、爆発の振動で肚が完全に破裂すると魚は海底に沈む。しかし、不完全に破裂したままだと、魚は海面に浮かんだままとなる。それらの魚を拾い集めるのが乗組員の仕事である。仮死状態の魚は死んだように横たわっていても、つかもうとすると逃げだすことが多い。その際に背ビレなどで手のひらを切ることもあるので注意が必要である。以前は素潜りであったが、一九九〇年代半ば頃から潜水器を用いるようになり、回収率も向上した。[10]

マンシ島民は、爆薬漁の対象魚種としてタカサゴがもっとも望ましい魚だと考えている。タカサゴは水中で群れをなして泳いでいるため、群れを発見した後に、そこに爆薬を投げ込みさえすれば、一網打尽に捕獲することが期待できる。また、タカサゴはタガログ語ではダラガン・ブキッド(dalagang bukid,「田舎娘」の意)とよばれ、大衆魚の代表格でもある。[11]大衆に人気の魚であることも、ダイナマイト漁においてタカサゴが求められる理由のひとつである。

写真1–11　タカサゴ．
沖縄ではグルクンとの方名でよばれ，
県魚となっている．
刺身や唐揚げにして食べると美味しい．

写真1–12
くっついたタカサゴを1枚ずつ剥いで，
海水ですすいでから天日乾燥する
（マンシ島，1998年8月）．

タカサゴは背開きにし、内臓を捨て、食塩をまぶして船底に保存しておく。魚を塩蔵するための食塩は、一二・五トン（五〇キログラムの袋を二五〇個）持参するのが平均で、食塩を使い果たすまで操業がつづく。漁獲は帰島したのちに干魚に加工される。

マンシ島で加工される干魚は、そのほとんど全部がミンダナオ島西端の港町サンボアンガに集荷される。一部はサンボアンガで消費されるものの、大半はダバオに輸送され、同島内陸部に展開するプランテーションを中心に消費される。

ミンダナオ島では、一九六〇年代後半から国内・国外の大資本によって森林伐採や鉱山開発、バナナやパイナップル、ココヤシなど輸出作物を栽培する外資系プランテーションの開発が大規

写真1–13　タカサゴの天日干し（マンシ島，1998年8月）．短期決戦の乾燥作業は乗組員の家族総出でおこなわれる．最初，お腹側から乾かし，後に背側を太陽にあてる．時間は最長でも5時間程度．

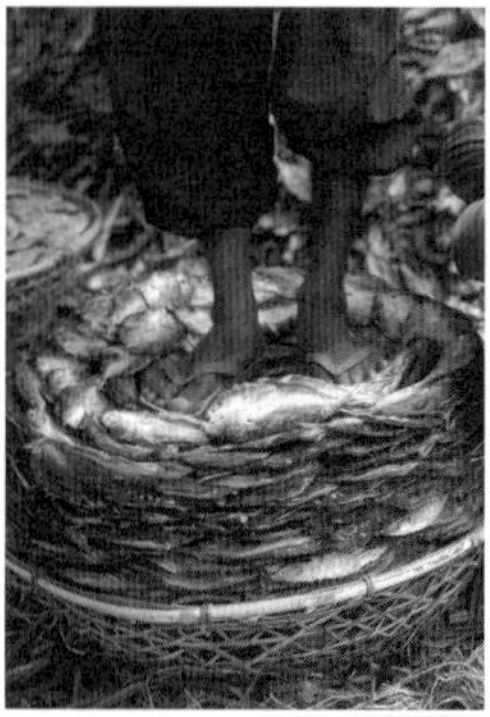

写真1–14
干したタカサゴは竹かごに詰められ，サンボアンガに出荷される．運賃はかご数で決まるため，ぎゅうぎゅう詰めにする．

写真1–15　サンボアンガの干魚市場（1998年9月）．鮮魚売場におとらず，いつも活気ある空間である．

模にはじまった。それにともなってビサヤ諸島やルソン島から大量の人口が流入した。ミンダナオ島に突如として生じた蛋白質の需要に応じたのが、マンシ島産の干魚であったのである。

三 フィリピン史のなかのダイナマイト漁

ダイナマイトの使用は、フィリピンでもマルコス政権下の一九七五年に禁止されている。(12) しかし、ダイナマイト漁が、現在もあとを絶たないのは、いったいなぜだろう。網漁とくらべてダイナマイト漁は、初期投資も少なく、維持費もかからない。しかも複雑な地形のサンゴ礁においては効率的な漁法である。魚を瞬時に大量捕獲できるのも魅力的である。爆発後に海面から踊り立つ水柱に恍惚とする漁民も少なくない。

そもそも、マンシ島民は、反政府を掲げフィリピンからの独立をめざすイスラーム勢力と政府軍との内戦を避け、避難した人びとであった。実はマンシ島は、一九七〇年代初頭に開拓された島であり、開拓後わずか三十数年しかたっていない。マンシ島のサマ人のほとんどは、一九七二年九月に発動された戒厳令以降にスル諸島のタンドゥバス(Tandubas)島(図1-2参照)から避難してきた人びとなのである。そして一九七四年六月に同島でくりひろげられたモロ民族解放戦線(MNLF:Moro National Liberation Front)とフィリピン国軍(Armed Forces of the Philippines)との銃撃戦を契機として、マンシ島に避難する住民は急増した。国勢調査によると、マンシ島人口は一九七〇年の二二五人から一九七五年には二四二九人と一〇倍以上に増大している。

ここでマンシ島漁民の社会経済的位置づけを考えるためにフィリピン史を略述しておく。フィリピンは、アジアで唯一のキリスト教国と形容されることがある。人口七五〇〇万人の八割がカトリック、一割がプロテスタントである以上、これ自体に嘘はない。しかし、だからといって人口の四パーセント強をイスラーム教徒が占めていること、それらの人びとがフィリピン諸島南部に集住していることを無視してはならない。

フィリピンの人口の八割をカトリックが占めるのは、もちろん、一六世紀後半から三〇〇年間にわたってスペインの植民地であったからである。ここで注意しなくてはならないのは、もともと「フィリピン」という国家があって、それがスペインの植民地にされ、その後の米国による被植民と日本による被占領を経て、戦後にふたたび独立を獲得したのではないということである。スペインがやってきた時、フィリピン諸島の大部分は村落連合を形成する程度にすぎず、より大きな社会組織が育ってはいなかった。現在のフィリピン共和国の版図は、スペインや米国はもとよりイギリスやオランダなどが、近隣の島じまを囲い込む過程で形成されたのである。したがって、マンシ島民のみならず、現在のフィリピン共和国が抱えているキリスト教徒とイスラーム教徒の対立もまた、歴史的に派生したものなのである。

中国貿易をもくろんだスペインはマニラを拠点と定め、一五七一年以降にフィリピン諸島の植民地化を加速させていった。その方策のひとつが、住民のカトリック化にあった。しかし、フィリピン諸島南部には、すでにイスラームが浸透しており、小規模ながらも王国を築きつつあった。当然、かれらは被キリスト教化に抵抗した。結果として、三〇〇年におよんだスペインによる植民地化の圧力に対してフィリピン南部のイスラーム勢力は、最後まで抵抗しつづけた。

フィリピンが現在の版図を完成するのは、アメリカ期となった一九一〇年代のことである。米西戦争の戦後処理の一環として一八九八年に米国はスペインからフィリピン諸島をゆずり受けたが、当然、この版図に南部のイスラーム地域は含まれていなかった。しかし、南方に位置するオランダ勢力と西方を統治するイギリス勢力の拡大を阻止するため、米国はミンダナオの植民地化を急がねばならなかった。スペインとの講和条約後、米軍は圧倒的な武力によって、南部イスラーム地域の「フィリピン化」を果たしていった。

第二次大戦後に独立したフィリピン共和国において、スペインに最後まで抵抗したイスラーム教徒たちは、本来ならば「反植民地主義運動の英雄」と讃えられてしかるべきであった。しかし、かれらは、独立後の中央政府にまで叛旗をひるがえし、分離独立を要求したため、スペイン人でもアメリカ人でもない「フィリピン人」に抑圧されることとなってしまった。それには以下のような政治経済的背景がひそんでいる。

たしかにフィリピンは、日本の占領期を経て政治的には一九四六年にアメリカ合衆国から独立を果たしたが、経済的には米国の多国籍企業による支配がつづいていた。とくに、米国の資本家にとっては、台風銀座といわれるフィリピン諸島において、低緯度のミンダナオ島は魅力的であった。ほとんど台風の影響を受けないばかりか、アルカリ性の火山灰が堆積した肥沃な土壌のため、前節で述べたように、バナナやパイナップル、ココヤシといったプランテーションに最適であったからである。しかも、広大なミンダナオ島には山間部に焼畑を生業とする少数民族がわずかに点在するほかは、沿岸部にイスラーム教徒が生活するだけであり、多国籍企業にすれば土地の徴用も簡単にみえたであろう。ある種の国家プロジェクトとして戦前・戦後期を通じてイスラーム教徒の土地に入植したキリスト教徒たちは、みずからに都合のよい土地を占拠し、開発をおこなった。当然、入植者とイスラーム教徒間で紛争は多発した。

写真1-16　タンドゥバス島の内戦跡（2000年3月）．機関銃の跡がなまなましく残されている．

イスラーム教徒による分離独立要求が武力闘争をおび、内戦化するのは、故マルコス大統領が戒厳令を実施した一九七二年以降のことである。タウスグ人のミスワリ(Nur Misuari)を議長とするMNLFが結成され、リビアなどイスラーム諸国の援助を受け、フィリピンからの独立を要求したのである。この運動に対し、マルコス大統領は国軍を投入し、分離独立運動の中心地であるホロ島への空爆さえ辞さなかった。一九七四年二月のことである。その後も一九七〇年代をつうじて、アニミズムを信仰する少数民族も巻き込んで、内戦はミンダナオ島の各地でくりひろげられた。[13] これは、たんに宗教の対立というだけではなく、戦前に端を発したミンダナオ開発のあり方の是正を求めた抵抗でもあったのである。[14]

マンシ島の人びとがスル諸島のタンドゥバス島をあとにしたことは、こうした歴史的文脈にそった出来事として理解しなければならない。たしかにマンシの人びとは敬虔なイスラーム教徒である。しかし、一九七〇年代当時、フィリピンのイスラーム教徒の全員が武装して反政府運動に立ち上がっていたわけではない。タンドゥバス島の人びとは、政府とＭＮＬＦのいずれからも距離をおくことを選択した結果、マンシ島に新天地を求めたのである。かれらも、ほかの避難民同様に隣国のマレーシア政府に保護を求め、国連によって難民認定を受ければ、国際社会の支援のもと、いくばくかの手当てをもらいながら生活することもできた。しかし、初期にマンシ島を開拓した人のなかには、「わたしたちは自立した生活を選択した」と誇らしげに語る人もいる。だから、国連の保護下で生活するのではなく、国境ぎりぎりの島にとどまったのだという。

四　ダイナマイト漁をめぐる政治と経済――ミクロな視点とマクロな視点

マンシ島民の多くは、ダイナマイト漁の開始を次のように説明する。スル諸島における内戦を避け、かれらが着の身着のままでマンシ島に到達した時、国境地帯であるマンシ島には国境を警備するため、若干の軍人が駐屯していた。キリスト教徒である兵士たちは、数でまさるイスラーム教徒の難民たちを怖がった。ましてや南部では国軍とイスラーム教徒たちが戦闘中である。イスラーム教徒を懐柔する必要性から兵士たちは、反政府独立運動の武力闘争に関わらないかぎりにおいて、ダイナマイト漁を黙認することを約束したというのである。

このことの検証はむずかしい。マンシ島民もダイナマイト漁の違法性を意識しているゆえに、その正当性を担保するために流布しているものとも考えられる。また、あるマンシ島民は、南沙諸島はインターナショナル(無国籍)だから、フィリピンの法律は適用されないとも説明する。

詳細は省くが、南沙諸島の国際法上の領土は未確定である。しかし、実際には関係各国が島じまやサンゴ礁を実効支配しているのが現実である。漁民が実際に操業した漁場を海図で確認したところ、フィリピン漁民は南沙諸島のなかでもフィリピン軍が実効支配する海域でしか操業していないことがわかった[赤嶺 2000b]。

さらには南沙諸島のサンゴ礁群が、それぞれの軍隊の管轄下にあることは、漁民自身がよく認識していることである。実際、わたしがマンシ島で調査していた一九九八年八月、人びとはいかにマレーシア軍が管理する海域に侵入しうるのか、海図を眺めながら、その戦略を相談しあっていた。海軍や海上警備隊に拿捕されないかぎり、比較的健康な状態のサンゴが生息するマレーシア管轄下のサンゴ礁では膨大な漁獲が見込まれるというのである。そのため東風が強く、マレーシアからの追っ手にとって逆風となる状況に、みずからの危険をかえりみず、あえて出漁するという漁民もいた(15)。

このエピソードは、漁民の説明とは異なり、漁場が事実として無国籍(オープン・アクセス)ではないことを示している。国際法上の問題はあるにせよ、少なくとも現状は、それぞれの国家が監督しているからである。だから、フィリピン政府が本気で取締りをおこなおうとするならば、漁民を追い払うことなどたやすいはずである。

しかし、実際は漁民と南沙諸島に点在する基地に駐屯する軍人とは、蜜月関係とはいわないまでも、もちつもたれつの関係にある。漁民によると、フィリピン軍の軍人に漁獲した魚をわけることもあるし、逆に飲料水をもらうこともあるという。軍人にたのまれて南沙諸島に点在する基地までタバコや生活物資を届けたことのある漁民は少なくない。

　また、南沙諸島がいかに豊穣だとはいえ、サンゴは無限ではない。漁獲量は減ってきている。漁民たちは操業規模を拡大することで収量を確保してきた。たとえば一九七〇年代初頭に二二馬力だったエンジンの主流は、九〇年代初頭には一一〇馬力へと増大した。最近では二〇〇馬力のものも見受けられる。大型化にともなって、軽油の消費量も増大したし、操業期間も長期化するようになった。

写真1−17　ダイナマイト漁に使用される船（1998年8月）.
およそ50トン．操業中以外は運搬船としても活躍する．

　一九九八年当時、二カ月におよんだ一航海あたりの操業費は、約六〇万円もした。とても船主が工面できる額ではない。かれらを経済的に支えていたのが、操業費にくわえ、漁船の修理費なども貸与する仲買人であった。たてまえは「無利子」だが、相場よりも安く漁獲を買い取ることで仲買人は利益を上げていた。

　つまり、「借金」というみえない鎖が、漁民たちをダイナマイト漁に駆りたてていることも事実である。しかし、国家や銀行が見向きもしない漁民に融資してくれる仲買人がいるからこそ、ダイナマイト漁民たちの生活が保証されることも事実である。

ダイナマイト漁における仲買人の果たす役割は、融資にとどまらない。爆薬の原料は民間人でも購入できる化学肥料であるが、爆薬を爆発させるには信管や導火線といった民間人では入手できない軍需物資が不可欠である。これらを融通するのが仲買人なのである。しかし、仲買人とて、どこからか入手せざるをえない。正確な出所は確認できなかったが、軍や警察の関係者だと、マンシの人びとは考えている。

こうしてみると、ダイナマイト漁は環境保全の視点だけから議論されてはならないことがわかる。マンシ島漁民の営みは、生産・流通・消費の連鎖のなかで「相対的」に位置づけられねばならないのである。

同時に、金銭に困って仕方なく手を染めているというのも、ナイーブにすぎる見方である。裏返せば、そのような意見は、辺鄙《へんぴ》な島じまに住む少数民族はきっと自然にやさしい人びとにちがいない、という根拠のない期待の裏返しにすぎないからである。それは、高度にIT化が進み、まったく自然と「切れ」てしまった環境にいるわたしたちの生活をかえりみることなく、あろうことか、原生自然とそこに暮らす原生人像を一方的に他者におしつけているだけのことである。先にインターネットから引用したブナケン島のダイナマイト漁の報告がその典型である。

たしかに現在、マンシ島を拠点にダイナマイト漁に従事する人びとのなかには、お金に困っている者もいるが、動機そのものは、漁法としての合理性の追求や、過酷な操業環境に男らしさを感じている者など多様である。第一、かれらは漁師という職業にこだわってはいない。調査を終えて帰国準備をしていたわたしに、「淳が連れていってくれるのなら、日本に出稼ぎに行きたい」

と真顔で相談にきた友人は少なからずいた。もちろん、高額と聞く給料も動機のひとつではあろうが、広い世界をみてみたい、という心情も理解できなくはない。もっと端的にいうと、島民のあこがれである「メイド・イン・ジャパン」の船舶エンジンやテレビ、オーディオ製品を産出する国をみてみたい、ということだ。

爆破されたサンゴの代償として、漁民の生活がなりたち、廉価な干魚の恩恵にプランテーションで働く農民があずかる。外貨を稼ぐのは、干魚を常食とする農民たちだ。そして、フィリピンの農園で生産された農産物を消費するのは、日本や米国をはじめとした先進国の人びとである。そして、そのわたしたちは、途上国の人びとの購買力をも刺激する工業製品を開発することで暮らしをたてている。このように世界が分業化された状況を世界システムとよぶが［春日 1995］、先進国に住むわたしたちが、サンゴ礁の破壊という事実だけをとらえて、漁民の無知や道徳観の欠如を批判することの無責任さが理解できるはずだ。ダイナマイト漁は、かれらだけの問題なのではなく、まさにわたしたちの問題でもあるのである。

註

（1）インドネシアのマカッサル近海におけるダイナマイト漁について制作されたすぐれたドキュメンタリーとして、宮澤・門田［2004］がある。

（2）Pet-Soede et al.［1999］や McManus et al.［1997］によれば、インドネシアでは爆薬の原料に亜硝酸カリウム（potassium nitrate）も使用されているという。火薬類における硝安油剤爆薬の特徴は、その取りあつかいの安全性と低価格性にある。一九五五年に米国で開発された硝安油剤爆薬は、日本でも一九六四年に生産がはじまり、現在では、国内で使用される爆破用爆薬の七〇パーセント以上を占めている。硝安油剤爆薬については、中原[1988:83–85]を参照のこと。

(3) グーグルで英語のblast fishingを検索すると、世界で六七万三千件もがヒットする(二〇一〇年二月四日検索)。

(4) フィリピンやインドネシアにおいて爆薬を用いて漁獲される魚は、サンゴ礁魚ではタカサゴやアイゴが中心で、それ以外ではアジやイワシがほとんどである[Fox and Erdmann 2000:114; Erdmann and Pet-Soede 1998:26]。サメにかぎらずサンゴ礁には群れる魚は少なく、タカサゴやアイゴは例外的に群れる魚種である点も、ダイナマイト漁の経済性を高める要因となる。

(5) 漁民の考える合理性について、一九九二年一二月三一日にタウィタウィ州のマヌクマンカウ(Manuk Mangkaw)島で観察した小規模なダイナマイト漁の事例を紹介しよう。午前八時半、アリ(仮名)は息子一人を連れて出漁した。アリは漁網を所有しておらず、ダイナマイト漁のほか手釣り漁や突き漁をおこなって生活していた。観察当日は、当初からダイナマイト漁をおこなうつもりで、爆薬を詰めた小びん(三五〇ミリリットル)を一〇本持参し、船に乗り込んだ。マヌクマンカウ島東側の礁縁の漁場に着いた時点で、アリは信管をびんに埋め込み、びんとゴム栓の接合部にビニール袋をかぶせ、その上をゴムひもで縛り上げた。アリが海中をのぞき魚群をさがすあいだ、息子は船の位置が移動しないように櫓を調整していた。アリは一時間かけて魚群をさがしたが、みつからなかったため、ダイナマイト漁をあきらめて水中銃による突き漁に予定を変更した。日本円にして一本七五円程度(当時)の投資に対して、漁獲が割に合わないと判断したためである。

(6) マンシ島における跨境貿易の実態については、赤嶺[2001, 2002]を参照のこと。

(7) 南沙諸島は現在、フィリピン、ベトナム、中国、台湾、マレーシア、ブルネイの六カ国によって、全域もしくは一部の領有権が主張されており、ブルネイを除く各国の軍隊が、個別の島嶼を実効支配している。フィリピン政府は、一九七八年に南沙諸島の一部をカラヤアン(Kalayaan)諸島と命名し、パラワン州へ編入し、岩礁を含めた七島を占領している。現在、フィリピン国軍が実効支配する島嶼は、Pag-asa(英名Thitu Is.)、Parola(同North East Cay)、Kota(同Loaita Bk.)、

Lawak(同 Nanshan Is.)、Patag(同 Flat Is.)、Likas(同 Commodore Rf.)、Panata(Lankiam Cay)である。なお、南沙諸島を英語で Spratly Islands とよぶが、スプラトリー島については、フィリピンは領有権を主張していない。

(8) 一九九八年の調査当時の一ペソは、およそ三・五円であった。

(9) マンシ島漁民によると、日本で一般的な細長い形態のビールびんよりも、胴体がずんぐりしたもののほうが爆発に適しているという。マンシ島では、ギネスビールの空びんが一般的であり、そのほとんどすべてがマレーシアのサバ州から輸入されている。洗浄して乾燥させたものは、一本につき一ペソで売買されている。

(10) ダイナマイト漁への批判として、海底に沈んだ一部の魚を未回収のまま放置するところから、資源の無駄づかいとの意見も耳にするが、潜水器の導入により、回収率は急速に高まったものと考えられる。一般にサマ人たちは、魚が、みずからの生活を成立させてくれるものと考え、魚を大切にしている。たとえば、フィリピン最西端のシタンカイ島からボルネオ島にかけて暮らすサマ人社会でのフィールドワークをふまえ、サマ人のもつ自然観について論じる長津一史は、「サンゴ礁はサイタンという精霊の庭であり、そこに住む生物はサイタンによって所有されており、サンゴ礁で不適切なふるまいをすれば、サイタンが病気などの災いをもたらす」とするかれらの信仰について紹介したのち、「ダイナマイト漁は生活のための正当な行為であり、不適切な行為とは遊びで魚を突き刺すといった行為である」と報告している[長津 1999:4–5]。つまり、サマ人にとって、ダイナマイト漁はサイタン公認の業であるが、遊びで魚をあやめることは許されない、ということである。わたしも、マンシ島沖に設置されたハタ類の生簀《いけす》で子どもたちが魚をつついて遊んでいる時、生簀の管理人が子どもをたしなめた後、わたしに向かって「食の安全保障」(food security)という英単語を用いながら、「食べ物(=魚)を大切にすることが、サマ人の基本だ」との説明を受けたことがある。サマ人にとってのサンゴ礁観や自然観については、今後の研究課題としたい。

(11) タカサゴは、マニラではバグース(bangus, 学名 *Chanos chanos*, 和名サバヒー)とともに物価指標として機能しているほどの大衆魚である。また、沖縄県ではグルクンとよばれ、県魚に指定されており、グルクンの唐揚げは観光客にも人気である。

(12) マルコス政権期の大統領令七〇四号(一九七五年)と、ラモス政権期の一九九八年に成立したフィリピン共和国法八五五〇による。

(13) MNLFは、マルコスを追放したアキノ政権を継承したラモス政権下の一九九六年にOIC(イスラーム諸国会議機構)とインドネシア政府の仲介により、正式にフィリピン政府と和解した。しかしながら、MNLFの元兵士らが組織するアブサヤフ(Abu Sayyaf)、一九七八年にMNLFと袂を分かったモロ・イスラーム解放戦線(MILF:Moro Islamic Liberation Front)は、いまだ政府と和解が成立しておらず、一部の地域では政府軍との紛争がつづいている。なお、真偽のほどは定かではないが、これらの反政府勢力の一部は国際的なテロ組織であるアルカーイダとも関係があるとの報道もある。

(14) ミンダナオ島における開発と紛争については、鶴見[1982]、石井[2002]、早瀬[2003, 2009]などにくわしい。

(15) 漁民らは、マレーシア領への出漁など拿捕の危険性をともなう操業を、トランプなどの博打行為で賞金を意味する「ジャックポット」(jackpot)とよんでいる。もちろん、ジャックポットはつねに成功するわけではない。たとえば、一九九八年七月からの二カ月間に、マレーシアに拿捕された船は三隻におよんだ。なお、漁民によると南沙諸島のうち、現在もっとも多くのサンゴ礁や小島を実効支配しているのはベトナム軍であるという。国によって漁業への寛容度も異なり、ベトナム軍はナマコ潜水漁には寛容であるが、ダイナマイト漁には厳しいし、中国やマレーシアは、漁法のいかんにかかわらず、漁民が領域に近づくことさえも警戒しているという。航海途中に、中国軍から威嚇射撃を受けた漁船も珍しくない。

第2章 ガラパゴスの「ナマコ戦争」

資源管理の当事者性

はじめに

「ナマコ戦争」——。

戦場は赤道直下の孤島、南米エクアドル領のガラパゴス諸島。かのダーウィンが進化論を構想した、生態学のみならず近代科学の聖地である。

世界各地で軍事行動が頻発する今日、不謹慎ともとれるこのキャッチコピーは、米国の巨大環境NGOであるオーデュボン協会(National Audubon Society)の喧伝に由来する[Stutz 1995]。

おわかりであろう。このキャッチコピーは、生態系保全を唱え、ナマコ漁の規制を求める環境保護論者とナマコ利用の継続を求める漁師との深刻な対立を形容しているのである。

興味深いのは、環境保護論者たちがガラパゴスという離島群で産出されるナマコなどは全地球的にみた場合には微々たるものにすぎず、あえて問題視する必要がないことを認めつつも、それでもやはりナマコ漁がガラパゴスという「神聖」な生態系におよぼす悪影響を懸念していることである［Jenkins and Mulliken 1999］。すなわち、ナマコという生物の保全も必要であるが、それよりもなによりも、ガラパゴスの生態系保護が先決だ、という主張だととらえることができる。

これらの環境保護論者によって告発されたナマコ漁自体が内包する収奪性は、世界の環境保護論者たちの関心を強く喚起し、ガラパゴス諸島という限定された生態系の保全だけではなく、世界のナマコ資源を守るべく、二〇〇二年以降、絶滅危惧種の国際貿易を規制するワシントン条約の俎上にのぼるにいたっている。

「戦争」という軍事表現の妥当性は別としても、同条約に「戦場」が移ったことで、問題はより複雑化した。それは同条約の関心が、①一九七三年の発足時に掲げた「野生生物資源の持続的利用」ではなく、現在はむしろ「生物多様性の保全」に傾斜していることにくわえ、②動物の権利（animal rights）や動物福祉（animal welfare）といった、野生生物のみならず家畜やペットなどを含む動物全体と人間の関係性を問題視する動物愛護思想も影響し、科学的根拠にもとづいた冷静な議論がむずかしくなってきているからである。ありていにいえば、同条約の締約国会議は、関係各国の思惑がぶつかり合うエコ・ポリティクスの場と化しているように見受けられる。ナマコにかぎらず、ゾウやクジラ、イルカ、サメ、マグロをはじめとした野生生物の利用をめぐる国際紛争が勃発寸前にあるといっても過言ではない。

次章以降で詳述するように、一九九七年にフィリピンのマンシ島での調査を開始して以来、わたしはナマコという定着性沿岸資源に注目し、海域アジア史再構築のための現代史の記述を志してきた。いまから思えば、すでにその時、ガラパゴスでは「ナマコ戦争」が勃発していたわけであるが、その頃、そうした問題の所在どころか、ガラパゴスという東部太平洋海域で同時代的に進行していた「ナマコ戦争」が、みずからが関心を寄せる西部太平洋海域におけるナマコ利用の問題に将来的に影響を与えることになるなど、まったく自覚できていなかった。

しかし、研究の過程で、ひょんなことからワシントン条約の問題と関わるようになり、前後して国連食糧農業機関(FAO:Food and Agricultural Organization of the United Nations)が主導するナマコ資源管理の議論にも首をつっこむようになり[Akamine 2004]、事態は急変した。それまでは国際政治の標語にすぎないとすら感じていた「持続的利用」について、自分なりの見解を求められるようになったからである。同時に、第1章でも指摘したように、「世界システム」とよばれる生産と消費が分断された「分業」の時代に生き、わたし自身がより消費に傾いた世界に暮らす以上、みずからの立脚点を自覚しない、硬直した「環境主義」にも違和感を抱き、地域主導の資源利用と国際社会に許容されうる「持続的」利用の融合について思案するようにもなった。

序章でも触れたように、ナマコは温帯から熱帯にかけた広大な海域群で生産されながらも、それらの地元で消費される習慣はほとんどなく、中国食文化圏という限定市場で消費されてきた動物である。したがって、いつ、だれが、どのようにして資源開発をもちかけたのかは、ナマコの資源管理を考えるうえで重要なポイントとなる。事実、ナマコ戦争の舞台となったガラパゴス諸島における資源開発においても、「アジア人」が関与しているとされるように［Bremner and Perez 2002:309］、生産と流通、資源管理は切っても切れない関係にある。当然、グローバルに展開される経済活動を鳥瞰しながら、個別事例の展開を具体的におさえていく努力が必要となる（ガラパゴスで問題となっているフスクス・ナマコの開発史は、終章で再度取り上げる）。

くわえて、生物多様性は人類の共有財産であるとして、ワシントン条約などの国際条約やFAOなどの政府間機関（IGO:Intergovernmental Organization）はもとより、巨額な寄付金をうしろだてに途上国に厳しい環境保護政策をせまる国際環境NGOらが資源管理に関与する今日、わたしは、グローバルな資源管理の枠組みと地域社会が個別に育んできた資源利用の固有性を同時代史的に議論せねばならないことを痛感している。

流通を軸に生産から消費を一連のシステムとしてとらえる視点は、アジア・太平洋をフィールドにコモンズ研究を展開してきた秋道智彌が、輸出志向の強い海産物の生産から流通にいたる過程にさまざまな民族が関与していることに着目し、それらの民族間ネットワークをエスノ・ネットワークとよび、資本関係を含めた民族間関係や生業基盤に応じた民族間分業の動態を明らかにしていくことを海洋民族学の課題としたことや［秋道 1995］、文化人類学者のジョージ・マーカスが世界システム論的関心から人類学の実践を意図して提案する多重地域民族誌研究（multi-sited ethnography）とよぶ分析視角を意識したものである［Marcus 1998:91-92］。

とはいえ、実際にはエスノ・ネットワーク研究は、ビジネスの琴線に触れる問題でもあり、詳細を明らかにしえていないのが現状である。かりにフィリピンならフィリピン国内のネットワークの史的展開を再構築しえたとしても〔赤嶺 2003〕、フィリピンから香港へ輸出されたナマコの国際流通の展開過程となると、入手しえた情報は粗末なものであった。

しかし、香港を流通ネットワークの中核とし、世界各国に広がるナマコのエスノ・ネットワークを解明しないことには、ナマコ資源の利用実態は明らかとならないし、自然科学者が提案するさまざまな資源管理策も画餅にすぎなくなる。

本章では、ナマコのなかでも「刺参」とよばれる一群のナマコに注目し、ガラパゴスで生じたナマコ戦争の舞台裏とワシントン条約にいたる過程を説明する（第一節〜第三節）。次に資源利用者の

写真2–1　フィリピン有数の仲買チェーン「OBICO」のプエルト・プリンセサ支店.

写真2–2
「OBICO」のサンボアンガ支店.
パラワン島のプエルト・プリンセサとミンダナオ島のサンボアンガは，フィリピンでも有数のナマコの集散地である.

写真2–3　仲買商の裏手では，たえず商品が乾燥されている（インドネシア，中スラウェシ州）.

当事者性に着目しながら、世界最大のナマコ市場である香港の乾燥海産物を輸入する業界団体が、ワシントン条約にどのように対応しているかを報告し、資源管理における流通部門の果たすべき役割を考察したい(第四節)。

一 ナマコ戦争の背景――エコ・ツーリズムとナマコ漁

ナマコ戦争の震源となったフスクス・ナマコ(*Isostichopus fuscus*, 以後、フスクスとよぶ)は、メキシコのバハ・カリフォルニア(Baja California)半島沿岸からガラパゴス諸島にかけての海域に固有のナマコである[Sonnenholzner 1997]。

そもそも、そのフスクスの採取がはじまったのはメキシコで、一九八〇年代中頃のことであった[Castro 1997]。まさに東南アジア諸国や中国の経済発展にともない、世界のナマコ市場が拡大傾向にあった時期にあたる(第3章を参照のこと)。この時期に日本でも北海道におけるナマコ生産が本格化していることは第4章で紹介する。

メキシコでの資源開発に連動するように、一九八八年にはエクアドルの南米大陸側でフスクスが採取されるようになった。ひとりあたりの年間所得が一六〇〇米ドルに満たないエクアドルにおいて、三人一組で一日に数百米ドルを稼ぐことのできるフスクス漁に、漁民のみならず人びとは魅了された[Nicholls 2006＝2007]。

水深四〇メートル以浅の岩礁域に生息するフスクスは容易に採取しうるため、またたく間に獲り尽くされてしまい、一九九一年から漁民たちは南米大陸から一千キロメートルも離れたガラパゴス諸島でも同種を採取するようになった[Camhi 1995; Bremner and Perez 2002; Shepherd et al. 2004]。

ナマコ漁が導入された一九九〇年代初頭、ガラパゴスへの年間の来島者数は四万人にも達し、活況を呈する観光業に牽引され、職を求めてガラパゴスに流入するエクアドル人も急増し、島の人口は一万人に達しようとしていた。観光が未発達だった一九六〇年の人口が二千人強だったことを考慮すると[伊藤 2002]、わずか三〇年間における環境の激変が実感できよう。

図2-1　フスクスの分布域とガラパゴス諸島

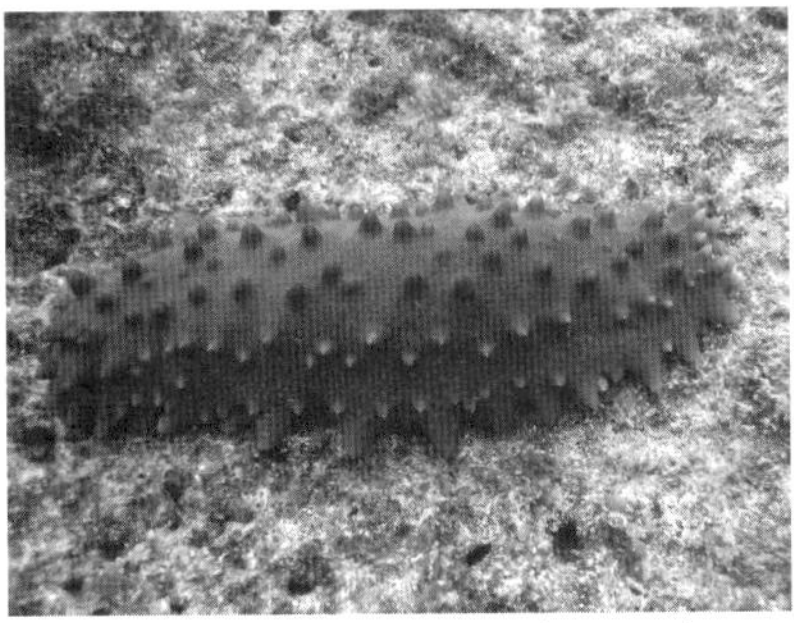

写真2-4　ガラパゴス諸島のフスクス（*I. fuscus*）.
写真提供：Steven Purcell

写真2-5 ガラパゴ(ゾウガメ). 現存する10種のゾウガメ類のすべてが絶滅の危機に瀕しているわけではない. なかには保護区の管理や人工繁殖の結果, 個体数が増えているものもある.

その帰結としてアリなどの外来生物の移入が顕在化しつつあったところへ、一攫千金をめざした漁民たちが大量に到来したのである。しかも、ナマコ漁師たちは漁獲後に上陸し、キャンプ地においてナマコの加工をおこなった。伐採したマングローブでナマコを煮炊きした結果、希少種であるマングローブ・フィンチのすみかも荒らされた。また、ナマコを乾燥させるには数週間は必要である。操業期間中の食料は、とくに蛋白質はガラパゴスで自活するほうが手っとりばやい。かれらは、ガラパゴスの名称の起源ともなったゾウガメ(スペイン語でガラパゴ)までも食用とした。

環境保護論者の論理を要約すると、以下のとおりである。

ナマコ資源が枯渇すれば、当然、生物多様性も損なわれる。第一、希少な島の生態系を無秩序に攪乱する漁民など上陸させるべきではない。しかも、ガラパゴスのシンボルでもあり、環境保護運動のカリスマ的存在でもあるゾウガメまで捕獲して食するなど、もってのほかだ。

これらは一見、もっともな主張のように聞こえはする。わたしも、島の生態系を無秩序に攪乱することは避けるべきだと考えている。ゾウガメ保護にも賛成である。しかし、そのためにナマコ資源の持続的利用の可能性までも排除してしまう方針には、やはり違和感を抱かずにはいられない。理不尽だ、とさえ感じられてくる。

写真2-6　チャールズ・ダーウィン研究所（CDRS）．
1959年にガラパゴス保護を目的にベルギーで設立された
国際NGOチャールズ・ダーウィン財団（CDF）が
運営する研究所で，1964年に設置された．
ガラパゴスの生態研究をリードする
世界的な研究機関である．

問題を漁民側から眺めてみよう。ツーリズムが未発達であった一九八〇年代前半まではツーリズムへの大資本の参入もなく、研究者やマニアックな旅行者を相手に渡船やガイドなどで漁民もそれなりの収入を得ることができた。ところが、エコ・ツーリズムが注目されるようになると、粗末な漁船ではなく、豪華な船が必須とされた。結果として漁業者たちはツーリズムから排除されてしまった[Stutz 1995]。しかも、観光旅行者が大枚を厭わないロブスターも、だんだん獲れなくなってきた。そんな時にナマコ需要がふって沸いたのである。しかもナマコは浅瀬に生息している。岩場を歩くか、ちょっと潜るだけで「濡れ手で粟」だ。漁師たちが飛びつかないわけがない。結果として環境保護論者の意向をくみ、一九九二年八月に大統領令によってガラパゴスにおけるナマコ漁は禁止されたのであった。

突然の禁漁命令に納得しない漁師たちは密漁をつづけるかたわら、ガラパゴス出身の政治家やナマコ産業関係者たちと協力してエクアドル政府にナマコ漁の再開を懇願した。政府は、資源量把握のための捕獲調査として一九九四年一〇月一五日から翌年一月一五日までの三カ月間に五五万尾の漁獲を許可した。正確な量は把握できていないが、二カ月間で一千万尾が漁獲されたと推測され、事態を重視した当局は予定より一カ月も早く操業許可を打ち切った。このことに腹をたてた漁民たちは、生態学研究の殿堂であるダーウィン研究所を封鎖し、環境保護のシンボルであるゾウガメを人質（亀質）として立てこもり、その殺戮をほのめかすことにより、政府をはじめ世界の環境主義者たちに抗議したのである。これが、ナマコ戦争の発端である［Nicholls 2006＝2007］。

そして一九九八年、ガラパゴス特別法（Ley de régimen especial para la conservación y desarrollo sustentable de la provincia de Galápagos, ガラパゴス県の保全と持続可能な開発のための特別法）が制定され、漁業者、研究者、行政、環境保護論者、ツーリズムなどの関係者らが協働して海洋環境を保全していく共同管理の枠組みが準備された。さまざまな問題をはらみつつも、関係者たちは保護一辺倒ではなく、持続的利用を模索しているといえる［Martinez 2001; Shepherd et al. 2004; Toral-Granda 2005］。

エクアドル政府はガラパゴスにおける共同資源管理の体制をととのえる一方で、二〇〇三年八月、フスクスをワシントン条約の附属書Ⅲに掲載し、輸出規制に乗りだした（次節で詳述）。

二　ワシントン条約と米国主導の資源保護政策――「保全」と「保存」

ワシントン条約の正式名は、「絶滅のおそれのある野生動植物の種の国際取引に関する条約」（ＣＩＴＥＳ：Convention on International Trade in Endangered Species of Wild Fauna and Flora）という。一九七三年に米国のワシントンで成立したことから、ワシントン条約との通称で知られているものの、一般には、英文の頭文字をとってＣＩＴＥＳ（サイテス）とよばれている。

日本語の「保護」には、保全（conservation）と保存（preservation）のふたつの意味が混在している［鬼頭

1996]。後者はともかく、前者は日常生活で耳にすることの少ないことばだし、両者を区別していない日本語辞書もあるが、両者には人間の介在度において決定的な差異がある。保全は動詞として conserve water（水を節約しましょう）や conserve energy（省エネしましょう）などと使用されるように、人間による利用を前提とし、「無駄なく利用」することを含意している。他方、保存は食品保存料（preservative）と同幹の preserve からの派生語で、preserve historic landmarks（史跡を保存する）というように、なにかに壊されたり、傷つけられたりしないように原型を維持することを意味する。つまり、人間の介在をできるだけ排除することが前提とされているのである。

　ここでの問題は、環境保護論者が野生動物や生物多様性の保護を訴える場合、持続的利用を意図する保全を唱えながら、その実質は保存へ傾いていることにある。このことについて捕鯨問題を事例に検討しよう。

　クジラは、一九四六年に締結された国際捕鯨取締条約（International Convention for the Regulation of Whaling）の執行機関として一九四八年に世界の主要捕鯨国（一五カ国）により発足した国際捕鯨委員会（IWC：International Whaling Commission）によって管理されている。[1]

　同委員会の設立目的は、「鯨類資源の適切な保全と捕鯨産業の秩序ある育成」（傍点筆者、for the proper *conservation* of whale stocks and thus make possible *the orderly development of the whaling industry*）にある。とはいえIWCの発足当時、保全はおろか、オリンピック方式とよばれた捕獲競争が展開されており、同委員会が実質的な資源管理を開始したのは一九六〇年代のことであった［梅崎 1986：152］。それが、一九七二年にスウェーデンのストックホルムで開催された国連人間環境会議（ストックホルム会議)を契機として、米国を中心に同委員会も鯨類資源の保存一本やりへと傾倒していくこととなる。[2]

ストックホルム会議では、米国が提案した商業捕鯨の一時停止(モラトリアム)が勧告されはしたものの、同年のIWC総会では、モラトリアム実施案は科学的根拠がないとして否決された。しかし、その後も米国を中心とする反捕鯨諸国が、反捕鯨の立場でIWCに新規加入する国ぐにを募ったため、一九七二年には一四カ国だった加盟国が一九八二年には三九カ国に増加した。その結果、同年のIWC総会で反捕鯨派の数は採択に必要な四分の三に達し、商業捕鯨モラトリアムが採択されたのである[3][小松編 2001:59]。

一般に条約には、日米安全保障条約などのように二国間で結ばれるものと、三カ国以上の多国家間で締結される多数国間条約とがある。後者の場合、捕鯨のように関係各国だけで結ばれる場合と、地球温暖化防止条約や生物多様性条約のように国連が加盟国に広く批准を求める場合の二種類に分けられる(このことは、地球温暖化防止条約の正式名称が「気候変動に関する国際連合枠組条約」であることにも顕著である)。

すでにみたように国際捕鯨取締条約は、捕鯨国による捕鯨国のための、鯨類資源の持続的利用を促進することを目的として起草されたものであった。その証拠に、条約の成立に向けて関係国の調整に動いたのも、また条約への加盟手続きを含めた事務手続きのすべてを引き受けたのも(これを法律用語で「寄託」という)、当時は主要な捕鯨国であった米国政府であった。つまり同条約は、国連が主体となって広く締約国を募った生物多様性条約や地球温暖化防止条約とは性格が異なるのである。二〇〇九年三月三一日現在でＩＷＣには八五カ国が加盟しているが、捕鯨国はアイスランドと日本、ノルウェーの三カ国に、一定の条件付きで認められる原住民生存捕鯨をおこなっている国（米国、ロシア、デンマーク、セントビンセントおよびグレナディーン諸島）を含めても七カ国にすぎない。捕鯨国であっても、条約の目的に賛同しなければ国際捕鯨取締条約を批准する必要もないし、もしくは同条約から脱退すれば、条約に拘束されずにすむ。実際に、同条約を批准せずＩＷＣに加盟していないカナダやインドネシアでも捕鯨はおこなわれている（正確には、カナダは元ＩＷＣ加盟国で、一九八二年の商業捕鯨モラトリアムの採択を期に脱退している。インドネシアのマッコウクジラ猟については終章で触れる）。

このような現状を鑑みた米国は、ＩＷＣの場を超えた国際会議で捕鯨と鯨類貿易を規制する法的根拠を必要とした。それが、国連が主体となって国連加盟国に広く賛同をよびかけるワシントン条約である。つまり、ＩＷＣ非加盟国は捕鯨を許されるものの、それらを国外へ輸出することはワシントン条約に抵触するという、より包括的な仕掛けを構築したのである。(4)

序章でも述べたように、国連によるストックホルム会議が、その後の環境主義の隆盛に貢献したことはいうまでもない。そのひとつがワシントン条約であり、生物多様性条約（一九九二年）である。というのも、それらの条約はストックホルム会議を契機として創設された国連環境計画（ＵＮＥＰ）を母体とするからである。

ワシントン条約には、二〇〇九年三月三一日現在で一七五カ国が加盟しており、およそ五千種の動物と二万八千種の植物が規制下にある［CITES n.d.］。なお、同条約の目的は、国際貿易によって野生生物が絶滅することの防止にあるため、希少種であっても人工繁殖されたものや国内での流通は管理対象外とされている。

地球温暖化防止条約や生物多様性条約など、地球環境条約(GEA:Global Environmental Agreements)の多くが目的と枠組みだけを条約で定め、個別の問題は技術委員会や作業部会であつかうのに対し、ワシントン条約の特徴は、条約の中核ともいえる附属書に規制対象種を個別に記載する点にある[金子 2005]。

ワシントン条約では、絶滅の危機度に応じて生物種が三段階に区分され、それぞれに異なる管理がしかれている。絶滅の危機に瀕している生物は附属書Ⅰに掲載され、原則として商業目的の輸出入が禁止されている。ゾウやトラ、ゴリラなど動物園でおなじみの大型哺乳動物の多くが附属書Ⅰ掲載種である。附属書Ⅱに掲載されるのは、現在はかならずしも絶滅の脅威にさらされてはいないが、国際取引を規制しないと将来的に絶滅する可能性のある生物である。附属書Ⅱ掲載種は、輸出可能であるものの、輸出にあたっては輸出国政府の管理当局が発行した輸出許可書の事前提出が必要となるし、輸入に際しては輸出許可書の提示が求められる。

附属書Ⅰと附属書Ⅱへの掲載と削除には、締約国会議(以下、CoP:Conference of the Parties)において、白票を除く有効票の三分の二以上の承認を必要とする。他方、附属書Ⅲは、附属書Ⅰや附属書Ⅱとは異なり、締約国が自国内で捕獲採取を禁止あるいは制限している生物に関し、他国の協力をあおぐために独自に掲載することができる。とはいえ、CoPの議決を経ていないため拘束力は強くない。

ナマコについていえば、エクアドルが「ナマコ戦争」の火種となったフスクスを二〇〇三年に附属書Ⅲに記載しているだけである。これにともない、フスクスをエクアドルから輸出しようとすれば輸出許可書が必要となったが、同種を産するメキシコやペルーからであれば、原産地の証明は必要となるものの、輸出許可証は不要である。

二〇〇二年一一月にチリのサンチャゴで開催されたCoP12（ワシントン条約第一二回締約国会議）で、ナマコについての議論を喚起したのは米国であった。ガラパゴス諸島にかぎらず、世界の諸地域でナマコ資源が低減していると主張し、ナマコ類をワシントン条約で管理することの是非を問うたのである（提案は二〇〇二年八月三〇日）［Cop12 Doc.45］。米国の提案は、ナマコ類を附属書Ⅱに記載することによってナマコ資源が保全されうるのかどうかを議論しようではないか、というまわりくどい慎重なものであった。

写真2-7　名古屋港水族館のメガネモチノウオ（ナポレオンフィッシュ）．同水族館には2匹が飼育されている．学術目的ではない場合，水族館用の生物もワシントン条約の規制対象となる．

しかし、その提案文書を読んでみても、ピントが絞りきれていない印象を受ける。第一、米国の科学者が得意とする関連文献を渉猟し、それらを網羅した質の高いレビューがなされているわけではなく、なにか他意を感じさせもする。というのも、米国はナマコと同時にメガネモチノウオ（*Cheilinus undulatus*, 通称ナポレオンフィッシュ）の附属書Ⅱへの掲載を提案していたし、その前回のCoP11（二〇〇〇年）でもタツノオトシゴ類とサメ類について、それぞれ附属書Ⅱへの記載を提案しているからである。

国連が関与する環境と持続的開発についての多国間交渉の進行をリアルタイムに報告する『地球交渉速報』（ENB：*Earth Negotiations Bulletin*）によると、CoP12（二〇〇二年）でジンベエザメとウバザメ、タツノオトシゴ類といった海産種が附属書IIに掲載されたことは、ワシントン条約にとって大きな分岐点となったという。ENBはCoP12の総括レポートで、「これまでワシントン条約が海産種の議論を回避してきたのは、注目をひく鯨類については国際捕鯨委員会（IWC）に一任してきたからでもあるし、それ以外の魚類については国連食糧農業機関（FAO）にまかせてきたからである。しかし、CoP12において前記三種が附属書IIに掲載されたことで、ワシントン条約は従来の慣習をうちやぶる結果となった」と分析している［ENB 21(30)：15］。

事実、翌CoP13（二〇〇四年）では、ホオジロザメとナポレオンフィッシュが附属書IIに掲載されたし、[5] CoP14（二〇〇七年）の開催を受け、世界最大級の環境保護団体であるWWF（World Wildlife Fund, 世界自然保護基金）が同会議で注目すべき一〇種をあげたなかで、その半分が海産種であるなど、ワシントン条約における海産種の存在感は強まる傾向にある。[6]

では、長きにわたり存在していた不文律をやぶってまでCoP12で海産種が附属書IIに記載されるようになった背景には、なにがあるのだろうか。そもそも、それらの提案をした国はどこなのか。

サメ類に関していえば、CoP11での提案国は、ジンベエザメが米国［Prop.11.47］、ホオジロザメが米国とオーストラリア［Prop.11.48］、ウバザメは英国であった［Prop.11.49］。それらはいずれも否決され、翌CoP12でジンベエザメを再提案したのはフィリピンとインド［Prop.35 Doc.12.66：

55–56〕、ウバザメが英国とＥＵ〔Prop.36 Doc.12.66:56–58〕であったし、ＣｏＰ13でホオジロザメを再提案したのはオーストラリアとマダガスカルであった〔Prop.32 Doc.13.60:53–58〕。他方、タツノオトシゴ類をはじめとした、ナマコ類やナポレオンフィッシュなどのサンゴ礁資源の提案は、すべてが米国によってなされている。

ワシントン条約においてサンゴ礁関係の一連の提案をおこなっているのは、米国商務省海洋大気庁（ＮＯＡＡ：National Oceanic and Atmospheric Administration）である。この背景には、クリントン政権下の一九九八年に関係省庁を横断して発足した「サンゴ礁対策委員会」（ＣＲＴＦ：Coral Reef Task Force）が存在している。同委員会は、自国のマイアミ周辺に形成されたサンゴ礁のみならず、世界のサンゴ礁の保全に尽くすことを目的としている〔CRTF 2000:iv〕。安全保障よろしく世界の海の守護者を自任するあたりが米国的である。

同委員会は、二〇〇〇年三月に『サンゴ礁保全に関する国家計画』（The National Action Plan to Conserve Coral Reefs）を刊行しており、ＮＯＡＡがサンゴ礁資源の国際貿易を担当する旨が明記されている〔CRTF 2000〕。同計画を受けてＮＯＡＡは、サンゴ礁保全計画（NOAA Coral Reef Conservation Program）を立案し、①イシサンゴ目、②タツノオトシゴ類、③ナマコ類の国際貿易を問題視するとともに、④観賞魚を目的とする漁業と⑤（ナポレオンフィッシュのような）食用となる活魚資源の持続的利用について対策をとることの必要性を主張するのである〔NOAA n.d.〕。

同国家計画において、これらの五点に問題が収斂されるようになった背景については、今後も精査していかねばならないが、いくつか興味ある事実が存在する。そのひとつが各国政府、政府系機関、NGOから構成された国際環境NGOである国際自然保護連合(IUCN:International Union for Conservation of Nature)との関係である。

絶滅のおそれのある生物の目録をレッドリストといい、それを集めた本をレッドデータブック(RDB:*Red Data Book*)とよぶ。ワシントン条約の産みの親ともいえるIUCNが一九六六年から蓄積してきたものが世界的な権威となっている。絶滅度をはかる基準も精緻化されてきており、一九八〇年代に大きく進展した保全生態学の知見に即して数量化した新基準が一九九四年に策定されている[松田 2006]。海産種のレッドリスト掲載への検討の遅れを指摘されてきたIUCNは、この新基準の適合性も含め、海産種のレッドリスト掲載への本格的な検討に着手し、その手始めとして一九九六年にロンドンで海産魚類についてのワークショップを開催し、サンゴ礁魚類、タツノオトシゴ類、サメ類、マグロ・カジキ類について審議した[魚住 2006]。NOAAが重要課題とする前記②のタツノオトシゴ類と④と⑤に関連するサンゴ礁魚類の危機度について、すでにIUCNが問題視していたことは、NOAAの提案がIUCNの議論とリンクしたものである可能性を想起させる。

では、ナマコ類はどうなのか? たしかに、後述するようにFAOが、二〇〇二年の早い段階から中国政府関係者と協働してナマコの資源管理と養殖の推進についてのワークショップを計画してはいた[Lovatelli 2002]。しかし、ASCAM(Workshop on Advances in Sea Cucumber Aquaculture and Management, ナマコ養殖と管理の向上に資する研究会)と名づけられ、二〇〇三年一〇月に中国の大連市で開催されたワークショップの当事者アレサンドロ・ロバテッリ氏にも確認したが、同ワークショップはワシントン条約の動向とは無関係であった。事実、中国を含む一九カ国から多数の参加があったものの、米国からの参加者はいなかった[Lovatelli et al. eds. 2004]。

米国の提案動機についてははっきりしないが、わたしは、本章の冒頭に紹介した「ナマコ戦争」なる衝撃的なネーミングで環境保護論者の耳目を集めているガラパゴス諸島におけるナマコ保全に関する騒動が、NOAAの、ひいては世論を意識する米国の政治家たちの関心をひいたのではないか、と推察している。

とはいえ、CoP12での米国の提案とガラパゴスの生態系保護キャンペーンとを直接的に関係づける文書はほとんどない(7)。わたしが確認できたなかでは、唯一、米国のNGO「種生存のためのネットワーク」(SSN:Species Survival Network)が両者を関係づけているだけである。同NGOは、CoP12のために作成した資料で、「非持続的な漁業と貿易によってナマコ類はワシントン条約の監督下におかれるべき種となっており、ガラパゴスのように無秩序な操業によってもたらされる乱獲はもとより、違法貿易と生息環境の劣化を問題視すべき」であることを主張し、同会議の参加国代表に米国提案に賛成することを求めている[SSN 2002]。

CoP12において米国の提案が採択されることはなかった。これを受けてエクアドル政府は翌年の二〇〇三年八月にフスクスを附属書Ⅲに記載したが、この間わずか九カ月であることを考慮すると、米国とエクアドルとの連携が浮かび上がってくる。

三 ワシントン条約におけるナマコのあつかい

二〇〇二年のCoP12(サンチャゴ)以来、二〇一〇年のCoP15(ドーハ)にいたるまで、締約国会議(CoP)はすでに三回を重ねているが、容易に決着はつきそうもない。この間に公刊されたナマコに関するワシントン条約関連の文書一覧を表2-1に掲げる。

CoPは二〜三年に一度開催されるため、その間にさまざまな事案を審議・検討するのは、毎年開催される各種の委員会である。ナマコの場合には、動物委員会(AC:Animals Committee)がその任にあたっている。実際、米国の提案を受けたCoP12では、ナマコ資源の利用実態を明らかにするためのワークショップを開催することが決定され、その成果を次回CoP13までに吟味することがACに義務づけられた(決定12・60)[8]。

ワークショップ開催に向けての作業は、第一九回動物委員会(AC19、二〇〇三年八月)にはじまり[AC19 Doc.17]、二〇〇四年三月にワシントン条約事務局によって、「クロナマコ科とマナマコ科のナマコ類の保全に関する専門家会議」(Technical Workshop on the Conservation of Sea Cucumbers in the Families Holothuridae and Stichopodidae (Decisions 12.60 and 12.61))と題したワークショップがマレーシアのクアラルンプールで開催された(以下、「クアラルンプール会議」と記す)。

マレーシアが選定された理由について文書で明らかにされていないが、わたしがワークショップに参加して訊いたかぎりでは、①一九九九年にマレーシアの農務省水産局とスコットランドの

表2-1　ワシントン条約／FAOにおけるナマコ関係文書とナマコ関係のワークショップ一覧

年	会議	文書名	頁	起草者	正式名称	開催地・月
2002	CoP12	Doc. 45	pp. 28	USA	Trade in sea cucumbers in the families Holothuridae and Stichopodidae	サンチャゴ（チリ），11月
		Com. I, Rep. 2	pp.2-3	Com. I	Trade in sea cucumbers in the families Holothuridae and Stichopodidae (working group's draft decision)	
		Des. 12.60				
		Des. 12.61				
2003	AC19	Doc. 17	pp. 5	Secretariat	Conservation of and trade in sea cucumbers in the families Holothuridae and Stichopodidae (Decision 12.60)	ジュネーブ（スイス），8月
		WG9 Doc.1 (AC19 Summary Report)	pp.65-66	AC	Conservation of and trade in sea cucumbers	
	FAO technical workshop I				Technical Workshop on Advances in Sea Cucumber Aquaculture and Management	大連（中国），10月
2004	KL WS				Technical Workshop on the Conservation of Sea Cucumbers in the Families Holothuridae and Stichopodidae (Decisions 12.60 and 12.61)	クアラルンプール（マレーシア），3月
	AC20	Doc. 18	pp. 3	AC	Conservation of and trade in sea cucumbers in the families Holothuridae and Stichopodidae (Decisions 12.60 and 12.61)	ヨハネスブルグ（南アフリカ共和国），3–4月
		Inf. 14	pp. 30	AC	Conservation of and trade in sea cucumbers in the families Holothuridae and Stichopodidae (Decisions 12.60 and 12.61)	
		WG7 Doc. 1	pp. 5	AC	Conservation of and Sea Cucumbers in the families Holothuridae and Stichopodidae (Decisions 12.60 and 12.61)	
	CoP13	Doc. 37.1	pp. 5	AC	Trade in sea cucumbers in the families Holothuriidae and Stichopodidae	バンコク（タイ），11月
		Doc. 37.2	pp. 3	Ecuador	Implementation of Decision 12.60	
		Des. 13.48				
		Des. 13.49				
		ASCAM Proceedings	pp. 425	Lovatelli et al. eds.	Advances in sea cucumber aquaculture and management	11月
2005	AC21	Doc. 17	pp. 2	AC	Sea Cucumbers	ジュネーブ（スイス），5月
		WG5 Doc. 1(Rev. 1)	pp. 2	AC	Sea Cucumbers	
2006	AC22	Doc. 16	pp. 29	Secretariat	Sea Cucumbers	リマ（ペルー），7月
		Inf. 14	pp. 5	Toral-Granda	Summary of FAO and CITES workshops on sea cucumbers: major findings and recommendations	
		Proceedings of the KL WS	pp. 244	Bruckner ed.	Proceeding of the CITES workshop on the conservation of sea cucumbers in the families Holothuriidae and Stichopodidae 1-3 March 2004, Kuala Lumpur, Malaysia.	8月
2007	CoP14	Doc. 62	pp. 33	AC	Sea Cucumbers	ハーグ（オランダ），6月
		Com. I. 1	pp. 2	Secretariat	Draft decision of the Conference of the Parties on Sea cucumbers	
		Des. 14.98				
		Des. 14.99				
		Des. 14.100				
	FAO technical workshop II				Sustainable use and management of sea cucumber fisheries	プエルト・アヨラ（エクアドル），11月
2008		FAO Proceedings	pp. 317	Toral-Granda et al. eds.	Sea Cucumbers: A global review of fisheries and trade	12月
2009	AC24	Doc. 24	pp. 2	Secretariat	Sustainable use and management of sea cucumber fisheries.	ジュネーブ（スイス），4月
		WG6 Doc. 1	p. 1		Sustainable use and management of sea cucumber fisheries (Agenda item 16).	

出所：ワシントン条約事務局のホームページ内の保存文書，そのほかの出版物をもとに筆者作成．灰色で塗りつぶした部分はFAO関係．

ヘリオット・ワット大学とがナマコに関するワークショップを共同開催した実績があるし［Bain ed. 1999］、②野生生物の国際取引を監視する多国籍環境NGOであるTRAFFIC（本部は英国）の東南アジアにおける活動拠点がクアラルンプールにあり、そこが支援を申し出たから、ということであった。

ワークショップ開催にあたり、AC案では、漁業部門、輸出入国、FAOなどの政府間機関、問題に精通したNGOの代表にくわえ、専門家を招聘することとし、輸出国に関しては年間五トン以上の乾燥ナマコを輸出した実績をもつ国・地域としていたものの、(9) 実際には米国、中国、日本をはじめ一三カ国三二名の政府代表者、政府間機関としてFAOと太平洋共同体事務局（SPC：Secretariat of the Pacific Community）からの二名、NGOとしてTRAFFICから三名、そのほかの専門家として一三名、ワシントン条約事務局関係者四名の合計五四名がクアラルンプール会議に参加するにとどまった［赤嶺 2005］。

同会議には、自然史博物館や研究所、大学から七名の生物学や生態学を専門とする科学者が参加していた。地域研究を専攻し、海域世界の文化と歴史に関心を寄せる者は、わたしひとりであった。ナマコ漁の当事者としては、オーストラリア北部のダーウィンを中心にナマコ漁を展開するタスマニア・シーフーズ社（Tasmanian SeaFoods Pty. Ltd.）から三名が派遣されていただけである。専門家の残り二名はSPC関係者で、南太平洋地域における沿岸資源管理の担当者であった。

この会議の目的は、ナマコ類を附属書IIに掲載するか否かの妥当性を協議するものであったはずである。しかし、米国主導の議事運営のもと、いかに掲載までの筋道をつけるかを議論しているという感想をわたしはもった。

印象的だったのは、生物としてのナマコについては分類学(taxonomy)上の論争が活気をおびていた一方で、乾燥ナマコは同定できない、と科学者のそれぞれが主張したことである。ワシントン条約が種ごとに規制をかける以上、分類は大切である。しかし、乾燥ナマコは研究の範囲外とし、区別がつかぬというのはどういうわけか。そもそも、ほとんどの科学者が乾燥ナマコをみたことさえないという。もちろん、食べたことがある者は皆無に近かった。

ワシントン条約の附属書Ⅱ掲載種には、類似種(look-alike species)措置がある。すなわち、通常の範囲の努力で掲載種と外見上の区別がつきにくい種が、類似種として包括的に規制を受けるのである。つまり、ナマコの場合には商品価値の高い特定の数種が掲載種に指定されうるが、現場の監督官が掲載種とそうでない種との区別がむずかしいと判断した場合には、類似種措置によってナマコ類全体を規制することができるようになる。乾燥ナマコの区別は現実的に困難であるとする意見が多く、特定の種が附属書Ⅱに掲載されることによって、結果としてナマコ類全体の貿易が規制される可能性が大きくなることを意味している。

招待された科学者たちが、生物としてのナマコの専門家であるのはまちがいない。しかし、ワシントン条約で問われているナマコは、実際には乾燥ナマコとして流通している。だとすれば、乾燥ナマコに関心を寄せない生物学者は、どのような立場で問題をとらえ、資源管理に貢献するつもりなのであろうか。

乾燥ナマコの流通現場では、名称こそ異なるものの、フィリピンでもインドネシアでもフィジーでも香港でも、それぞれの地域名に対応した分類が確立されている。現場で乾燥ナマコを仕分けるのは、学問的訓練を受けたことのない人びとである。科学者たちのこのような研究姿勢は、当初からワシントン条約における類似種措置を約束するようなものである。

資源管理には、漁獲サイズの制限や禁漁期の設定が有効であるが、そのために必要となる、ナマコの産卵時期など、誕生から再生産にいたる生活史(life history)についてのデータがないことも致命的な欠陥である。このように生物種に対する理解や科学的データが不足した状況下で主張されるのは、保存のための予防的措置(precautionary approach)である。科学的データが蓄積される以前に、生物が絶滅してしまうといけないから、とりあえず保護しておきましょう、というわけである。

以上述べたような問題点はあったものの、TRAFFICの支援による効率的な議事運営もあり、会議自体は充実したものであった。しかし、決定12・60がACに課したように、ACには同年一〇月に予定されていたCoP13で成果報告をおこなう時間的余裕はなかった。結局、クアラルンプール会議開催後一カ月足らずで開催されたAC20(二〇〇四年三〜四月、ヨハネスブルグ)において、米国がワシントン条約事務局と協力して報告書を作成することが決定されたにとどまった(10)[AC20 Summary report:22]。

資料不足のために議論らしい議論ができなかったCoP13では、エクアドルからの提案にもとづき[Cop13 Doc.37.2]、ACに対してCoP14(二〇〇七年六月)までに議論のたたき台を作成しておくことが、再度、義務づけられた(決定13・48)。この原案を作成するにあたり、AC21(二〇〇五

写真2-8 CoP14でのナマコ作業部会（2007年6月）．
第1委員会の休会時間に決定案の最終確認をした．
右側の長身の男性が，作業部会の議長を務めた
オランダ政府の外務官僚．

年五月、（ジュネーブ）では、コンサルタントに依頼して、クアラルンプール会議のみならずFAOによるASCAMの成果も統合した討議資料を作成してもらうことが決定され[AC21 WG5 Doc.1]、翌年七月にペルーのリマで開催されたAC22においてA4判二八頁におよぶ資料が配布された[AC22 Doc.16]。その一年後に開催されたCoP14では、作業部会がもうけられ、あらかじめACが作成していた決定案についての修正がおこなわれた。[11] CoP14での決定では、関係各国に資源管理策の策定を求める一方、同条約による規制が漁業者の生活へおよぼすであろう諸影響も考慮することが義務づけられたし（決定14・98）、ACに対して、あらたにFAOが主催するナマコ資源の持続的利用に関するワークショップの成果を吟味することが課された（決定14・100）。

FAOによるワークショップは、二〇〇七年一一月一九～二三日に「ナマコ類資源の持続的利用とナマコ漁の管理のためのFAO専門家会議」（FAO Technical Workshop on Sustainable use and management of sea cucumber fisheries）と題してガラパゴス諸島のプエルト・アヨラで開催され、『ナマコ——漁業と貿易に関するグローバルな展望』と題した報告書は二〇〇八年末に公刊された[Toral-Granda et al. eds. 2008]。

本報告書の出版を受け、二〇〇九年四月にジュネーブで開催されたAC24においてナマコ問題に関する作業部会が開催され

た。参加したのは、カナダ、中国、日本、サウジアラビア、米国の五カ国と政府間機関である欧州委員会(European Commission)にＮＧＯのアーストラスト(Earthtrust)、スワン・インターナショナル(SWAN International)、ＴＲＡＦＦＩＣの三団体で、議長は米国商務省のナンシー・デイビス氏(Nancy Daves)が務めた。同作業部会では、①ＦＡＯのガラパゴス会議の中心課題がワシントン条約の附属書掲載をめぐる可否にあったわけではなく、より広義の資源管理の方策にあったこと、②そのため同報告書にはワシントン条約の附属書掲載についての提言が直接的になされていないことが確認され、③作業部会として同報告書の評価はくだしがたいとの結論にいたった。しかし、ガラパゴスの事例を分析した論文は検討に値するものであり、ワシントン条約事務局に対し、「ＦＡＯの報告書の要約とともにガラパゴスの事例研究についての要約をおこなうこと」を提案した[AC24 WG6 Doc.1]。

ＦＡＯの報告書でガラパゴスのフスクスの現状について報告したベロニカ・トラル＝グランダ氏は、ＡＣ22における議論のたたき台を作成した研究者でもある。彼女は一九九五年に勃発した「ナマコ戦争」の体験者であり、その体験からナマコ保全の研究に打ち込むことになったという。彼女とは二〇〇三年のＦＡＯによる大連会議以来の研究仲間であるが、ダーウィン研究所の研究員として、また、エクアドル政府の代表として積極的にナマコの保全活動に取り組んでいる、尊敬すべき研究者である。同報告書において彼女は、個人的な意見としながらも、「違法操業や密輸についての監視体制がととのっていない状況では、ワシントン条約は機能しえない」とし、「エクアドルのような途上国政府にとっては、そうした監視体制の強化も政治経済的な重荷となる」

と、ワシントン条約附属書掲載についての消極的な展望を述べている(12)［Toral-Granda 2008b:250］。

このようにナマコに関する議論は、二〇一〇年三月にカタールのドーハで開催されたCoP15でも、事務局の事務処理能力の限界もあり、継続審議となった。二〇〇二年のCoP12での米国による問題提起から一〇年近くたった今日でも、依然として結論をみいだせていないのはなぜなのか？　わたしは、その理由のひとつは、科学的なデータが圧倒的に欠如しているなか、米国政府のCRTFやNOAAの問題設定が恣意的にすぎたからだと考えている。

四　資源管理の当事者性

クジラに戻ろう。IWCは、捕鯨を商業捕鯨（commercial whaling）と原住民生存捕鯨（aboriginal subsistence whaling）に区別している。「原住民生存捕鯨」とは「原住民による地域的消費を目的とした捕鯨であり、伝統的な捕鯨や鯨類利用への依存がみられ、地域、家庭、社会、文化的に強いつながりをもつ」捕鯨をさす［Freeman ed. 1988＝1989:190］。IWCは、グリーンランド（デンマーク）、チュコトカ（ロシア）、ベキア（セントビンセントおよびグレナディーン諸島）、アラスカ（米国）で原住民生存捕鯨を認めている。

原住民生存捕鯨は、IWCが、鯨肉の地域内消費の重要性ばかりではなく、文化的・経済的関係を維持する目的で捕鯨地の外部へも鯨肉を流通させることを認めた点で評価できる。しかし、問題もある。まず、流通の許容範囲については明言を避けている。さらには、生存（subsistence）と貨幣経済の関係が曖昧である。生存捕鯨を許可された先住民のなかには、近代的捕鯨法を採用していたり、捕鯨シーズン以外にはエビ・トロール漁などさまざまな商業漁業をおこなっていたりする人びともいる［Caulfield 1994］。

このような現実を考慮した場合、鯨肉を物々交換する場合には生存捕鯨が適用され、「科学的」に資源がきわめて低位状況にあることが確認されているホッキョククジラの捕獲が許可される一方で、鯨肉の売却には商業性があるとされ、「科学的」に資源の増加が確認されているミンククジラの捕獲も禁止されるというＩＷＣの見解は、理解しがたい。先入観を排し、民族文化の多様性と歴史性を考慮した捕鯨のあり方が模索されるべきではないだろうか(13)。この視点は、ナマコのような古くから、しかも広域にまたがって商品化されてきた資源の管理を考える際に重要となる。

生存捕鯨の「生存」とは、生物としてのぎりぎりの活動を維持することである。先住民が生きていくためには、たしかに栄養学的にも、経済的にも、クジラは重要である。だが、より重要なことは、精神的・文化的に豊かな「生活」を送るためにも、クジラが不可欠な存在であるという点である。

では、クジラをナマコにおきかえてみたらどうなるだろうか。

むろん、ナマコを獲らずとも、漁民たちは「生存」できる。しかし、漁民にも「生活」を選択する権利はある。クアラルンプール会議でも、いかに漁民に代替収入を与えるのかが重要な議題となった。だが、大きなナマコを他人よりたくさん獲ってみせる、といった願望と、それが達成された時の充実感、そのことで得られる名声は、金銭にはかえがたい。たとえば、次章で詳述するように、南沙諸島海域において五〜二〇名ほどの集団で長期間にわたるナマコ漁を組織するフィリピン漁民の場合、潜水漁にたけたダイバーはもとより、海域の資源状況に通じ、たくさんの漁獲をもたらす漁場に誘導できる漁撈長は人びとから羨望のまなざしを受ける。そのような名声の補償は、海洋保護区をつくり、そこへ訪れるエコ・ツーリストたちを送迎し、かれらに自然環境や漁師文化について講義するといった代替案で解決する問題ではない。

資源管理は、長い年月をかけて培われた漁民の生きがいを損なわせない方向で推進されるべきである。もっとも、これまでにも漁民や産地社会で取り組む資源管理についての研究蓄積は少なくない［鹿熊 2004］。とはいえ、ナマコは地元社会で利用されることはほとんどなく、その大部分が中華世界へ輸出される特殊な性格をもっている［鶴見 1999］。このため、ナマコの資源管理で動向を握るのは、流通にたずさわる中国系商人たちである［赤嶺 2000a, 2003］。

しかし、これら乾燥ナマコの流通をになう中国系商人たちは、資源を搾取していると批判されることがある［田和 1995］。生産地の将来をかえりみず、みずからの欲するままに資源を搾取し、資源が枯渇したら別の島に移動するというのである。そういった事例も見受けられようが、それらがすべてではない。みずからのビジネスを持続させるべく、ナマコ資源の保全を願う人びともいる。

香港の乾燥海産物問屋街である南北行《ナンパクホン》では、およそ五〇〜六〇社がナマコを輸入しているが、ワシントン条約への関心の高まりを契機として、ナマコ輸入商たちが、生産地社会に対してナマコの持続的な利用を訴えるようになった（第6章参照）。かれらは、ワシントン条約の締約国会議や動物委員会にも参加し、保護主義者らとの意見交換を求めている。業界として対応できる部分から、まずは対応していきたい、という。

また、この南北行の動向と無関係ではあるものの、南太平洋のフィジーでも、興味深い試みが進行中である。一九九七年よりフィジーでは、ナマコ資源の持続的利用をめざして、不定期に流通業者と行政とが情報交換をおこなうナマコ輸出業者組合(BDM Exporters Association)が活動している。フィジーでは種ごとの輸出量が把握できているが、これは資源利用の実態を把握するため、フィジー政府が輸出商らに種ごとの輸出状況を報告することを義務づけたからである。このような試みは、三十数種にもおよぶナマコを漁獲する熱帯地域では唯一のものである。

南北行の試みも、フィジーの試みも、まだ具体的な提案をなすまでにはいたっていない。南北行の問屋たちが寄付金を募り、生物学者に調査を依頼したことを、政治活動(ロビイング)のための献金とみなすことも可能である。クアラルンプール会議に参加した太平洋共同体事務局(SPC)関係者が指摘するように、フィジー政府の言動は、つねに対外的な建前であり、実際には抜け穴だらけなのかもしれない。それらを一笑に付すことはたやすい。その一方で、科学者が流通業者や途上国政府を信用できないのならば、関係者を巻き込んだ資源管理の枠組みを科学者が構築すべきである。さいわいにも、ワシントン条約のおかげで漁業者にも流通業者にも危機感は浸透しつつある。この機会を逃す手はない。

定着志向の強い日本とは異なり、東南アジアでは移動をくりかえす人びとが少なくない。移動を可能としたのは、東南アジアが、山野河海の豊かな資源に恵まれてきた地域であり、しかも近年にいたるまで、きわめて人口の少ない社会であったからである。そのような環境のもと、東南アジアの人びとは、林産物や海産物を採取するために移動することはもちろん、農業でさえも焼畑耕作に典型的な「通過」型の土地利用形態を洗練させてきた[高谷 1990]。第1章で紹介したように、このような移動性の高い社会を「フロンティア社会」とよぶが[田中 1999]、その特徴は、つねに外部社会にひらかれていることにある。このような社会において、一時的とはいえ島に逗留する商人たちは、地域社会の準構成員と考えても不都合はない。現代社会において生存漁業と商業漁業を区別することが無意味であるのと同様、フロンティア社会においては、地域住民にウチとソトを区別することはむずかしい。だが、そのような社会だからこそ、漁民と流通業者とが協働できる余地がある。

日本はどうか？　本書では第4章で北海道利尻島におけるコモンズ的なナマコ資源管理の優良事例を検討するし、第6章では近年、中国の大連や青島《チンタオ》で生じた塩蔵ナマコ需要にゆれる青森県の様子を報告する。乾燥ナマコと異なり、加工が容易な塩蔵ナマコは、漁協をとおさずに流通することも多いため、実態が把握できていないという難点がある。さらには、塩蔵ナマコの対中国輸出は、西日本のある水産物商社の独占状況にあると聞く。しかも、この商社にまつわる噂のほとんどは、きなくさいことばかりでもある。こうした状況に業をにやした香港の業者のなかには、日本の産地と契約し、一定量を安定した価格で継続的に買い取る姿勢をみせる者も少なくない。これらは、商品の囲い込みともとれなくはないが、塩蔵ナマコのような新規参入組とは異なり、昔からつづいてきたビジネスの持続性を求めた結果だといえなくもない。事実、それらの産地の人びとには、安心して長期的な操業計画をたてることができると好評である。

現時点では、わたしは米国政府が主導するワシントン条約による一元的な管理には反対である。それは、生態も文化も歴史も異なるナマコ生産地社会のあり方を左右しかねない決定は、当事者がなすべきものだ、と考えるからである。本章で触れた米国政府のサンゴ礁保全計画にしても、同様である。米国政府による内政干渉ともとれる、これらの政策を遂行する権利はどのように正当性が保障されうるのであろうか。

しかしながら、ことの賛否は別として、ひるがえって考えてみれば、日本には米国のような世界戦略が存在するだろうか。二〇〇七年度より三年間、日本の農林水産研究基本計画の策定や関連する研究開発を目的とする農林水産技術会議の事業として、「乾燥ナマコ輸出のための計画的生産技術の開発」プロジェクト（代表、町口裕二・独立行政法人水産総合研究センター）が展開されてはいる。着々と成果を上げてはいるものの、本研究は、その重々しいタイトルが示すように日本国内の漁業者や加工業者を利するためのものである。

とはいえ、研究成果は、日本のみならず関係各国に意識的に活用されるべきである。なぜなら、世界最大の乾燥ナマコ市場である香港が二〇〇七年に輸入した乾燥ナマコ五二九六トンのうち、日本からの五八五トンが、パプア・ニューギニア（七〇四トン）、インドネシア（六五三トン）についで三位に位置するという量的シェアのみならず、金額ベースでは香港の輸入したナマコの三分の二を占めるにいたっている、その高い存在感ゆえのことである（ちなみにパプア・ニューギニアからの輸入金額は全体の六パーセント、インドネシアのそれは三パーセントにすぎない）。

同年に香港が乾燥ナマコを輸入した五八カ国・地域のうち、一〇〇トン以上を輸出した国は、一六カ国であり、それらを重量ベースの順に表2–2に示した。日本を除く上位六カ国は、いつ「ナマコ戦争」が起こってもおかしくない状況にあるし、人びとは米国が規制を提案しているサンゴ礁資源に依存してもいる。国内の漁業者はもちろんのこと、世界の国ぐにの漁業者たちが、精神的にも文化的・経済的にも「豊かな」生活を保障されるように、日本は、世界のナマコ研究・サンゴ礁資源研究を先導するとともに、資源管理を率先しておこない、その経験を普及していく責務を果たしていかねばならない。

表2–2　2007年に香港が100トン以上の乾燥ナマコを輸入した国と量，額

国名	量（MT）	額（1,000HKD）*
パプア・ニューギニア	703.6	101,321
インドネシア	653.2	54,352
日本	584.5	1,213,031
フィリピン	559.3	65,072
マダガスカル	305.2	18,472
フィジー	282.9	18,702
アメリカ合衆国	191.8	37,204
モーリシャス	187.2	9,987
韓国	147.7	14,543
ソロモン諸島	142.4	6,155
台湾	141.3	22,512
イエメン	134.0	19,734
タンザニア	124.3	8,412
スリランカ	118.8	17,125
シンガポール	116.7	24,063
オーストラリア	105.1	40,360

*『香港統計月刊』によると，2007年の平均為替相場は，1香港ドル15円であった．
出所：『香港統計月刊』より筆者作成．

註

（1）日本は一九五一年のサンフランシスコ平和条約署名後にＩＷＣに加盟した。

（2）ストックホルム会議の前年、一九七一年のＩＷＣ総会で米国のＮＧＯであるプロジェクト・ヨナ代表が、はじめて捕鯨の中止を訴えている。なお、ＩＷＣとクジラをめぐるエコ・ポリティクスについては、すでに多くが議論されている。梅崎［1986, 2001］や小松編［2001］、大曲［2003］などを参照のこと。

(3) もっとも、鯨類資源の悪化と油脂資源としての鯨油の競争力が弱化したことから採算ベースが悪化し、主要な捕鯨国であったイギリスは一九六三年に捕鯨を中止していたし、ノルウェーも一九七二年に南氷洋捕鯨から撤退していた。モラトリアムが可決された時点で南氷洋において母船式捕鯨をおこなっていたのは、ソ連と日本のみであった。

(4) 終章で述べるように、インドネシアはＩＷＣ非加盟国であるため、レンバタ島民によるマッコウクジラの捕獲は国際捕鯨取締条約の制限を受けない。他方、インドネシアはワシントン条約に加盟しているので、附属書Ⅰに記載されているマッコウクジラを商業目的に輸出することはできない。

(5) ワシントン条約においてサメ類が最初に議題となったのは、一九九四年に米国で開催されたＣｏＰ９であり、提案国は米国であった。その後ＣｏＰ11において再提案され、今日にいたっている。ワシントン条約にかぎらず、サメ類の管理問題についてのエコ・ポリティクスは中野［2007］にくわしい。また、インドネシアで一九八〇年代半ば以降にさかんとなったフカヒレ目的のサメ漁については、長期の現地調査をふまえた地域漁業学者の鈴木隆史の研究が参考となる［鈴木 1994, 1997］。

(6) ＷＷＦが注目すべき種として掲げたのは、トラ、**ニシネズミザメ**、**アブラツノザメ**、**ノコギリエイ**、サイ、ゾウ、**ヨーロッパウナギ**、**宝石サンゴ**、大型類人猿、オオバマホガニーであった（ゴチックは海産種）。うち、ノコギリエイが附属書Ⅰに、ヨーロッパウナギが附属書Ⅱに掲載された。

(7) 米国はワシントン条約の附属書改定案の提案にあたり、事前に官報（ＦＲ：Federal Register）でパブリック・コメントの募集や公聴会の開催を予告することはもちろんのこと、それらの結果をも官報で公表している。ＣｏＰ12開催の一七カ月前の二〇〇一年六月一二日に刊行された 66 FR 31686 を皮切りに、米国はＣｏＰ12開催に向けた米国提案に関する情報収集を開始した。ＣｏＰ12開催までに六回広報された官報の四番目、二〇〇二年四月一八日付の 67 FR 19217-19218 に、ナマコの提案について米国政府は検討中である旨が記載されている。

(8) ワシントン条約では、会議の決定事項にDecisionとResolutionとがあり、日本語訳としては、前者に「決定」、後者に「決議」をあてることになっている。

(9) 二〇〇〇年度に五トン以上の乾燥ナマコの輸出実績をもつのは、オーストラリア、カナダ、チリ、キューバ、エクアドル、フィジー、香港、インドネシア、日本、キリバス、マダガスカル、マレーシア、モルディブ、ニュージーランド、パプア・ニューギニア、フィリピン、セイシェル、シンガポール、ソロモン諸島、南アフリカ、スリランカ、台湾、タンザニア、タイ、UAE、米国、バヌアツの二八カ国・地域であった［AC19 Doc.17:3］。

(10) AC20で合意されたクアラルンプール会議の報告書は、Bruckner ed.［2006］を参照のこと。レターサイズ判二四四頁におよぶ報告書はNOAAの刊行物として出版された。ワシントン条約に関係するNOAAの出版物のほとんどがインターネットで入手できるものの、二〇一〇年二月現在、本報告書はインターネットで入手できる状況にない。

(11) ナマコ保全作業部会の構成は、中国、エクアドル、フィジー、アイスランド、インドネシア、日本、ノルウェー、韓国、米国に、オブザーバーとして政府間機関のFAO、東南アジア漁業開発センター（SEAFDEC）、NGOのIWMC World Conservation Trust、Species Management Specialists、TRAFFICが参加した。議長はEUから選出され、開催国オランダの外務官僚がその任にあたった［CoP14 Com. I, Rep.2 (Rev.1), p.2］。

(12) トラル＝グランダ氏のインタビューも挿入された「ナマコ戦争」の一部始終は、ガラパゴスゾウガメの保護活動についてまとめられたルポルタージュ『ひとりぼっちのジョージ』にくわしい［Nicholls 2006＝2007:135–156］。

(13) 日本における生存捕鯨についての見解は、Freeman ed.［1988＝1989］を参照のこと。

II

ナマコを獲る

ナマコ潜水漁（インドネシア，マカッサル海峡）．
映像提供：海工房
出所：宮澤・門田［2004］

第3章 フィリピンのナマコ漁

マンシ島の事例から

はじめに

「黄金の島」――。

フィリピン西南部に浮かぶこの小さな島の存在を知ったのは、一九九〇年代半ばのことであった。隣国マレーシアとの貿易や南シナ海における大規模な商業漁業によって、経済的な繁栄を謳歌しているのだという。

マネー・アイランド（Money Island）との異名をもつこの島は、正式な名称をマンシ島という。第1章の舞台となった島でもある（図1-2）。

「パラワン島南端から船が出ているらしい」

あやふやな情報を頼りに、パラワン州の州都であるプエルト・プリンセサへ飛んだ。一九九七年七月のことだ。この旅が、いまから思えばわたしのナマコ研究のきっかけである。

プエルト・プリンセサのバスターミナルで、同島南端のリオトゥバ港から船が出ていることを確認できた。プエルト・プリンセサ―リオトゥバ間の距離は、わずか二五〇キロメートルである。最初の二〇〇キロメートルの旅は快適だった。遠くに見える山やまの中腹には焼畑が、道路沿いには拓かれたばかりの水田がせまっていた。しかし、残り五〇キロメートルの道のりはひどいものであった。舗装されていないだけではなく、直前に降ったスコールで、橋は流され、道は分断されていた。バスが濁流のなかで立ち往生することもしばしばで、プエルト・プリンセサを朝五時に出発したにもかかわらず、リオトゥバに着いた頃には、すでに薄暗くなっていた。その晩は、明朝にプエルト・プリンセサへ向けて戻るというバス内に寝かせてもらった。翌日からの調査が思いやられ、なんとも心細く感じたのを覚えている。

第1章でも記したように、マンシ島は周囲三キロメートルにすぎないサンゴ礁島であるが、それに不釣合いなほどに物質的に豊かである。このちぐはぐさが気になって、マンシ島の経済活動とその形成史に関心を抱き、今日にいたっている。(1) 本章では、本書の主題でもあるナマコ漁とその周辺を描写しながら、マンシ島の経済活動を報告したい。

一 サマ人とマンシ島——「黄金の島」小史

マンシは、一九七〇年代初頭にスル諸島西部タンドゥバス島(タウィタウィ州東部)のウグスマタタ(Ungus Matata)村のサマ人によって建設された「新しい社会」である。とはいえ、当時のマンシが、まったくの無人島であったわけではない。国境までわずか一海里(およそ一・八五キロメートル)という戦略的な立地条件のゆえ、フィリピン国軍の施設が存在していたのである。[2] しかし、国軍施設以外には、ココヤシが植えられているだけであった。これらのココヤシ林は、マレーシアのバンギ(Banggi)島(図1-2詳細図参照)の住民によって、第二次世界大戦以前から開拓がおこなわれ、戦争中の一時中断を経て、戦後まもなく島のほとんど全域に植えつけが完成していた。

ウグスマタタ人の移住前史

タンドゥバス島ウグスマタタ村のサマ人たちは、一九五〇年代よりインドネシアのスラウェシ島やマレーシアのラブアン(Labuan)島(図1-2広域図参照)へおもむいて、交易や漁業をおこなっていた。スラウェシ島へはコプラ(ココヤシの果実の内胚乳を乾燥させたもの)を買い付けに行くことが多かった。[3] また、スラウェシではワニ皮採取を目的に、夜間に湿地でワニ猟をおこなうこともあった。自由貿易港のラブアンでは、日用生活品だけではなく外国産タバコや香水など奢侈《しゃし》品も買い付けた。商業目的の航海といえども、航海途中でよい漁場にさしかかると魚を獲り、干魚に加工し、それらも商品にくわえた。ウグスマタタ人にとってマンシ島は、ラブアン航路における悪天候時の避難場所として、あるいは漁業基地として利用してきたなじみの島なのであった。

一九六〇年代中頃以降は、マンシ島をより積極的に利用するようになった。マンシ島の周囲でダイナマイト漁をおこない、マンシ島で干魚に加工し、ミンダナオ島西端のサンボアンガに移出し、ウグスマタタ村へ戻ってくるといった「三角漁業」が生じたためである。この航海は、十数名で二〜三週間にわたっておこなうものであった。当時は七馬力のエンジンが主流で、そのための燃油はマレーシアのクダットで調達した。なかにはクダットから仕入れた日用品をサンボアンガへ「密」輸出する者もいた。

三角漁業が軌道にのってくると、マンシ島へ移住するサマ人が出てきた。一九七〇年代初頭、ウグスマタタ村から六世帯が移住したのが、その最初である。ウグスマタタ村近海の漁場よりも、手つかずな漁場の多い南シナ海に注目したためである。移住当初、船上に生活しながら、島の沿岸部に住居を建築したという。住居は、現在みられるような高床家屋ではなく、砂の上にじかにタコノキ(パンダナス)で編んだゴザを敷いただけのものであった。木材や建材、そのほかの必要物資はクダットで調達した。

写真3-1
マンシ島では浜造船がさかんである.
人びとは設計図を参照せずに
100トンを超える木造船を建造する
技術をもっている(1997年8月).

その後、一九七二年九月に故マルコス大統領によって戒厳令が布告されると、マンシ島の状況は一変した。治安維持のため国軍や警察に絶対的権力が賦与された結果、国家権力との衝突を避けようと、ウグスマタタ村からさらなる人口移入が生じたためである。

同時期、ホロ島（スル諸島中部）のタウスグ人を中心に組織され、分離独立を求めるモロ民族解放戦線（MNLF）とフィリピン国軍の対立が深刻化し、スル諸島の各地で両者の衝突が生じるようになった。一九七四年六月には、ウグスマタタ村でMNLFと国軍が戦闘をまじえ、家屋のほとんどが焼け落ち、数名の住民が死亡するという惨事が生じた。そのため、島民のほとんどが一時的に島外へ避難を余儀なくされた。マレーシアのサンダカンを中心とするボルネオ島東岸へ避難した者もあったが、それ以外のほとんどはマンシ島へ避難した。国勢調査によると、一九七五年のマンシ島人口は二四二九人であり、過去五年間で一〇倍以上に増大した計算となる。自然増ではありえない数字である。

一九七〇年代半ばまで

一九七〇年代の半ば頃の漁業活動は、南沙諸島（図1―3参照）でタカセガイやパイプウニ、シャコガイを獲りながらダイナマイト漁もおこなう、といった複合的なものであった。しかし、タカセガイはマレーシアのラブアン島、パイプウニとシャコガイはフィリピン中部のセブ島、干魚はミンダナオ島西端のサンボアンガ、というように商品によって出荷先が異なっていた。帰路には、それぞれの港からさまざまな商品を仕入れ、マンシ島で転売した。

一九七〇年代中頃には、ナマコ潜水漁がはじまった。南沙諸島海域ではなく、パラワン島近海を漁場とした。いわゆる母船式漁業で、四〜五名が母船で寝起きし、漁場を移動した。潜水作業は各自が持参したくり舟から、素潜りでおこなった。漁獲対象となったナマコは、唯一チブサナマコ(*Holothuria fuscogilva*)のみであった。[4]船団にはダイバー以外にナマコの煮炊きを専門におこなう係がいて、その男がナマコを浜で加工した。一週間ほどの操業がふつうであった。

一九八〇年代――ダイナマイト漁への専業化

一九八〇年代に入ると、第1章で報告したように南沙諸島海域ではダイナマイト漁の専業化がみられるようになった。これは爆薬剤として硝安油剤が採用されるようになり、それまで使用されていた自家製造の爆薬にくらべ、安価で安全な操業が可能となったためである。また、主要な漁獲対象であったシャコガイが一九八五年にワシントン条約の附属書Ⅱに記載され、売買に許可書が必要となったこととも無関係ではない。売れないシャコガイ採取をやめ、需要の多かった干

写真3-2　チブサナマコ(猪婆参, *H. fuscogilva*). 熱帯産ナマコのなかでもっとも高価なもののひとつ. 広東人が好むナマコといわれている. 舌にまとわりつくようなモチモチ感がたまらない.

写真3-3　タカセガイ(*Trochus niloticus*, 標準和名はサラサバテイ). ボタンの材料になる. 奈良県磯城郡川西町は, 貝ボタンの産地として有名(写真8-8参照).

魚に目を向けたのであった。

一方、ナマコ漁の漁場は、パラワン島のスル海側を北上してクヨ諸島あたりまで到達した。その頃、イシクロイロナマコ（*Actinopyga lecanora*）のほか、バイカナマコ（*Thelenota ananas*）（写真10－3）の価格もよかったため、それらも捕獲するようになった。この時期、コンプレッサーに直結したチューブから空気をじかに吸うフーカー型（hookah）の潜水器が導入された。このことにより、長時間の潜水が可能となった。漁民によると、海底には踏みつけそうになるほど、たくさんのナマコがいたそうである。豊かな漁場と新技術の導入によって、ナマコの水揚げは急増した。しかし、潜水病の予防対策を知る者がなかったため、腰や関節の痛みなど減圧症の症状を訴えるダイバーが続出した。そのため、潜水器の使用は下火となった。それだけではなく、干魚需要にこたえるためのダイナマイト漁の隆盛におされ、ナマコ漁自体に翳《かげ》りがさしてきたのであった。

写真3-4　加工中のイシクロイロナマコ（*A. lecanora*）とクロジリナマコ（*A. miliaris*）．肉厚なため，籤（ひご）を渡して乾燥しやすくする．

写真3-5　漁民によると，イシクロイロナマコやクロジリナマコは夜間によく獲れるという．

一九九〇年代前半――ナマコ漁の隆盛

一時、下火となっていたナマコ潜水漁は、一九八〇年代末から九〇年代初頭にかけてふたたび活況を呈するようになった。その背景としては、第一に、ナマコ潜水漁も南沙諸島海域に出漁できるようになった点があげられる。これは、同海域におけるダイナマイト漁の操業規模が大型化し、中古船がナマコ潜水漁へ転換されたことによって可能となったためである。第二に、潜水器の使用にたけたビサヤ人たちがマンシ島へ流入してきて、潜水器の安全な使用法が広まったためでもある。最後に、商業価値をもつ種の数が、それまでの三倍以上に増加したことも、ナマコ熱に火をつけた。当時のナマコ漁は、およそ三～四週間の出漁に対して、邦貨にして二〇万円もの高報酬を得ることも珍しくなかった。ナマコ熱に沸くマンシ島がゴールドラッシュにたとえられ、「黄金の島」として知られるようになったのは、この時期のことである。おりしもフィリピン大学への留学生としてスル諸島南端でサマ語の調査を実施していたわたしが、マンシ島の存在を知ったのも、この頃のことであった。

一九九〇年代半ば以降――資源減少

ナマコ狂乱は、しかし、長つづきはしなかった。資源の枯渇が進み、作業深度は深まるばかりであった。

一九九〇年代半ばの作業深度は、水深三〇メートルに達していた。少しでも漁獲効率を上げるため、事前に魚群探知機を用いて海底地形をはかってから、ナマコの生息していそうな岩場やサ

写真3-6　自家製のフィンとおもり.

写真3-7　ビサヤ人のダイビング船.
日本の中・高校の古着体操服は,
重ね着すれば，ウェットスーツの
代用品となる（リオトゥバ港，1997年7月）.

ンゴ礁をさがし、そのようなスポットにダイバーが投入されるのである。

水深三〇メートルとは、アマチュアのスキューバ・ダイバーたちが潜水限界と教えられるギリギリの深さである。しかも、水深三〇メートルともなると、暗くて視界がよくないし、熱帯の海といえども水温も低くなる。出漁中の留守宅を守るダイバーの妻は、「海底には氷が張っているんだって」と説明してくれたが、これもあながち嘘ではない。わたしがダイビングを学んだのは、二〇代後半のフィリピン大学留学中のことであった。晴天で気温も高かったため、練習中にウェットスーツを着用せずに潜ったことがある。自分でいうのも恥ずかしいが、当時は皮下脂肪も薄かったためか、ちょっと深くなって太陽光が弱くなるとブルブルふるえ、余分にタンクの空気を吸ってしまい、すぐにタンクが空になって練習にならなかったことがある。スーツをもたないダイバーたちは、古着の体操服や長袖のTシャツを何枚も重ね着して寒さをやわらげていた。

一九九七年にはじめてマンシ島を訪れた時、作業深度はすでに水深四〇メートルに達していた。にもかかわらず、六週間の操業に対する報酬は四万円足らずであった。(5) 九〇年代初頭のナマコ・

バブル期にくらべ、漁期が一・五～二倍長くなったのと反比例して、報酬は五分の一に縮小していた。もっとも高価なチブサナマコの漁獲量が減ったうえに、操業経費が増大したことが、その理由であった。以下、一九九八年の調査にもとづいて、当時のマンシ島のナマコ漁を紹介しよう。

二　マンシ島のナマコ漁

マンシ島では二種類のナマコ漁がみられた。ひとつはさまざまな漁業の副産物としてナマコを捕獲するものである。ナマコを捕獲した漁民が、みずから乾燥品に加工することはなく、マンシ島在住のナマコ仲買人に生鮮品のまま販売する。このタイプのナマコ漁は、日帰りが可能なマンシ島近海でおこなわれている。ナマコ仲買人は、買い付けたナマコをみずから釜茹でし、燻《いぶ》し、天日乾燥させて、干ナマコを生産する。そして、干ナマコはプエルト・プリンセサへ出荷される。

もうひとつの操業形態は、ナマコを専門とする共同潜水漁である。十数名が参加するこのタイプのナマコ漁は、当時、南沙諸島海域とカガヤン・デ・タウィタウィ(Cagayan de Tawi-Tawi)島(図1－2参照)周辺海域で操業されていた。前者は四～六週間、後者は二～三週間にわたって操業される。操業期間中、乗組員は漁船上で寝起きし、ナマコも船上で加工される。ダイバーたちは、帰島後に数週間の休暇をとったのち、再度ナマコ漁へ出漁する。こうして操業と休業をくりかえしながら、ほぼ周年操業するものがほとんどであった。

この共同潜水漁において主要な漁獲対象とされているのは、もっとも高価なチブサナマコであ

写真3-8　塩蔵したチブサナマコ．
採算ラインの目安は1カ月の操業で1千個とされる．
脱腸し，塩漬で保存し，帰島後に島で加工するか，
そのまま加工業者に売却される．

写真3-9　南沙諸島で漁獲されたチブサナマコを茹で，
天日乾燥する船主もいる．

る。ダイバーたちがチブサナマコ以外のナマコを総称して、フィリピン語で「雑多」を意味するサリサリ(sarisari)と表現するのも、チブサナマコが漁民のあいだで重要視されていることを示している(以下、サリサリ・ナマコと表記する)。

漁獲したチブサナマコは、腸を取り出し、粗塩をまぶした状態でマンシ島へ持って帰る。そして、塩蔵したままマレーシアのクダットに出荷される。それ以外のサリサリ・ナマコは、船上で釜茹でし、燻したのち、天日に干しておく。さらに、マンシ島で再度天日に干し、乾燥度を高めた後に、プエルト・プリンセサに出荷する。

調査時点においてマンシ島に係留する五十余隻の漁船のうち、ナマコ漁船としておよそ一〇隻が操業していた。わたしがマンシ島に滞在した一九九八年七月二〇日から同年九月二三日までの六二日間に、四隻のナマコ漁船が南沙諸島での操業を終えてマンシ島に帰着した。それぞれの漁船の操業日数、チブサナマコの漁獲数、乗組員数、船の大きさ、報酬は、表3−1に示すとおりである。

表3-1　マンシ島のナマコ船の操業日数と漁獲，船の大きさと報酬

漁船	操業日数	漁獲数(個)	乗組員数	竜骨の長さ(ft)	馬力数	報酬(PHP)
A	48	1,403	15	35	32	12,000
B	43	960	15	39	56	5,500
C	39	1,047	13	33	22	不明
D	32	787	15	35	32	不明
平均	40.5	1,049	14.5	35.5	35.5	

＊漁獲数はチブサナマコ(*H. fuscogilva*)をさす.
AとDは同じ船である. 1998年7月12日に帰島(A), 同年8月15日に再出発し, 9月16日に帰島した(D).
Bは1998年8月17日に帰島したのち, 同年9月7日に再出発した.
Cの船主は, Aの船主の弟である. 調査当時, 1ペソはおよそ3.5円であった.
出所: 筆者のフィールドノートより作成.

チブサナマコの平均漁獲数は一〇四九個で、操業期間の平均日数は四〇・五日であった。漁船Dの操業日数がもっとも短期間となっているが、これは九月中旬に南沙諸島東部のテンプラー堆《たい》(Templer Bank)で、熱帯低気圧の余波に遭遇し、操業の中断を余儀なくされたためである。したがって、漁船Dを除く三例で平均をみると、四三・三日の操業期間に一一三七個のチブサナマコを捕獲した計算となる。

ダイバーに支払われる報酬については、漁船Aは一万二千ペソであったが、漁船Bはその半額の五五〇〇ペソであった。漁船Cと漁船Dは、わたしがマンシ島を引きあげる直前に帰還したため、報酬は不明である。

次に、漁船Bの操業事例を紹介してみたい。漁船Bは、三九フィート(およそ一二メートル)の竜骨をもち、五六馬力のエンジンを搭載していた。ナマコ漁に用いられる漁船としては大きいほうである。操業費の七万ペソは、船主のハジIが用意したが、船主は出漁しなかった。代わりにE(一九五六年生まれ)が漁撈長と船長を兼務した[6]。Eは、一九九八年七月五日より八月一七日までの四三日間にわたって、南沙諸島南西部のアレキサン

表3-2　漁船Bが漁獲したサリサリ・ナマコの内訳

ナマコ名	学名	乾燥重量(kg)	漁獲に占める割合
1 legs	*T. anax*	192.65	49.1%
2 sapatos	*H. fuscopunctata*	95.75	24.4%
3 leopard	*B. argus*	35.90	9.1%
4 tinikan	*T. ananas*	24.45	6.2%
5 katro-kantos	*S. chloronotus*	14.65	3.7%
6 hanginan	*S. horrens, S. hermanni*	12.40	3.2%
7 hudhud	*A. echinites*	5.60	1.4%
8 black beauty	*H. atra*	3.20	0.8%
9 brown beauty	*Holothuria* sp.	2.15	0.5%
10 lawayan	*Bohadschia* spp.	2.15	0.5%
11 buliq-buliq	*A. lecanora, A. miliaris*	1.75	0.4%
12 bulaklak	*B. graeffei*	1.00	0.3%
13 red beauty	*H. edulis*	0.80	0.2%
合計		392.45	100.0%

出所：聞き取りにより筆者作成.

ドラ堆(Alexandra Bank)を中心にナマコ漁をおこなった(7)。Eのほかには、雑役夫四名とダイバー一〇名が参加し、合計一五名で操業した。ビサヤ人一名を除く雑役夫の全員がサマ人であった。ダイバーは、二名がタガログ(Tagalog)人で、それ以外はビサヤ人であった。Eらはこの出漁でチブサナマコを九六〇個捕獲したほか、一三種からなる乾燥重量にして三九二・四五キログラムのサリサリ・ナマコを漁獲した。

ハジIは、チブサナマコを一個につき一四〇ペソでダイバーから買い取った。まず、ハジIは、かれが先行投資した操業費分として、塩蔵したチブサナマコ五〇〇個を回収した。残りの四六〇個の売却分六万四四〇〇ペソと乾燥したサリサリ・ナマコ三九二・四五キログラムを売却した金額七万六〇〇〇ペソの合計一三万五千ペソが、船団Bの純利益とみなされる(8)。

乗組員数の一五に、漁船、エンジンとコンプレッサー、魚群探知機の四をくわえた一九で純利益を割り、報酬は均等に分配される。船主は、みずからは参加し

**表3-3　プエルト・プリンセサにおける
乾燥ナマコのキログラムあたりの買付価格(フィリピン・ペソと米ドル)[*1]**

番号	ナマコ名	学名[*2]	サイズ[*3]	粒数/寸法[*4]	価格(PHP)	価格(USD)[*5]
1	putian	*H. scabra*	XL	10	1,400	35.0
			L	20	1,100	27.5
			M	40	750	18.8
			S	60	450	11.3
			XS	80-200	350	8.75
2	susuan	*H. fuscogilva*	XL	3-4	1,200	30.0
			L	5-6	1,100	27.5
			M	7-8	900	22.5
			S	9-10	600	15.0
			XS	11-15	500	12.5
3	buliq-buliq	*A. lecanora*,	L	3.5	800	20.0
		A. miliaris	M	2.5	550	13.8
			S	2	450	11.3
			XS	1.5	400	10.0
4	hanginan	*S. horrens*,	L	3.5	800	20.0
		S. hermanni	M	2.5	500	12.5
			S	2	400	10.0
			XS	1.5	250	6.25
5	katro-kantos	*S. chloronotus*			750	18.8
6	bakungan	*H. nobilis*	L	5-6	700	17.5
			M	7-8	600	15.0
			S	9-10	450	11.3
			XS	11-15	350	8.75
7	tinikan	*T. ananas*			530	13.3
8	hudhud	*A. echinites*			450	11.3
9	khaki	*A. mauritiana*	L	3	450	11.3
			M	2.5	300	7.50
			S	2	250	6.25
			XS	1.5	120	3.00
10	leopard	*B. argus*			280	7.00
11	lawayan	*Bohadschia* spp.	L	4	220	5.50
			M	2.5	200	5.00
			S	2.5未満	120	3.00
12	legs	*T. anax*			170	4.25
13	black beauty	*H. atra*	L	5	160	4.00
			M	4	85	2.13
			S	4未満	40	1.00
14	white beauty	?			160	4.00
15	brown beauty	*Holothuria* sp.			130	3.25
16	red beauty	*H. edulis*			130	3.25
17	patola	*H. leucospilota*			130	3.25
18	sapatos	*H. fuscopunctata* [*6]			110	2.75
19	bulaklak	*B. graeffei*			85	2.13
20	labuyoq	*Holothuria* sp.			43	1.01

＊1　1999年10月におこなった仲買商Aとの聞き取り調査による.
＊2　?は学名未詳. 表中の*B*, *H*, *S*, *T*はそれぞれ*Bohadschia*, *Holothuria*, *Stichopus*, *Thelenota*属を示す.
＊3　空欄は大きさによる分類がなされていないことを示す.
＊4　1, 2, 6のナマコはキログラムあたりの粒数をさし, それ以外は丈(インチ)を基準とする.
＊5　調査当時の為替相場は, 1米ドルが40ペソであった.
＊6　Cannon et al. [1994]は, *H. axiologa*としている.
出所: 筆者作成.

なかったものの、エンジンとコンプレッサー、魚群探知機を所有しているため、漁船の一単位をくわえた四単位分の報酬を受けとった。ダイバーには、報酬一単位のほか、自分が漁獲したチブサナマコ一個につき七ペソのボーナスが加算された。雑役夫には、報酬一単位が支払われるのみである。詳細は不明であるが、チブサナマコの漁獲数に応じて、漁撈長のEには船主からボーナスが支払われた模様である。

Eらが漁獲したサリサリ・ナマコの一覧を表3−2に示した。ヒダアシオオナマコ（*T. anax*）が総重量のほぼ半分を占め、漁獲量第二位のゾウゲナマコ（*H. fuscopunctata*）をあわせると、全体の四分の三を占めている。当時フィリピンで流通していた二〇種の干ナマコを表3−3に示す。表3−3において、この両者は下から九番目と三番目に価格の低いナマコである。しかも、表3−2のうち高級なものといえば、シカクナマコ（*Stichopus chloronotus*）とタマナマコ（*S. horrens*）（写真7−3）、ヨコスジナマコ（*S. hermanni*）（写真7−5）だけである。Eらが漁獲したサリサリ・ナマコのうち、九種が低級種であり、漁獲総重量の八五パーセントを占めている。売上高でみても、総額の五三パーセントをサリサリ・ナマコの売却分が占めており、漁民が主要な漁獲対象とするチブサナマコ（*H. fuscogilva*）は、売り上げ総額の半数にも満たない。つまり、廉価なナマコをたくさん獲っていることが特徴的である。

三　マンシ島近海で獲れるナマコ

写真3-10　アガル・アガル（海藻）．
カラギーナンが抽出される（タンドゥバス島，2000年3月）．

次にマンシ島近海で漁獲されるナマコの種と漁獲量について、T（四〇歳前後）の仕入れを事例にみてみよう。Tは現在、マンシ島で積極的にナマコの買い付けをおこなっている男性のひとりであるが、かれがナマコの買い付けをはじめたのは一九九七年六月からと一年足らずの経験であった。それ以前には、マンシ村の母村であるタウィタウィ州のウグスマタタ村で、海藻（agal-agal）の栽培と買い付けをおこなっていた[9]。調査当時、Tは、ナマコのほかにもミミガイ（*Haliotis asinina*）やフカヒレも買い付けていた。マレーシアのラブアン島から密輸された古着を不定期に買い付け、マンシ島やウグスマタタ村で販売することもあった。しかし、Tによれば、収入の九割以上をナマコの売買が占めているという。

六人の子どものうち、長男はウグスマタタ村で生活しており、二人が国立ミンダナオ大学タウィタウィ校に在学、三人がT夫妻とともにマンシ島に居住していた。海藻は価格変動が激しいために経営がむずかしく、一九九七年に海藻の価格が下降したのを契機として、マンシ島へ移住し、ナマコの買い付けをはじめるようになった。

ウグスマタタ村周辺海域でもナマコは漁獲されたものの、量が少なく、それらを買い付ける人はいなかった。Tは、青年時代からマンシ島とウグスマタタ村を往復しており、マンシ島滞在時に加工技術を習得するとともに、ナマコの価格についても情報を得ていた。実際にナマコの買い付けと干ナマコの加工をはじめるにあたっては、プエル

表3–4　プエルト・プリンセサにおける4名の仲買人の乾燥ナマコ買付価格(PHP/kg)*1

番号	ナマコ名	学名*2	大きさ	A	B	C	D
1	putian	*H. scabra*	XL	1,300	1,000	n/a*3	1,000
			L	1,000	900	1,000	900
			M	700	650	680	600
			S	400	370	330	210
			XS	300	270	210	180
2	susuan	*H. fuscogilva*	XL	950	920	n/a	n/a
			L	900	860	1,050	950
			M	750	650	750	600
			S	550	470	440	350
			XS	400	n/a	n/a	200
3	katro-kantos	*S. chloronotus*	n/a	700	650	600	550
4	bakungan	*H. nobilis*	L	650	600	580	350
			M	550	470	n/a	n/a
			S	450	300	200	n/a
			XS	400	190	n/a	n/a
5	buliq-buliq	*A. lecanora, A. miliaris*	L	650	650	650	630
			M	450	450	430	400
			S	350	350	340	320
			XS	250	300	n/a	200
6	hanginan	*S. horrens*	L	550	550	540	530
		S. hermanni	M	400	380	360	380
			S	300	280	270	280
			XS	180	180	200	200
7	tinikan	*T. ananas*	L	450	470	420	410
			S	n/a	350	300	n/a
8	hudhud	*A. echinites*	L	420	340	350	300
			S	n/a	200	n/a	n/a
9	khaki	*A. mauritiana*	L	360	350	340	250
			M	220	220	230	200
			S	160	160	170	160
			XS	100	120	100	n/a
10	leopard	*B. argus*	L	230	240	230	215
			S	n/a	160	n/a	n/a
11	lawayan	*Bohadschia* spp.	L	160	160	160	150
			M	120	120	115	110
			S	80	80	80	70
12	legs	*T. anax*	n/a	150	140	155	140
13	black beauty	*H. atra*	L	110	140	150	105
			M	70	75	85	60
			S	30	35	45	38
			XS	n/a	n/a	20	n/a
14	white beauty	?	n/a	110	120	150	130
15	brown beauty	*Holothuria* sp.	n/a	100	90	125	100
16	red beauty	*H. edulis*	n/a	100	90	110	100
17	sapatos	*H. fuscopunctata**4	n/a	80	90	85	75
18	bulaklak	*B. graeffei*	n/a	60	50	85	70
19	patola	*H. leucospilota*	n/a	80	85	75	100
20	labuyuq	*Holothuria* sp.	n/a	28	27	30	25

＊1　価格はいずれもキログラムあたりのフィリピン・ペソ．1998年10月現在のもの．
＊2　?は学名未詳．
＊3　n/aは，該当する基準がないことを示す．
＊4　Cannon et al.[1994]は，*H. axiologa*としている．
出所：聞き取りにより筆者作成．

ト・プリンセサの仲買人に指導を求め、試行錯誤をくりかえしてきた。
　Tは、プエルト・プリンセサにいる四名の主要な仲買商のうち、おもにC社と取引をおこなっていた。Cが他社とくらべて特別に高い買付価格を提示するわけではないが、製品の査定が正確であるため、Cに売却するのである(10)（表3−4参照）。仲買価格を高く設定する他社の場合、Lサイズに分類されるべきものが、実際にはMサイズに分類されることも少なくない。さらに、Cは、タウィタウィ州の大学に通う子どもたちとの連絡も仲介してくれている。マンシ島には電報も電話も開設されていないため、遠隔地で生活する子どもとの連絡が困難である。とくに、生活費など現金に関する緊急連絡は、子どもがCに電話すれば、Cから送金してもらえる約束になっている。借り受けた金額は、Tの売却した干ナマコの売り上げから送金手数料を含めた実費が差し引かれる。

表3-5　Tが仕入れたナマコ（1998年8月21日から同年9月21日）

順位	ナマコ名	学名	個数	割合
1	hudhud	*A. echinites*	822	46.8%
2	legs	*T. anax*	175	10.0%
3	susuan	*H. fuscogilva*	106	6.0%
	buliq-buliq	*A. lecanora, A. miliaris*	106	6.0%
5	hanginan	*S. horrens, S. hermanni*	94	5.3%
6	black beauty	*H. atra*	86	4.9%
7	leopard	*B. argus*	69	3.9%
	brown beauty	*Holothuria* sp.	69	3.9%
	red beauty	*H. edulis*	69	3.9%
10	sapatos	*H. fuscopunctata*	49	2.8%
11	bulaklak	*B. graeffei*	40	2.3%
12	putian	*H. scabra*	23	1.3%
13	lawayan	*Bohadschia* spp.	17	1.0%
14	patola	*H. leucospilota*	16	0.9%
	tinikan	*T. ananas*	16	0.9%
16	white beauty	?	1	0.1%
合計			1,758	100.0%

＊同期間中，3日間は強風と雨のため仕入れはなかった．
出所：Tとの聞き取りにより筆者作成．

　一九九八年八月二一日より同年九月二一日までにTが仕入れたナマコの個数を表3−5に示した(11)。同期間中、三日間は強風と雨のために仕入れることがなかった。Tは、合計一六種、一七五六個のナマコを仕入れた。もっとも高価なチブサナマコ（*H. fuscogilva*）は、個数でいえば第三位であるものの、仕入れ全体に占める割合は六パーセントにすぎない。チブサナマコに、高級種のイシクロイロナマコ（*Actinopyga lecanora*）とクロジリナマコ（*A. miliaris*）、タマナマコ（*S. horrens*）、ヨコスジナマコ（*S. hermanni*）、ハネジナマコ（*H. scabra*）をくわえた個数の総数は、全体の一八・七パーセントである。中級種はトゲクリイロナマコ（*A. echinites*）（写真5－5）が多かったため、全体の五一・六パーセントを占めている。低級種が仕入れ全体に占める割合は、二九・七パーセントであった。実際の仕入れでは、高級種が二割に満たないことがわかる。

Tが買い付けた生鮮ナマコおよび干ナマコの価格をそれぞれ表3－6と表3－7に示した。生鮮品は一個体あたりの価格、乾燥品はキログラムあたりの価格である。ただし、生鮮物のチブサナマコ（*H. fuscogilva*）だけは個体数単位ではなく、腸を取り出した状態の重量で算出している。生鮮品の場合は、種ごとに一キログラムで何個程度の干ナマコが生産できるかを概算し、C社の買付価格の五～六割の価格に設定する。(12) たとえば、ブラウン・ビューティーは、乾燥品四五個で一キログラムとなる。したがって、C社価格の五割で購入するには、一個あたりを〇・八ペソ以下で購入するのが適切となる。Tは同ナマコを大量に入荷した場合には若干のサービスをしていたが、実際には一個あたり〇・五ペソで購入する場合がほとんどであった。

以上、マンシ島における干ナマコ生産の事例として、南沙諸島海域における操業事例とマンシ島でナマコの買い付けをおこなう仲買人を一例ずつ紹介した。まとめると、南沙諸島海域では一四種、マンシ島近海では一六種のナマコが漁獲されているものの、それらの経済価値は多様である。南沙諸島海域では、チブサナマコの売り上げよりもサリサリ・ナマコの売り上げのほうが多い。しかも、サリサリ・ナマコのなかでも低級種がほとんどを占めているのが現実である。他方、マンシ島近海で漁獲されるナマコの個数も、チブサナマコよりもサリサリ・ナマコのほうが

表3-6　Tの生鮮ナマコの買付価格

順位	ナマコ名	学名	価格(PHP)*
1	susuan	*H. fuscogilva*	100
2	putian	*H. scabra*	70
3	bakungan	*H. nobilis*	50
4	tinikan	*T. ananas*	30
	buliq-buliq	*A. lecanora, A. miliaris*	30
6	hanginan	*S. horrens, S. hermanni*	25
	legs	*T. anax*	25
8	sapatos	*H. fuscopunctata*	20
9	hudhud	*A. echinites*	15
10	leopard	*B. argus*	10
11	khaki	*A. mauritiana*	5
12	katro-kantos	*S. chloronotus*	4
13	lawayan	*Bohadschia* spp.	1
14	patola	*H. leucospilota*	0.5
	brown beauyty	*Holothuria* sp.	0.5
	bulaklak	*B. graeffei*	0.5
17	black beauty	*H. atra*	0.3
	white beauty	?	0.3
	red beauty	*H. edulis*	0.3
20	labuyuq	*Holothuria* sp.	0.25

＊ススアン(チブサナマコ)をのぞき, 個体あたりの価格. ススアンはキログラムあたりの価格.
出所: Tとの聞き取りより筆者作成.

表3-7　Tの乾燥ナマコの買付価格(1998年8～10月)

順位	ナマコ名	学名	大きさ	価格(PHP)*
1	susuan	*H. fuscogilva*	L	650
			M	300
			S	150
2	buliq-buliq	*A. lecanora, A. miliaris*	L	500
			M	300
			S	150
3	katro-kantos	*S. chloronotus*		480
4	hanginan	*S. horrens, S. hermanni*	L	370
			M	220
			S	130
5	tinikan	*T. ananas*		320
6	hudhud	*A. echinites*		220
7	leopard	*B. argus*		150
8	lawayan	*Bohadschia* spp.	L	100
			S	70
9	khaki	*A. mauritiana*		100
10	black beauty	*H. atra*	L	90
			M	50
			S	20
	legs	*T. anax*		90
12	sapatos	*H. fuscopunctata*		60
13	brown beauty	*Holothuria* sp.		50
	patola	*H. leucospilota*		50
15	bulaklak	*B. graeffei*		35

＊価格はキログラムあたり.
出所: Tとの聞き取りにより筆者作成.

多かった。つまり、漁獲高に占める低級種の比重が増大しており、漁民の低級種への経済的依存は確実に進行していると結論づけることができる。

では、この状態を、マンシ島民らはどのように打開しようとしているのであろうか？　一九九〇年代初頭に南沙諸島に進出したマンシ島漁民にとって、新規漁場を開拓する余地はほとんどない。しかも南沙諸島海域自体が、関係各国の軍事的理由で囲い込まれており、漁場はむしろ狭まる傾向にある。その結果、資源の豊富な漁場を求めて、潜水深度が深まる方向に進んでいる。たとえば、予備調査の一年後の一九九八年七月にマンシ島を再訪すると、この一年間に三名が潜水病で亡くなったほか、下半身不随などの後遺症に苦しむダイバーが少なくとも十数名はいた。なかには、水深七〇メートルまで潜った者もいた。水深三〇メートルほどの海底では、チブサナマコはほとんどいない、とダイバーから聞いた。他方、潜水深度の深化に活路をみいだすのではなく、危険を承知で他国軍が実効支配する島じまへ出漁する者もいた。調査当時、ベトナム軍が実効支配しているアレキサンドラ堆が注目を集めていた。南沙諸島の最西端に位置するアレキサンドラ堆までは、マンシ島から直線距離でもおよそ三一〇〇キロメートルもある。

調査地を引きあげるにあたって、わたしは、マンシ島の将来に暗い印象を抱かざるをえなかった。原野が拓かれ、安定した農地に転換される様子とは異なって、マンシ島で見聞きする「開拓」の様子は、まさに有限な鉱脈を掘り尽くしていくゴールドラッシュの終焉のように感じられたためである。

四　二〇〇〇年のマンシ島――ダイナマイト漁の衰退とナマコ漁の変化

二〇〇〇年八月、マンシ島を再訪した。ダイナマイト漁のその後の展開について知りたかったからである。また、事故が多発していたナマコ潜水漁はどうなったのかも気がかりであった。島を再訪して驚いたのは、ダイナマイト漁が衰退していたことである。一九九八年当時、少なくとも二〇～三〇隻の漁船がダイナマイト漁に従事していた。それが、多く見積もっても、一〇隻に満たないのだ。根本的な原因は、二カ月にもおよぶダイナマイト漁が、経済的にも精神的にも「割に合わない」と判断されたことにある。

その背景には、サンボアンガの干魚問屋が、干魚の代金支払いを遅滞するようになったことが大きく影響している。干魚問屋は、一九八〇年代中頃から自前の袋網漁船でアジやイワシを捕獲し、鮮魚の流通販売に進出するようになった。鮮魚の需要が大きいため、一九九〇年代に入っても積極的に投資をおこなっていた。なかには、一九九七年に缶詰会社を設立した問屋もあった。それらの袋網漁船は、ほとんどすべてが台湾から購入した中古漁船であった。ところが、ドル建てで購入した漁船代金を支払うにあたって、一九九七年七月のアジア通貨危機に端を発したペソ安が障害となったのである。鮮魚部門の経営が苦しくなったのはいうまでもなく、マンシ島漁民が納入した干魚代金の支払いまで遅滞するようになった。このことが原因で、船主たちは、ダイナマイト漁の操業を中止したのである。

では、ダイナマイト漁に従事していた漁民はどうなったのか。かれらを吸収したのが、ハタ漁であり、ナマコ漁なのである。

ハタ科のなかでもスジアラやサラサハタは、高級海鮮中国料理の食材として人気がある。これらの魚は、「清蒸《チンジョン》」という調理法で料理される。これは、一尾をまるごと姿蒸しにした魚に、スープをベースにした餡《あん》をかけ、ネギ、ショウガ、香草などをつけあわせた料理である［秋道 2001］。一九九〇年代初頭より東南アジアでは、ハタ科の魚類が活魚のまま流通するようになった。香港やシンガポールに輸出されるほか、マニラやジャカルタなど大都市の高級海鮮中国料理店で消費されるためである。

写真3-11　鱸（すずき）の清蒸.
バンコクの潮州料理店・頌通酒家（Sornthong Restaurant）にて.

マンシ島でハタ活魚の買い付けがはじまったのは、一九九一～九二年のことである。香港に本社を構えるセブンシーズ社（以下、セ社と表記する）が、パラワン島やミンダナオ島の各地で買い付けをおこなうようになった際、マンシ島でも生簀《いけす》経営をはじめたのであった。ところが、一九九三年にパラワン州が活魚の移出を禁止したため、セ社はパラワン州の買い付けから撤退した。セ社の生簀を管理していたマンシ島在住のサマ人は、その後、マレーシアのクダットであらたな問屋をみいだした。セ社が撤退した九三年時点において、マンシ島ではセ社以外にも一統の生簀が経営されており、同じくクダットへ活魚を輸出していた。

二〇〇〇年八月現在、マンシ島では四統の生簀が経営されていた。[13] いずれもサマ人が管理しているが、生簀や運搬船は、クダットの華人問屋が所有していた。管理人は、漁民から買い付けた活魚を生簀に蓄養し、二、三日に一度、クダットへ出荷する。一回の出荷は、だいたい一〇〇キログラム程度である。買い付けと生簀の維持や運搬にかかる費用は、すべて問屋側の華人が負担する。管理人は、華人問屋から月給をもらって生活していた。

　ハタ類の買付価格は、一九九七年当時、一キログラムあたり三三〇ペソであったが、九八年には三五〇ペソに値上がりしていた。そして、二〇〇〇年の相場は、キログラムあたり四五〇ペソであった。このようにハタ類の価格が年々上昇してきた原因は、需要の増大が第一に考えられる。くわえて、マンシ島内における買い付け競争の激化も、値上がりの一因である。生簀の管理者によると、以前は競争らしい競争はなかった、という。わたしが同島を訪れた九七年と九八年には、ダイナマイト漁が中心的な漁業活動であった。ところが、ダイナマイト漁が下火になった九九年頃より、ハタ活魚の買い付け競争が激化した、というのである。たとえば、ダイナマイト漁だと、二カ月間操業しても手にする報酬は一万ペソ程度である。ところが、ハタ漁だと、一日で一千ペソを手にする漁民も少なくないため、ハタ漁に注目が集まった、というのだ。

写真3-12　生簀．おもにハタ類が蓄養されている（マンシ島，2000年8月）．

　二〇〇〇年の調査時でも、買い付け競争は激化するばかりに見受けられた。わたしは、島の沖合い一〇〇メートルほどに設置されている生簀Aで、生簀に搬入される活魚の量と捕獲した漁場についての聞き取りをおこなった。わたしのかたわらで管理人のAは、ほかの生簀の買い付け状況について漁民に訊ね、「大量に搬入したら、お前さんからは特別価格で買わせてもらおう」などと言っていた。買付価格は、実質上の経営者であるクダットの華人が決定するが、キログラムあたり五〇〇ペソを上限とする範囲で、Aに価格設定はまかされていた。実際にAは、たくさん納入した漁民からは四六〇ペソで買い付けるようになった。最初の数名には、「これは特別価格なのだから、ほかの人びとには公言しないように」と念をおしていた。しかし、この情報はすぐ島じゅうに広まり、四七〇ペソで購入することを検討する生簀Bも出てきた。するとその情報さえも、漁民たちのあいだで交換され、Aのもとにも即座に届いたのである。

次にナマコ漁の変化について触れよう。二〇〇〇年の調査時、南沙諸島におけるナマコ漁もダイナマイト漁と同様に衰退していた。一九九八年一二月にジャクソン環礁(Jackson Atoll)で操業していたナマコ漁船三隻が熱帯低気圧に遭遇して沈没し、三十余名の死亡者を出す惨事が生じたためである。三隻のうち、出漁していなかった船主一名を除き、ほか二隻の船主も死亡した。この事件を契機として、南沙諸島海域に出漁するナマコ漁船はなくなった[Akamine 2001]。

ナマコ漁は、二〇〇〇年八月現在、マンシ島の周辺やマレーシア領のバンギ島周辺でおこなわれているのみであった。しかも、潜水器を用いず、防水の懐中電灯を用いた夜間の素潜り漁が中心となっていた。夕刻に出漁し、翌朝帰島する個人単位でおこなうものと、操業期間が一、二週間程度におよぶ四、五名による共同漁の二種類の形態がみられた。前者は翌朝の出荷が可能なため、活きたミミガイとロブスターも捕獲対象となる複合漁である。後者はナマコ専門であり、ナマコの煮炊きから燻乾《くんかん》までの作業を船上でおこなっていた。報酬分配は、南沙諸島でおこなっていたのと同様の代分《しろわ》け制度を採用していた。

漁民に南沙諸島海域で操業していた頃と比較してもらうと、チブサナマコといった高級種の漁獲は少ないが、ミミガイやロブスターなど漁獲物の多角化による収入機会の増大にくわえて、操業経費が軽減した分だけ収入はよい、とのことであった。なによりも、出漁期間の短さが魅力と指摘する声が多かった。

ミミガイ漁は、一九九七年にはじめてマンシ島を訪問した際にもおこなわれていた。ミミガイ漁は、ミミガイが餌を求めて夜間に活動する習性を利用して、夜間におこなわれる。膝まで水に浸かり、灯油ランプで海面を照らしながら、リーフを渉猟するのである。漁自体は簡単であるため、女性や子どもが参加することも珍しくなかった。数時間で一、二キログラムほどの収穫があり、殻つきのまま島内の仲買人に一キログラムあたり八〇ペソで売却されていた［赤嶺 1999a］。

写真3–13
マンシ島では，南沙諸島における大規模な潜水漁ばかりではなく，近隣の漁場を2～3泊移動しながら操業するナマコ漁もある（2000年8月）.

ところが、翌一九九八年には、一キログラムあたり七〇ペソと買付価格が下がったため、ミミガイ漁は下火になっていた。わたしは、この対応の迅速さに驚嘆させられたものであるが、そのミミガイ漁が、また復活していたのである。住民によると、ミミガイ熱の再燃は、二〇〇〇年五月あたりからみられるようになった、という。島内の買付価格は、大き

写真3–14　タバコでよじれ，大きくひらいたミミガイ．

写真3–15　コタキナバルの高級水産物屋．
こうした店ではハタ類やエビ類の冷凍が中心で，
ナマコなどの乾燥品はあつかっていない．

さに関係なく、殻つきで一キログラムあたり一五〇ペソが相場であった。九七年当時の相場よりも二倍近い高値である点が注目される。

　しかも、変化は漁法にも見受けられた。防水の懐中電灯を用いる素潜りが普及していたのである。このことによって、潮位に関係なく毎晩操業できるようになったし、ロブスターやナマコも複合的に捕獲対象となった。結果として女性が参加することはなくなった。

　ミミガイの加工法も出荷先も一九九七年当時とは異なっていた。その頃、島の仲買人はミミガイは塩漬けにしプエルト・プリンセサへ、ミミガイの殻はサンボアンガへ移出していた。しかし、二〇〇〇年のこの時、塩漬けではなく、かれらがハーフクック（half cook）と表現するように、ごく簡単に水煮し、氷水にひたし、冷蔵した状態でマレーシアのクダットへ輸出されていた。殻は、商品価値がないとの理由で、海に捨てられていた[14]。

　これらの変化は、資源開発という点からも興味深い。そもそも、塩漬けからハーフクックに加工法が変化したのはなぜなのか。マンシ島でハーフクックを最初に開始した仲買人によると、クダットの華人から、供給の依頼を受けたのがきっかけだという[15]。

ハーフクックの料理の仕方も、その華人に指導を受けたという。まず、買い付けたミミガイを入れたタライに海水を張り、紙タバコをちぎって撒く。六、七分もたつと、タライの縁に付着していたミミガイは、一斉にもだえはじめる。もだえる過程で収縮していた筋肉が弛緩し、結果的に筋肉が伸びきった状態で死亡する。その後、摂氏五〇～六〇度の海水で五分間ほどゆがく。この際、硬くなりすぎないように、手でミミガイの弾力を確かめる。ゆがき終わると、殻をはずし、内臓を取り除き、海水で洗って、氷を詰めた発砲スチロールの箱に保存しておく。こうして加工されたミミガイは、ハタ類を出荷する船に便乗して、二、三日に一度の割合で出荷されていた。[16]

これらのミミガイは、クダットで調べたかぎりでは、洗浄後に冷凍されるようである。冷凍ミミガイは、香港などへ輸出されるほか、コタキナバル空港(クダットと同じサバ州)などでもサバ土産として販売されていた。このように半島マレーシアやシンガポール、香港、台湾などから観光やビジネスでサバ州を訪れる人口の増大も、ミミガイ熱の背景には存在していると思われる。華人市場へ輸出するだけではなく、サバ州内で消費されるという点では、ナマコやハタも同様である。コールド・チェーンの発展にともなって、消費形態にも変化が生じつつあるのである。

五　むすび――フロンティア空間の伸縮自在性

以上、マンシ島住民による資源利用の変遷について報告した。一九九七年以前の資源利用の実態については、今後、より細かな聞き取り調査が必要である。そのことを前提としたうえで、三〇年間近くにわたって、かれらの生活が維持されてきたのはなぜなのか、について三点を考察してみたい。

まず、南沙諸島という広大な漁場と豊富な資源が存在したことが指摘できる。この漁場は、まったくのオープン・アクセスであったため、だれもが自由に操業できたのである。

次に、あらたな技術を導入していく漁民の積極性もあげられる。一九八〇年代、より安全性の高い硝安油剤爆薬を採用したことによって、ダイナマイト漁はさかんとなった。一九九〇年代初頭、ビサヤ人たちから潜水器の使用法を学んだことによって、ナマコ漁は急展開した。近年、ミミガイやロブスターを夜間の素潜り漁で捕獲することがさかんとなったのは、かれらが防水の懐中電灯を採用したからである。潜水器や魚群探知機などを用いた「近代的」操業形態から、シンプルな素潜り漁への変化は、「退化」とも解釈できる。しかし、一九七〇年代から八〇年代にかけて、パラワン島周辺で素潜り漁をおこなっていた当時とは、懐中電灯の使用の有無という点で区別する必要がある。

第三点目として、ナマコとミミガイ、ロブスターなどを複合的に捕獲対象としたように、外部状況の変化に対して柔軟に対応してきた点である。一九七〇年代、南沙諸島でも魚介類一般を対象とした複合的な漁業がおこなわれていた。それが、八〇年代にダイナマイト漁に専業化し、九〇年代にはナマコを専門とする潜水漁もさかんとなった。そして再度、複合的な操業活動がみられるようになったのである。

漁獲対象や漁法が変化するという現実は、わたし自身が無意識に抱いてきた固定的・静的な漁民像に修正をせまるものであった。それまでわたしは、ナマコ漁やダイナマイト漁に従事する漁民をそれぞれ、ナマコ漁ひとすじの漁師、あるいはダイナマイト漁ひとすじの漁師、などと泰然としたイメージでとらえてきた。ところが、このような漁師像は、実態とかけ離れたものであった。たとえば、九八年の調査時にお世話になったダイナマイト漁の船主は、自分で造った大型漁船を売却し、ひと回り小さな船を買い、マレーシアとの「密輸」業に専念するかたわら、近海漁場でミミガイを漁っていた。くわえて、不定期ながらもナマコ漁も組織するようになっていた。かれと一緒にダイナマイト漁に従事していた乗子たちは、ナマコ漁やハタ漁へ転換していたし、マレーシアからもナマコを買い付けてフィリピンで転売する仲買人と化した者もいた。

また、ミミガイにしても、同じ漁獲対象ではあっても、一九九七年当時と二〇〇〇年当時では、採取方法はもとより、加工方法も出荷先も異なっていた。第一、二〇〇〇年当時の操業は、マレーシアの華人商からの働きかけを契機としていたものであった。

つまり、マンシ島でみられた資源利用の特徴は、特定の生物資源を持続的に利用するのではなく、外部環境との関係性において、つねに資源を選定しなおす柔軟性にあるのである。

それでは、漁業活動にみられる弾力性を、どのように理解したらよいのだろうか。

そもそも東南アジア多島海の人びとは、海を生業活動の基盤としながら、時と場合によって漁民、航海民、商人、海賊などと化してきたポリビアン（polybian < poly 多様な + bios 生き方）ではなかったか［立本 1999］。そうだとすると、そのような人びとの資源観あるいは環境観は、どのようなものとなるだろうか。当然、特定魚種や漁法にこだわらない柔軟な操業形態が予想される。しかも、

そのような経済活動は、おのずと投機的な傾向をもち、資本と人口の流動性も激しくなると想定される。

投機的経済活動、人口の流動性、多民族社会といった特徴を備えた社会を「フロンティア社会」とよび、東南アジア海域世界のなりたちを「フロンティア」という概念で説明しようとする試みが注目されている［田中 1999］。本章で取り上げたマンシ島社会は、この三点の性格をあわせもっている。しかも、マンシ社会は、漁業活動に必要な物資や日用品のみならず、漁獲物までもマレーシアへ密貿易するように、国境という既存の「制度」を逆手にとることで成立している。このような意味において、マンシ島はフロンティア社会の典型といえる。

それでは、フロンティアとしてのマンシ島は、一過性のものにすぎないのだろうか。マンシ島は、資源の枯渇とともに消え去っていくのだろうか。かつてのナマコ・バブルの根源であったチブサナマコがわずかしか漁獲されないにもかかわらず、マンシ島にはダイバーをめざしてビサヤ人のあらたな流入がつづいている。この現象をどのように解釈したらよいのだろうか。フロンティア論が説得力ある枠組みとして精緻化されていくには、この枠組みが適応可能なタイムスパンが明確にされねばならない。

フロンティア空間の持続性について、インドネシアのスラウェシ島におけるブギス人開拓村の調査経験から、田中耕司は外延的拡大と内延的拡大のふたつのベクトルを設定している［田中 1999:95–97］。田中によれば、新規開拓された農地には、その時々のブームとなっている商品作物が栽培される傾向にある。同時に、開拓から時間を経て安定してきた農村でも、その時々のブームの作物が栽培されている。つまり、かつての開拓前線だった村では、当時ブームだった作物にくわえ、その時々のブームとなった商品作物が現在でも栽培されつづけているのである。その結果、安定した農村も、外延的拡大をつづける開拓前線とフロンティア空間を共有していると理解できる。

この外延的拡大と内延的拡大に関して、マンシ島の状況を考えてみよう。チブサナマコなどの高級種を求めて、あらたな漁場を開拓するのが、開拓前線の外延的拡大であることに異論はなかろう。また、コンプレッサーや魚群探知機といった技術革新を背景に操業場所を深みへ展開する場合も同様である。他方、内延的拡大は、商業的価値の異なるナマコを獲ったり、ロブスターやミミガイなども複合的に漁獲するような漁業活動に相当するであろう。高級種と異なり、低級種は、大きさや品質によって価格が左右されることはない。獲ってきたナマコを釜茹でし、燻し、天日乾燥するだけである。加工に特別な技術を必要としないため、だれもが参入可能である。しかし、高級種がわずかな個数で利益が得られるのに対して、低級種は大量に流通させてはじめて利益を生み出す。したがって、低級種の採捕や加工、流通で生活するためには、ナマコ漁から生産・加工までを組織的におこなわなければならない。この点において、南沙諸島海域をはじめとするマンシ島漁民にみられる共同操業は有利な操業形態といえる。さらには、流通販路に関する情報を所有していなければ、商業的成功をおさめることはむずかしい。この点においては、Tのように仲買商との緊密性が必要となろう。

しかし、外延的拡大は、ただ単線的な拡大をつづけるのではない。一見、「撤退」あるいは「縮小」とも思えるような漁場の「伸縮自在性」を考慮しなくてはならない。そもそも、活きたまま流通させるロブスターやミミガイは、漁場がマンシ島近くになったために漁獲対象となりえたからである。したがって、フロンティア空間の外延的拡大と内延的拡大は、時間と距離において対立する概念ではなく、循環的に関係しあうもの、と結論づけられる。

モノが動けば、ヒトも動く。

一九九七年、マンシ島へたどり着くのに、純粋な移動時間だけでプエルト・プリンセサから丸三日を要した。あとでわかったことだが、サンボアンガ港に待機していれば、干魚を運ぶ船の帰路に便乗させてもらえたはずであった。しかし、その運搬船もいまはない。ところが、二〇〇〇年三月より、マンシ島とプエルト・プリンセサを往復する貨客船があらわれた。この船だと、わずか船中一泊の旅ですむ。

アジア通貨危機の深刻化を受け、干魚の集散地であったサンボアンガへは、出荷するものがなくなってしまった。そのため、マンシ島民にとってのサンボアンガの重要性も低下した。その分、ミミガイやハタ類の流通をとおしてマレーシアとの関係性が、ナマコや日用品の流通をとおしてプエルト・プリンセサとの関係性が脚光を浴びるようになった。フロンティア空間の循環的拡大を支えるのは、既存のネットワークではなく、現在進行形のネットワーキングなのである。

このように、利用対象となる生物資源が変化することによって、漁場も変化するし、流通形態までも変化する。島民の生活圏も伸縮自在に変化する柔軟性をもっている。これがフロンティア社会の強みだといえる。そのような社会において、次章で詳述する日本の事例のように、免許制度や許可制度などを導入し、特定の漁場や漁法を固定して資源管理をすることがはたして有効なのであろうか。

そもそも、「管理」という思想の根底には、愚民観が潜んでいるのではないだろうか。漁民たちは、刻々と変化する状況を読みつつ、行動している。だから、資源利用を論じるにあたっては、資源そのものだけに着目しても不十分である。消費や流通までも含めた幅広い視野が必要なのである。

註

(1) マンシ島における調査は、一九九七年の予備調査以来、合計三回のべ一四週間にわたって実施した。本調査は、一九九八年七月から九月にかけて、ナマコ資源とタカサゴ資源の利用に関する臨地研究をおこなった。二〇〇〇年八月から九月にかけて三週間、追跡調査を実施した。また、二〇〇〇年一二月から翌年一月にかけての二週間、マレーシアのサバ州において、マンシ島からの海産物流通に関する調査をおこなった。

(2) 実際に一九七〇年の国勢調査では、同島の人口は二二五名と記録されている。

(3) マレーシアのサバ州とフィリピン、インドネシア間でみられたコプラ貿易の実態については、長津[2001, 2004]を参照のこと。

(4) マンシ島で流通している干ナマコの種類と価格に関しては、赤嶺[2000a]およびAkamine[2001, 2002]を参照のこと。

(5) マンシ島は、生活必需品のほとんどすべてを移入・輸入に依存しているため、フィリピンのほかの島じまよりも物価が高い。およそ二カ月間にわたる労働の報酬として、この金額は十分なものではない。

(6) Eは、マギンダナオ人の父親とウグスマタタ村出身のサマ人の母親をもち、ウグスマタタ村で生まれ、ミンダナオ島のコタバトで育った。戒厳令後に、コタバトよりマンシ島へ移動した。一九七六年から八五年まで、サバ州のサンダカン市内で警備員などの仕事をした。マンシ島に戻ってきて以降は、南沙諸島海域でダイナマイト漁をおこなってきた。一九九三年末に、ハジKのナマコ漁船にダイバーとして参加した。一九九七年から、マンシ島で雑貨屋を経営するハジIの漁船で漁撈長と船長を務めている。一年に五〜六回、南沙諸島へ出漁する。現在、義父と娘一人との四人暮らしであるが、将来は、コタバト近海でナマコ漁のビジネスを展開したい、と考えている。

(7) アレキサンドラ堆は、漢語で人駿灘、ベトナム語でBai Huyen Tranとよばれ、北緯七度五八分〜八度二分、東経一一〇度三五分〜一一〇度三八分に位置している[浦野 1997:25]。Eによると、アレキサンドラ堆はベトナム軍によって実効支配されている。同堆周辺海域では、ベトナム漁船もナマコ漁をおこなっており、フィリピン漁民にもナマコ漁の操業が認められている。

(8) ダイバーから購入したチブサナマコ(*H. fuscogilva*)を、ハジIは二四リンギット(およそ二四〇ペソに相当)でマレーシアのクダットで売却した。この差額はすべてがハジIの利潤となる。つまり、ハジIは船主であると同時に干ナマコの仲買人でもあるのである。実際に、船主としての報酬よりも仲買人としての利潤のほうが大きいように見受けられた。しかし、ハジIが仲買人を兼務するとはいえ、チブサナマコを中心に経営をおこなっているため、サリサリ・ナマコについては、買付価格は設定されていない。ハジIは、サリサリ・ナマコのすべてをプエルト・プリンセサの仲買商Cに売却した。サリサリ・ナマコの内訳の詳細は、C社からの伝票にもとづいている。

(9) 海藻(agal-agal)については、長津[1995]を参照のこと。

(10) プエルト・プリンセサの仲買商が提示する買付価格に大差がないことは、表3-4を参照のこと。なお、プエルト・プリンセサでナマコ仲買商四社が競合するようになったのは、一九九五年にC社が新規参入するようになって以来のことである。

(11) もっとも仕入れの多かったナマコは、トゲクリイロナマコ(*A. echinites*)であった。Tによれば、近海でトゲクリイロナマコの群生が発見されたためだという。しかし、加工前の状態でトゲクリイロナマコとクロナマコ(*H. atra*)、brown beauty、white beauty の四種を区別するのはむずかしく、分類に際しては、T自身も混乱をきたしているように見受けられた。実際には表3-4に示した個数よりもトゲクリイロナマコは少なく、brown beauty と white beauty が多くなるものと推察される。したがって、中級種のトゲクリイロナマコが減少した分だけ、低級種が占める割合が増大するものと考えられる。

(12) C社の買付価格とTが作成した買付価格を照合すると、平均しておよそ六割の価格をTが設定しており、ナマコの種によって、割引率に幅があることがわかる。とくに、高価なイシクロイロナマコ(*A. lecanora*)とクロジリナマコ(*A. miliaris*)、シカクナマコ(*S. chloronotus*)については、C社価格の八割を設定している。このことについて、競争が激しいため、利益が少ないのを承知で、買付価格を高く設定せざるをえない、とTは説明した。

(13) わたしがはじめてマンシ島を訪れた一九九七年七月の時点では、三統の生簀が経営されていた。実際には、生簀の数は増減をくりかえしており、生簀経営が不安定である様子がうかがわれる。二〇〇〇年八月の時点でも、あらたに一統が営業開始の準備中であった。

(14) 一九九八年、サンボアンガでは、ミミガイの殻がキログラムあたり二〇ペソで売買されていた。サンボアンガの貝問屋によると、ミミガイの殻は、螺鈿細工の原料として韓国で需要がある。しかし、九八年以降、アジア通貨危機に端を発した韓国経済の低迷にともなって、輸出はストップしたそうである。

(15) マンシ島民にミミガイの買い付け依頼をした華人は、生簀の経営者ではない。

(16) 氷はクダットから仕入れてくる。ハーフクックのミミガイは、マレーシアに二六リンギット(三一〇ペソに相当)で売られていた。

第4章

日本のナマコ漁

北海道と沖縄の事例から

はじめに

今日わたしたちがナマコ料理としてイメージするものは、系譜的に一八世紀から一九世紀にかけて中国（清国）で宮廷料理として爆発的な人気を博したものに位置づけられる。当時の日本はいわゆる「鎖国」状態にあったが、実際には長崎を窓口に中国産の絹織物や生糸、漢方薬、漢籍書物などを輸入していた。日本は、まだ豊富に産出していた国産の銀と銅を、それらの代金にあてていた。しかし、次第に国内の銀・銅の産出量が減少してきたため、一七世紀末に徳川幕府は乾燥ナマコや干アワビ、フカヒレを対中国貿易の主要輸出品と定め、増産体制をしいた。それらは、俵に詰めて流通したため、俵物《たわらもの》として知られている（諸色《しょしき》扱いだったフカヒレが俵物となったのは一七六四年)。

問題は、米の生産高を基準に成立していた税体制で、これらの輸出品はいずれも水産品であったことである。それらの増産体制に組み込まれ、使役させられたのは、日本国内の漁民のみならず、(当時の日本の版図外であった)蝦夷地に暮らしたアイヌであった。とくに、蝦夷地に産したナマコは刺が鋭かったため、中国側から高い評価を得ていたこともあり、蝦夷地での生産をいかに高めるかが、徳川幕府の課題でもあった。

このような政治状況のもと、利尻島は一七五〇年頃に阿部屋村山伝兵衛が宗谷場所を請け負い、ナマコ桁網《けたあみ》を導入して以来、ナマコの産地として知られ、明治期においてもナマコはニシンやコンブなどとともに主要な魚種であった[稚内市史編さん委員会 1999:139–143]。しかし、第二次世界大戦を契機として対中国輸出が困難となり、戦後もナマコ漁の復興ははかどらなかった[稚内市史編纂室 1968:633]。現在みられるようなナマコ桁網漁は一九八〇年頃から復活したものである。

一 利尻島におけるナマコ漁の栄枯盛衰

利尻島は、行政的に北半分が利尻富士町、南半分が利尻町に二分されており、島内には、鴛《おし》泊《どまり》、鬼脇《おにわき》(以上、利尻富士町)、仙法志《せんほうし》、沓形《くつがた》(以上、利尻町)という四漁協が存在するが、島の南東に位置している鬼脇漁協のナマコ生産量は、ほかの三漁協にくらべても多くはない(1)。

利尻島で調査をはじめて意外に感じたのは、ナマコ漁の経験が二〇年そこそこと、「新しい」ことである。もっとも、高級なナマコを産出する利尻地区は、江戸時代から今日までナマコ漁を連綿と継承して今日にいたっているに相違ないと、わたしが勝手に思い込んでいただけのことである。

実際に今日の最高級品を産出するといわれる、利尻島の仙法志漁協でも、同じく宗谷海区に属するオホーツク海に面した稚内の宗谷漁協でも、漁協内になまこ部会が創設されたのは一九八〇年代後半のことである。エスノ・ネットワーク史再構築のため、わたしは東南アジアでも南太平洋でもどこでも、調査中、ナマコ漁がおこなわれるようになった経緯や技術の系譜について関心を抱き、インタビューを重ねてきた。道北地域の場合、わずか二〇年前のことではあるが、わたしの調査能力の限界もあり、今日となってはなかなか明らかにはしえない部分も多い。

鴛泊漁業協同組合の事例

そのような制約のなか、利尻富士町鴛泊でナマコ桁網を曳く吉田敏さん（一九四三年生まれ）の場合は、鴛泊地区におけるナマコ漁再興のエピソードを雄弁に語ってくれる。

吉田さんが、ナマコ漁に従事したのは一九八四年のことであり、本格的にナマコ漁に力をそそぐようになったのは翌年からのことであった。二〇〇三年から漁獲を生鮮ナマコのまま販売する、いわゆる「生売り」に転換したが、それまではみずから獲ったナマコを自宅で乾燥ナマコに加工していた。現在、一一名がナマコ桁網を曳いている鴛泊漁協で、以前から一貫して桁網を曳いてきたのはひとり吉田さんのみである。創設当初から二〇〇五年度まで鴛泊漁協のなまこ部会長を務

めてきた、利尻島におけるナマコ漁の第一人者である。(2)

吉田さんは樺太(サハリン)に生まれ、二歳の時、終戦をむかえた。父が野塚《のつか》、母が大磯という縁から戦後、利尻に引き揚げた。小樽に向かう船を待っている際、二艘前の引揚船がソ連軍の空襲にあい、沈没したという。詳細は不明であるが、父はサハリンで漁協関係の仕事をしていたら

図4-1 利尻島全図

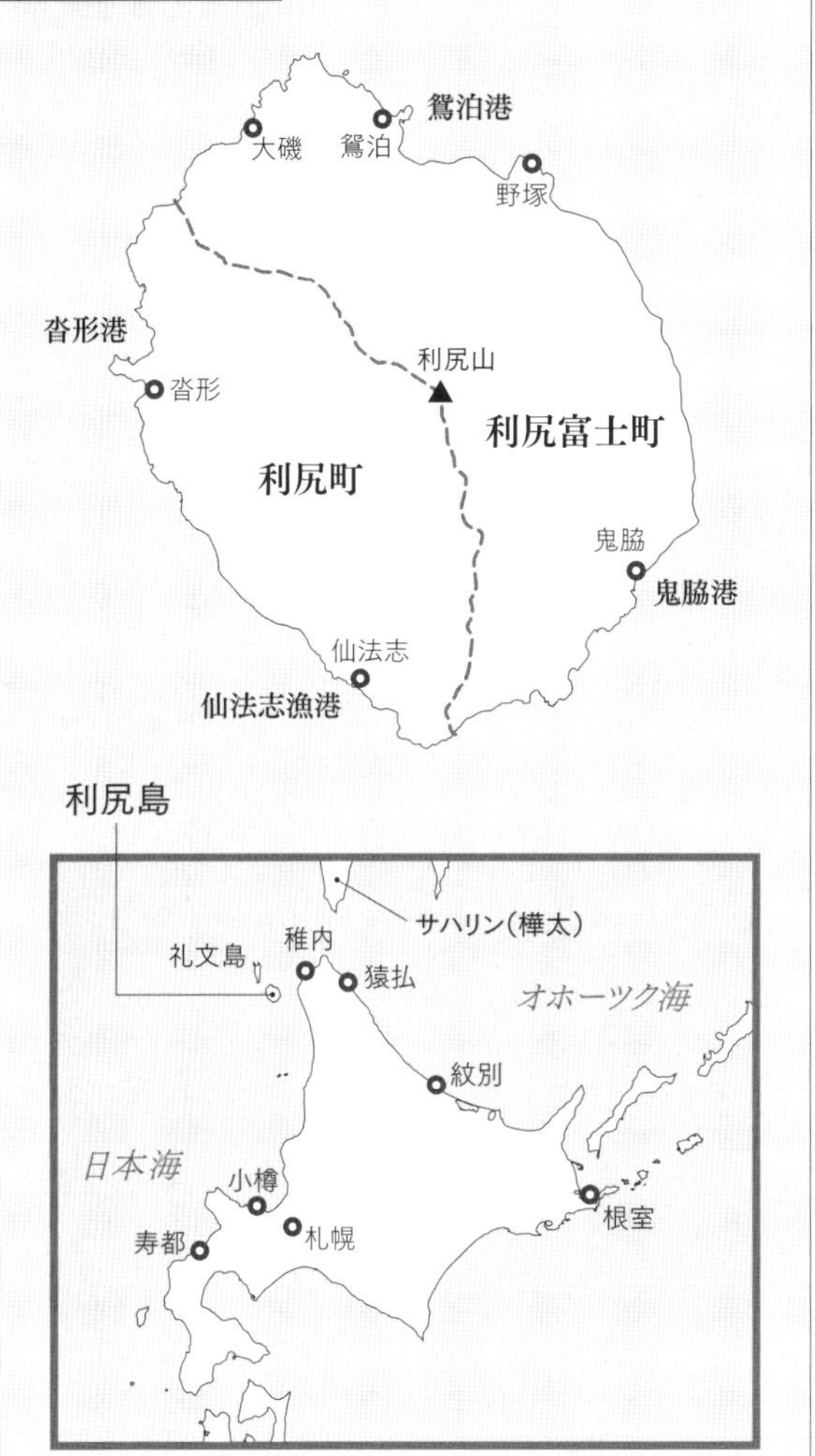

しい。引き揚げ後は、海水から製塩し、オオナゴの燻製をつくっていた。

一九七〇年代、まだ吉田さんが三〇歳代であった頃、利尻の漁業は活況を呈していた。利尻ではマグロ漁を中心に、オオナゴ漁やイカ漁、タコ漁もさかんだった。マグロは一本釣りも、延縄もあった。吉田さんは、一本釣りで二七六キログラムのクロマグロを釣ったこともある。その時のマグロの背びれを吉田さんはいまでも記念にとっている。

そんな活況を反映してのことだろうか。一九八一年にNHKの「新日本紀行」という番組で利尻のマグロ漁が紹介されたことがある。マグロ漁がさかんだった頃は一日に一〇〇万金《がね》(=一〇〇万円)をつかむことも珍しくなかった。「当時の利尻はすごかった」と興奮しながら吉田さんは回顧する。そんな状況では手間ひまかかるナマコ漁など、やる必要はなかった。

マグロはいざ知らず、オオナゴ・ブームは、一九七七年に米ソが実施した、いわゆる二〇〇海里問題とも無関係ではなかった。二〇〇海里規制のおかげで、品薄気味の思惑買いと重なり、このあたりのオオナゴの価格が上昇したからである。

ところが、海流が変化したのか理由は定かではないが、突然マグロもオオナゴも来なくなった。マグロは一九八四年が最後だった。マグロもオオナゴも駄目になって、吉田さんはタコ漁とナマコ漁をはじめるようになった。

吉田さんは、利尻でも以前、磯舟でナマコを獲っていたのを知っていた。マグロとオオナゴの不振から、「金目《かねめ》になるものはなにか」とつねに考えていた時、「キンコ(3)(乾燥ナマコ)の値段よし」という話を聞き、「ここ何年もやっていなかったから、資源もあるだろう」と考えたのだという。

吉田さんは、利尻島でナマコ漁を再開するにあたり、稚内市声問《こえとい》に住むSさんから、加工法についての指導を受けた。Sさんは稚内在住であったが、もともとは利尻島大磯の出身で同郷であった。八尺網を曳き、みずから加工していたSさんは、隠すことなく、なんでも教えてくれた。二〇〇六年現在、鴛泊で操業中のナマコ桁網漁船は一一艘である。が、これは少しずつ増えてきた結果である。具体的には二〇〇四年の春に六艘が操業を開始し、同年の夏には八艘まで増え、その後に一一艘にまで増加した。二〇〇三年の夏にタコの値段が悪くタコ漁が不振に終わったため、翌年の春からナマコに関心が集まったという経緯がある。おりしも、海外でのナマコ需要がナマコの価格を押し上げていた時期のことであった。その結果、あわよあわよ、という間に一一艘まで増加したのであった。

図4–2　ナマコ桁網見取り図

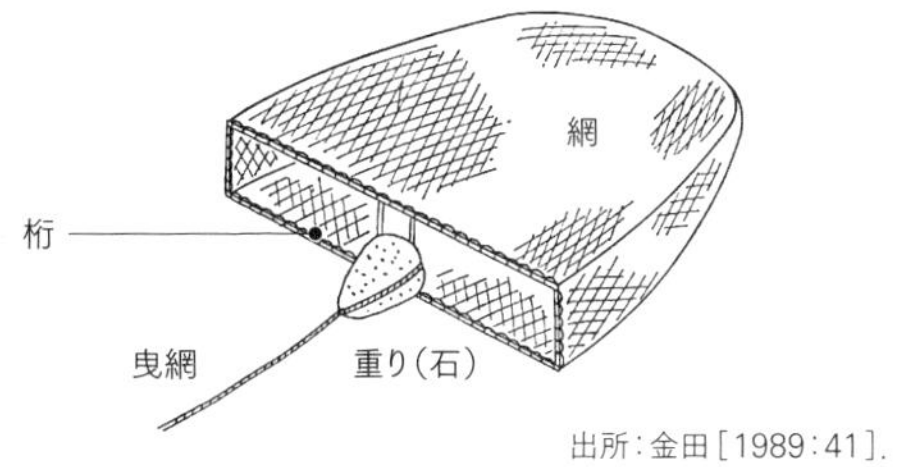

出所：金田［1989：41］.

図4–3　ナマコ桁網漁操業図

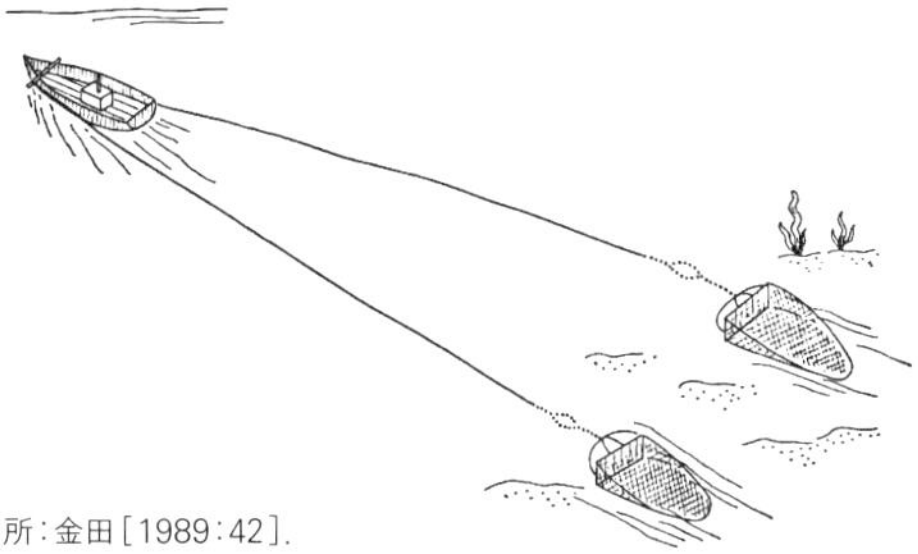

出所：金田［1989：42］.

　吉田さんは、鴛泊ではナマコを乾燥ナマコに加工せず、生鮮ナマコの状態で出荷するので、一一艘も操業しているが、もし、加工しなくてはならない場合、操業する船数は半減する、と断言する。「コンブの加工・乾燥はだれでもできるけど、ナマコの加工はそうはいかない。けむたいし、熱い」からだ、というのである。

昔は現在のような機械乾燥ではなく、ナマコを自然乾燥させていた。妻の静子さんも、「ナマコは身体がつづかない。いままでいろいろとやってきた仕事のなかでナマコの加工が一番つらかった」と回顧する。その困弊をコンブと比較して、「コンブだと乾燥は一、二

写真4–1　コンブを干す．収穫後，すぐに干さねばならず，なかなか大変な作業である．

時間ですむが、ナマコは一日中、外にいなくてはいけない」、「コンブは干して倉庫に入れてしまえばおしまいだが、ナマコは一日中、外で乾燥させる。雨が降ったら、倉庫にしまわねばならない。しかも、天気がつづいたとしても二〇日間は干しつづけなくてはならない」と指摘する。

静子さんはインタビュー中に、「真水ならお金をとられても、蛇口をひねれば出てくる。海水はお金はとられないけど、ゆるくねぇ」、「ヨモギ採りもゆるくねかった」と、加工に必要となる水汲みとヨモギ採りの苦労を何度も口にした。静子さんが多用した「ゆるくねぇ」とは、「楽じゃない／大変だ」という意味の方言だそうだが、その後もナマコを追って北海道を歩く際のひとつのキーワードとなった。

いまでこそ休漁期の五月一日から六月一五日をはさみ、春と夏の二回にわけてナマコ漁はおこなわれているが、以前はヨモギのある夏場だけ、ナマコ漁は操業されていた。燻《いぶ》すために使用するので、ヨモギが乾燥していたら使いものにならない。「今日刈ったら、翌日ぐらいならまだ使

えた」が、基本的には、刈り置きができないので、漁船が出て行ったのちにヨモギを採りに行かなくてはならなかった。利尻にはヨモギはそこかしこに生えているが、雑草が混じらず、ヨモギだけが生えている草場というのは、そうあるものではない。多くの場合、草をよけながら、ヨモギだけを選んで刈らねばならなかった。十分なヨモギを使わなければ、いいものに仕上がらなかったので、とにかくヨモギの確保が大変だった。

第一、ナマコの解禁日である六月一六日は、まだヨモギの背もそう高くはない。背丈が低い分、それだけたくさん刈らねばならなかった。しかも、生のヨモギは重たかった。一〇〇～一五〇キログラムのナマコを加工するには、四〇～五〇キログラムの生ヨモギが必要だった。スクーターの後部にヨモギをしばって積んだら、前輪があがるほどに重かった。

吉田さんは吉田さんで、ウニを獲ってからウニを置いて、すぐナマコ漁に出かけていった。静子さんは、ウニを剥いてからヨモギを刈りに行き、ナマコを煮るために海水を汲んでおき、火を焚いた状態で吉田さんを待っていた。

加工は以下のような手順でおこなった。①釜のなかに海水、鉄屑、ヨモギを入れて煮立てる。釜は、ステンレス製だとナマコに色がつかないので、鉄製にかぎる。②三〇分もすると水が黒くなって煮立つ。③この段階で鉄屑とヨモギをあげる。④脱腸したナマコを入れる。⑤鉄屑をお湯に戻す。⑥四〇分ほどナマコを煮たのち、⑦二時間ほど燻す。なお、天気が悪い場合には三時間は燻した。風があって天気がよいと最高の製品に仕上がった。

ヨモギで煮ることは、江戸時代に対中国輸出製品の品質向上を目的に上梓された『唐方渡俵物

写真4–2　ナマコに付着したゴミをとり，整形しながら乾燥する．宗谷海域は世界でもっとも高価な乾燥ナマコを生産するが，家内工業的に製品加工するこの地域では，老人の労働力が不可欠である（2005年6月）．

諸色大略図絵』にも記されている。その目的は、黒色に仕上げるための触媒効果にあるのではないかと想像されるが、くわえてヨモギを用いることによって、製品におかしな虫がつかなくなる、と吉田さんは指摘する。天日干しをしている最中も、猫もカラスも手をつけようとしないし、夏なのに銀蝿《ぎんばえ》も寄ってこなかった、と喚想する。

燻す時、下層に新鮮なヨモギを敷き、上層に煮出したヨモギを重ねた二層だてだった。燻している時に炎があがったら、ナマコがこげてしまうため、注意が必要である。まんべんなく熱と煙がまわるようにナマコの裏と表をひっくりかえしてやったり、スノコのなかで混ぜかえしてやったりしなければならなかった。この混ぜかえしは二時間に五〜六回はしたものだという。また、天日干しの際にも、太陽がまんべんなくあたるように手のひらでキンコをばらすため、キンコの疣《いぼ》で手のひらが痛くなったもんだ、と懐かしむ。

静子さんは、「凪《なぎ》がつづけば、オカも疲れる」という。凪がつづいてナマコの豊漁がつづけば、陸上でナマコを加工する人も疲れる、という意味である。「今日はしんどいから」と、燻蒸作業で手抜きすると（たとえば一時間半ぐらいでやめたりすると）、天気が悪くなると疣から溶けてくるので台無しとなる。ナマコ漁はともかくとして、家内工業としてナマコを加工するには、女性労働力が不可欠であることがわかる。

現在、利尻島では鴛泊にかぎらず、四漁協すべてが「生売り」をおこない、乾燥ナマコを自家製造することはない。労動力の不足が主因であるが、もうひとつの要因として、乾燥ナマコに加工した場合、資金の回収が年末になることが考えられる。吉田さんも、「だいたい一一月に入札があって、クリスマスの頃まで代金が回収できなかった。それまでは乾燥品の重量をはかっては、金額を皮算用するのが楽しみだった」と回想する。

以上、鴛泊の吉田さんの事例を紹介した。吉田さんの場合には、マグロ漁やオオナゴ漁の不振対策として、ナマコに着目した、ということである。この吉田さんの行動は、実は、同島ですでに試験的におこなわれていたナマコ漁の操業と連動していたのであった。

仙法志漁業協同組合の事例

仙法志漁業協同組合の『業務報告書』に戦後はじめてナマコが記載されるのは、一九八〇年のことである。同年から一九八三年にかけての四年間に「乾ナマコ」が販売実績として記録されており、生産量と販売金額は表4-1のようになっている。そして、一九八四年から「鮮ナマコ」のみが記載され、五一六一・七キログラム、二八二万四九八一円の売り上げが記録されている。

この数字は利尻町役場で確認したものに一致するが、一九八〇年から試作した「乾ナマコ」については、なぜだか役場の記録には記載されていない。

一九八四年から「鮮ナマコ」(生売り)に移行したのは、「手間がかかり、手間のわりに収入が合わない」からであった。「四時に起きて五時に出航。昼の一~二時に帰港し、水揚げ。そのうえ加

表4-1　仙法志漁業協同組合におけるナマコ生産状況

年	乾ナマコ			鮮ナマコ		
	重量(kg)	金額(円)	単価	重量(kg)	金額(円)	単価
1980	29.0	110,015	3,794			
1981	300.0	1,155,936	3,853			
1982	60.0	178,000	2,967			
1983	72.7	474,790	6,531			
1984				5,162	2,825,000	547
1985				15,663	3,917,000	250
1986				10,447	2,001,000	192
1987				30,378	8,741,000	288
1988				76,676	29,478,000	384
1989				58,556	21,567,000	368
1990				68,978	29,474,000	427
1991				63,719	26,846,000	421
1992				36,301	15,783,000	435
1993				65,436	28,432,000	435
1994				81,560	40,717,000	499
1995				75,708	29,759,000	393
1996				61,888	21,803,000	352
1997				52,397	21,334,000	407
1998				62,311	29,911,000	480
1999				50,739	27,256,000	537
2000				52,999	35,269,000	665
2001				50,259	27,179,000	541
2002				51,116	37,533,000	734
2003				51,052	64,615,000	1,266
2004				50,020	81,116,000	1,622
2005				51,345	87,002,000	1,694
2006				53,959	136,098,000	2,522
2007				51.954	156,339,000	3,009

出所:『仙法志漁業協同組合業務報告書』より筆者作成.

工までしていると、寝る暇がなくなってしまう」。「加工までやるとなると、陽の長い夏にやらざるをえない。ウニやコンブはどうする？　キンコ（乾燥ナマコ）だけに特化しているわけではない」。

一九八〇年にナマコ漁が再開されたいきさつの詳細については、はっきりとしたことはわかっていないが、興味深いことにムラサキウニの移植放流事業という行政からの支援が契機となっているようである。

一九七〇年代半ばに、地元でノナとよばれるムラサキウニの移植放流事業が北海道の事業としてはじまった。(4) これは八尺網を用いて水深二〇～三〇メートルに生息するムラサキウニを採捕して、沿岸（浅い海域）に放流するものであった。となりの沓形漁協で講習会がひらかれ、北海道から講師も派遣されてきた、という。

結果は、①ウニは刺がとれてしまって定着率が悪かった。②数はこなしたものの、ウニの殻の大きさが、年々、小さくなっていった。③ウニよりもナマコのほうがたくさん網に入ってきた。この放流事業は、利尻島の四漁協すべてが参加し、五年くらいつづいたが、以後、潜水夫を利用した放流事業に転換することになった。

この時期に全道的に実施された移植放流事業誕生の経緯は、今後も精査していかねばならないが、結果として、この放流事業が、八尺網とよばれるナマコ桁網漁を利尻島に導入することになり、ひいてはナマコ漁の再興につながるのであった。移植放流事業の際、島内には漁業の要となる八尺そのものを作れる者がいなかったため、寿都《すっつ》で製作されたものを利尻島に持ってきて、地元の鉄工屋にコピーしてもらった。かつて、小樽と連絡船でつながっていた頃の名残だという。

移植放流事業が終わってから、試験的に乾燥ナマコの生産に取り組んだのが、『業務報告書』にある一九八〇年のことであった。ナマコは獲れたものの、採算が合わないということで乾燥ナマコの生産はやめ、一九八四年から生売りをはじめ、今日にいたっている。前述した鴛泊の吉田さんが、「キンコの価格よし」と耳にし、ナマコ漁に参入したのはこの年であるが、それは、仙法志漁協のこうした動向を聞いてのことだと理解できる。

試験操業中に乾燥ナマコを作るにあたっては、先輩の漁師に教えてもらいながらおこなった。みな、戦前に生産加工していた人びとである。鴛泊の事例と同じく、加工にあたっての鍵はヨモギであった。仙法志あたりのヨモギがなくなるほど、ヨモギを使用したという。ヨモギならなんでもよく、複数あるヨモギの種類にはこだわっていなかった。一週間でだいたい乾いたが、完全に干し上げるには一カ月を必要とした。仙法志が雨なら、車を運転して天気のよい場所で干したりした。

仙法志漁協では、生売りをはじめた一九八四年から本格的にナマコ桁網漁業を推進することとなった。そしてナマコ桁網漁を展開するにあたり、利尻町から補助をもらい、七〜八名が八尺を作ったという。この時は、いずれも小樽の鉄工所に発注した(当時のモデルを原型に、利尻の環境にあわせた改良型の八尺網は、現在、島内にあるふたつの鉄工所で生産されている)。

一九八〇年代半ばからナマコに注目が集まるのは、漁業者だけではなく、島内の加工業者も同様である。たとえば、コンブやタコなどの水産物加工をおこなうG水産でも、一九八五年頃から乾燥ナマコの生産を五年ほどおこなったという。それ以降は原魚を入札し、稚内の業者へ生(鮮)で出荷した。二〇〇四年まで入札に参加していたが、ナマコの価格が高くなりすぎたのでやめた。乾燥ナマコ加工をはじめたきっかけは、別件で縁のあった神戸の貿易会社から依頼があったためである。その貿易会社には六〜七分の乾燥状態で出荷していた。鮮ナマコを移出した稚内の業者からは、道内の有力加工会社A商店に渡っていた。

G水産が加工をやめ、生売りに特化するようになった背景には、女工さん不足という事情があった。ナマコは季節限定であり、その時期はウニやコンブ(とくに養殖)の収穫期と重なるため、一トンの原料を加工するのに女工さんを一五名くらい必要とするようなことは、家内工業的に回

写真4-3
操業中の桁網
(宗谷, 2005年6月).

転する利尻では労働力の確保がむずかしかったのである。

鶴見良行は、ちょうどナマコのリバイバルがはじまろうとしていた一九八五年と八六年に利尻島を訪れているが、当時の北海道における乾燥ナマコの産額がわずかであり、北海道漁連をとおさず個人的に神戸の問屋などに直送されることを記録している［鶴見 2004:58］。このことについて、北海道漁連共販部長の熊谷伝氏は、それまでは磯舟によるタモ網操業が中心であったのが、一九八〇年代中頃から北海道では桁網によるナマコ漁業が普及し、増産となったのではないかと推察する。

おそらくそのとおりなのであろうが、では、それはなぜなのか。もちろん、仙法志漁協の事例からでは一般化は不可能である。しかし、利尻島内の事情を考えると、一九八五年頃にムラサキウニの移植放流事業の副産物としてナマコ桁網漁が定着したとはいえ、それらを吸収しうるナマコ市場の拡大が必要であったはずである。そして、ナマコ桁網漁によるナマコの漁獲増も後押しし、さらには国際市場に通じた問屋からの需要に応じたのがG水産といった加工業者であったと理解できる。

写真4-4　船上での選別作業．およそ30分に1回，網をあげ，選別する．資源管理のため，手袋におさまるサイズのナマコは海に戻す．

一九八五年といえば、プラザ合意により円高が決定された年でもある。急激な円高は日本産ナマコの価格を押し上げ、需要減が想像されるところであるが、経済発展が顕著だった台湾からの需要が強く、円高の影響を受けなかったことを鶴見は書きとめている［鶴見 2004:67–68］。しかし、現在では日本産乾燥ナマコのほとんどが香港へ輸出されており、台湾の『漁業年報』によれば、二〇〇五年に台湾が輸入したのはわずか二〇キログラム、日本円にしておよそ五〇万円程度にすぎなかった。たしかに二〇〇〇年までは三〇トン程度で安定的に推移していたものが、二〇〇一年には一九トンに減少し、その後、二〇〇二年には一二トン、二〇〇三年には七トン、二〇〇四年には二トンにまで減少している。熊谷氏は、二〇〇〇年くらいから乾燥ナマコの価格が上昇しはじめ、それとともに香港への輸出にシフトしていったと分析する［熊谷 2007］。

写真4–5　ナマコを自家加工する（宗谷，2005年6月）.

わずか二〇年の出来事であるが、そのあいだに日本産乾燥ナマコの輸出先はほとんどすべてが香港となった。このことにより、乾燥ナマコの生産現場にはどのような変化が生じたのであろうか。たとえば、漁業者の婦人たちが、苦労して採取し、眼に涙を浮かべ、熱さに朦朧としながらヨモギで燻していた作業は、現在はおこなわれていない。それは、台湾市場と異なり、香港市場では黒すぎるナマコが嫌われるからであり、香港の問屋からの指図に従った結果である。というのは、ヨモギを用いて黒光りするほどに黒く仕上がった乾燥ナマコを水で戻すと、水が黒くなるが、天然志向・健康志向が強まってきた香港の調理人たちがそれを嫌うからである（もっとも、この事情の背景には、鉄釜からステンレス製に変化した結果、黒さを維持するために、ヨモギだけでなく酸化鉄をくわえるようになったことも影響している）。また、黒く仕上がったナマコは乾燥状態では傷がみえにくく、かつてのように大型ナマコを切って給仕していたならば、盛りつける際に傷を隠すことができたが、第5章で後述するヌーベル・シノワーゼ風に一個のまま給仕するようになると、そうもいかないという事情もある。

二 資源の自主管理の実際——利尻島の事例

現行の漁業法（一九四九年施行）では、ナマコは漁業権と許可漁業というふたつのルールによって管理されている。さらには各地域の状況にあわせて漁具や禁漁期などを規制する漁業調整規則が定められている。それらをふまえ、各漁業協同組合には漁業権行使規則がもうけられており、漁業者はそれにそって操業することになっている。いわゆる自主規制がそれにあたる。

漁業法上、ナマコは第一種共同漁業権による動物に指定されているため、漁業者しか獲ってはならないことになっている。くわえて、桁網を曳く場合には、一五トン未満の漁船による許可漁業となり、知事の許可が必要となる。

現行の漁業法の目的は、戦後におこなわれた農地改革とともに漁業の近代化・民主化にあった。そのため、地方分権化がすすめられ、捕鯨などの農林水産大臣の許可漁業以外では、監督省庁である水産庁が津々浦々の操業に関して細かな指揮がとれない体制となっている。

したがって、ナマコの密漁はもとより、資源管理の方策について国が口をはさむことはむずかしい。各海区における漁業調整委員会にしろ、漁具の詳細と禁漁期間を定めるだけであり、実際は各漁協の自主規制に頼らざるをえないのが実情である。

仙法志漁協でナマコ桁網漁が活発化するのは一九八四年からであるが、同漁協でなまこ部会が活動しはじめたのは、一九八八年のことである。その当初から水揚げ時の重量制限を八〇グラムとするなど、資源管理に積極的であった。

仙法志漁協では、なまこ部会操業規定として、一九八九年には、重量制限をそれまでの八〇グラムから一〇〇グラムへ引き上げた。同様に、体長一〇センチメートル以下のものは、海に戻すことも決定した。そして翌一九九〇年に、一三〇グラム以下のものは、海にかえすことが決められた。さらには、資源保全を目的として、水揚げの総量を五〇トンとする自主規制を一九九九年から開始した。五〇トンという数字の根拠は、漁船一〇艘という実数と当時の相場を考え、「こんなところ」とおちついたという。一艘につき〇・五トンという計算である。

なお、仙法志漁協では五〇トンを上限としているが、くわえて操業日も「七月二〇日まで」と自主規制している。また、なまこ部会としても資源保全のため、産卵期を示すコワタ(=コノワタ)が大きくなってきたら、やめることにしている。

一九八四年から仙法志漁協では生売りしかおこなわれていないが、基本的には、ナマコは北海道本島へ移出されたのち、乾燥ナマコに加工されることを前提に漁獲されている。というのも、仙法志漁協が操業する期間は、生食用の需要がほとんどないからである。

後述するように、近年、小さなナマコの市場価値が高まっている。このことについて、「業者は、ナマコの価格が高くなりすぎたために、最近になって「小さいのがいい」などと言ってくるようになった」と漁業者は業者への不信感をあらわにする。というのも、仙法志漁協では、なまこ部会が始動した一九八八年当初からさまざまな努力を重ねてきたからである。

なまこ部会発足時から、ナマコの大きさと重量制限をもうけたのは、乾燥ナマコ製造を意識してのことであった。原魚が小さすぎると、業者に買いたたかれたからである。生食用ならともかく、乾燥ナマコの加工原料としては、小さいのは加工しづらいばかりではなく、市場価格も低く、安い値段しかつかなかった。

乾燥用原料という性質から、小さいものにかぎらず、「傷ものも、港のなかに戻す」ことが実践された。その結果、口明けの三、四月には港内の磯舟によるタモ獲りで、ひとりで一トン近く獲る人も出てくるようになった。そこで、二〇〇二年より制限以下のサイズのナマコを集めて、毎日、順番で船を出し、春なら夏漁の漁場に、夏なら春漁の漁場に交互に放流するようになった。

生売りをするようになった当初、北海道の大手水産加工業者であるA商店から、さまざまなクレームがついた。組合で荷受けする際に、だれが獲ったナマコかわかるようにナマコを収める樽に船名を記した札を入れて出荷したこともある。水分を考慮して一〇パーセント増の「入れ目」で出した。業者は品質の悪さを理由に、入れ目を上げるように要求してきたが、業者の希望にそって入れ目率を上げると、いずれまた、上げねばならなくなる。そこで入れ目を上げないかわりに、積極的にクレームを正当に解消することをめざしてきた。たとえば、樽になるべく水は入れない、沖で選別したうえで、陸《おか》で再度、大きさを確認するなどを話し合い、実践してきたのである。

なまこ部会のある人は、「損得の問題ではない。ずるいことをすると、かならずしっぺ返しがくる」との哲学のもと、ブランドを築いてきたという自負をもつ。その一方で、ここまでやって高めてきたブランドであるが、ほかの地区と価格に大差がないのが惜しい、ともいう。その理由として、「業者は「北海ナマコ」の物が欲しくて仕方ない」状況があるにちがいないと漁業者は読んでいる。つまり需要に対して、圧倒的な供給不足の状態にあるというのである。

なまこ部会の資源管理は大きさだけにとどまらない。なまこ部会で二〇〇一年に青森県へ視察に行ったことがある。なまこ部会に所属する六名と組合で販売を担当する職員一名の七名が参加したが、青森の事例は、ナマコ漁としては水深が浅すぎて参考にならなかった。なぜならば仙法志の桁網漁場は水深六〇〜七〇メートルであるからだ。しかも、青森は生食用に生産しているため、身のやわらかい小さなナマコを獲って、大きいものを放すという。しかし、横浜町(青森県上北郡、下北半島中間部)が漁具を統一し、違反していないか検査をおこなっていることに感銘した、という。(5)

とはいうものの、その結果、産卵期の再検討をおこなうことになった。北海道が定めた宗谷海区におけるナマコの禁漁期は、五月一日から六月一五日となっているが、ナマコの産卵期がこの間に相当するためというのがその理由である。しかし、漁業者から、このあたりのナマコは七〜八月が産卵期ではないか、という声があがり、漁業調整規則の改正を視野に北海道の水産業普及指導員（二〇〇四年の法改正以前は水産業改良普及員）に依頼して調査をおこなった。二〇〇一年に調査して、現在、道に漁業調整規則の変更を要請中である。

道の動きはにぶく、二〇〇五年に稚内と鴛泊で説明会をひらいたきりである。両説明会に参加した漁業者は、「ふたつとも同じ内容だった。猿払《さるふつ》のデータを利用していた」といい、「猿払のデータは仙法志が以前おこなった調査結果そのもの」であり、「そんなことはナマコを獲っていたらわかる」と断言する。

資源保全に関して、仙法志漁協は積極的に対応していきたい、という。青森への視察で「ヒトデがナマコの天敵」ということを聞き、桁網のなかに入ってきたヒトデを海に捨ててはいけない、と指導するようになった。(6)

写真4-6　刺の数も高さも抜きんでた宗谷のマナマコ（2006年4月）.

現在、仙法志の桁網漁船は一一艘である。二〇〇四年までは一〇艘であったが、二〇〇五年から一艘増えた。新規に着業した五〇代前半の男性には、子どもが三人いて、お金も必要だろう、ということで漁協からなまこ部会に新規加入をもちかけ、なまこ部会で了承されている。

以前は漁獲制限がなく、オープンに獲っていた。一九九九年に漁獲量を五〇トンに制限したのと一〇艘に船数を制限したのは同時であった。それ以前は一二艘で操業していたが、ひとりが他界し、ひとりは歳をとったため引退した。組合からの依頼でもあるし、同組合員としても漁船漁業を育てていく義務もあるし、ナマコの価格も上がってきたこともあり、一艘での操業となったのである。

調査中に漁協職員の家庭に不幸があったことがあった。その時は快晴で海も凪《な》いでいたが、葬儀のために同じ地区に住む三名が操業できない、という理由で部会として休漁にした。部会とは、「行動をともにするための組織」だという。もし、五〇トンという上限がなかったら、個人が自由に操業できるようになってしまう。この五〇トンは、部会員全員が等しく利用しなくてはいけない、とあるナマコ漁師は説明する。

三 利尻島小結――培われた「地域力」

以上、北海道利尻島の鴛泊のナマコ漁師と同島仙法志漁協の資源管理の取り組みを紹介した。利尻島は、日本にあまたあるナマコ産地のひとつにすぎない。とはいえ、利尻のナマコは北海道もののなかでも高品質であることで知られている。たしかに江戸時代後期からの産地ではあるが、利尻が現在のようなナマコ産地としての地位を確立したのは一九八〇年代中頃からのことである。その陰には業者からの執拗な注文に応えてきた漁業者たちのプライドが存在するといってよい。そして、漁協内でどのような議論があったのか、今後の検討が必要であるし、意見の分かれる点だと思われるが、あらたな漁業者の新規参入を漁協となまこ部会とが共同して管理している点についても、自主管理の一例として評価できるのではないだろうか。

つまり、ナマコを排他的に利用できるのは、組合員のなかでも、価格の安かった頃から仙法志ブランドを築いてきた人びとの「当然の権利」とされているのである。もっとも、これはナマコ桁網漁のことであって、磯舟によるタモ網漁は、漁業者全員にひらかれている。もともと利尻は、コンブにしろウニにしろ、磯物資源に依存する傾向が強い。ナマコも定着性沿岸資源である。コンブやウニで培われた「地域力」が、ナマコにも応用されているものと考えるべきであろう。

このように地域社会における自主管理の試行錯誤はつづいている。みずからの経験にもとづき、漁業調整規則の変更を模索している点については、行政側も迅速に対応すべきであろう。とはいえ、道の関係者によれば、かつて現行の調整規則が策定された際には、宗谷海区の多くの漁民がナマコの加工をおこなっており、ヨモギはもとより天気がよく乾燥に適した七月と八月を漁期からはずすことが問題視されたという経緯もあるようである。しかし、漁業者みずからがナマコの加工をおこなわなくなった今日、あらたな調整規則の策定に舵をきるべきではなかろうか。

四　沖縄におけるナマコ利用例

次に北海道から飛んで、舞台を沖縄に移そう。第5章で後述するように、中国の清代に爆発的に生じた需要をまかなうため、

写真4-7　磯舟漁.
コンブを獲っているところ（仙法志, 2003年7月）.

日本や東南アジアから中国へ乾燥ナマコは輸出された。当時の琉球王国から清朝への朝貢品にもイリコ（乾燥ナマコ）は含まれていた［松浦 2003］。刺参（刺のあるナマコ）の一種であるバイカナマコ（*Thelenota ananas*）（写真10－3）は通常、沖縄ではガジュマルとして知られているが、宮古列島の伊良部島《いらぶじま》・佐良浜の古老からは、このナマコを「中国人の食べるナマコ」という意味で「シナビトゥ・ヌ・ファウ・スッツ」（唐人・の・食べる・ナマコ）とよび、以前は採取し、加工していたとの話を聞くことができた。ところが、バイカナマコは刺の加工がむずかしいといい、加工する人がいないため、現在は採取していないという。

二〇〇二年のワシントン条約問題以降、わたしは東南アジアだけではなく、類似種が生息する沖縄のナマコにも関心を抱いてきたが、地域差もあり、情報のソースもかぎられていたこともあり、ナマコの生産についての情報はなかなか集まらなかった。このような経験から、熱帯産ナマコの価格が相対的に低いため、わたしは沖縄ではナマコの利用はみられないと考えていたし、沖縄の島じまを訪れた際に方々で訊ねてみても乾燥ナマコ加工を目的として採取する例はみいだせなかった。

とはいえ、ナマコの利用例は散見できた。たとえば、宮古島の市内のスーパーでは湯がいたナマコを販売していた。すでに切り身で販売されていたため、種の同定はむずかしいが、ハネジナマコ（*Holothuria scabra*）かフタスジナマコ（*Bohadschia vitiensis*）だと思われる。宮古島の狩俣《かりまた》地区では、大潮の時には「オカズ獲り」としてみずから海に出向くというオジイから、ニラと一緒に炒めると美味しい、と聞いた。豚のゼラチンも美味しいけど、ナマコのゼラチンはあっさりしていていい

図4-4 南西諸島位置図

中国
東シナ海
大隅諸島
屋久島
種子島
薩南諸島
(鹿児島県)
トカラ列島
奄美大島
徳之島
沖永良部島
与論島
奄美諸島
琉球諸島
(沖縄県)
粟国島
久米島
那覇
沖縄島
慶良間列島
沖縄諸島
尖閣諸島
大東諸島
台湾
下地島
多良間島
伊良部島
宮古島
八重山列島
与那国島
石垣島
宮古列島
西表島
沖大東島
太平洋

らしい。また、那覇市の居酒屋ちゅらさん亭では、店主の出身地である粟国島《あぐにじま》から湯がいたイシクロイロナマコ(*Actinopyga lecanora*)を冷凍したものを仕入れ、店で戻して炒めたり、酢ナマコとして給仕し、好評を博している。

そして、沖縄市泡瀬の双葉中食では、クリイロナマコ(*A. mauritiana*)などのナマコの粉末を麺に錬り込んだ「しっきり麺」を製造してもいる。みたところ、ふつうの沖縄そばであるが、食べてみるとコシがあって美味しかった。双葉中食によると、もともとはイラブウミヘビの加工をしていたが、事業の多角化の一環としてナマコ(シッキリ)を用いた食品の開発を模索した、という。ナマコといえば、子どもの頃、お嫁さんに行く時には麻袋いっぱいのイリコ(乾燥ナマコ)を持っていったものだと聞いていたというし、みずからもよく食べた、という。とくに沖縄で「あしてびちぃ」として親しまれている豚足の醤油煮でも、大人が豚足を食べるばかりで、子どもが口にできたのは一緒に煮込んだナマコだけであった、と笑っていた。

写真4–8
宮古島で食べられている茹でナマコ.

写真4–9
那覇市のちゅらさん亭の酢ナマコ.
茹でたイシクロイロナマコを使っている.

写真4–10　双葉中食のしっきり麵.

沖縄の全島で調査をしたわけではないので断定はできないが、県の水産関係者の話を総合しても、近年までは沖縄ではナマコは未利用資源であったと言ってもよいであろう[7]。それは、本土のマナマコ(*Stichopus japonicus*)と異なり、熱帯産ナマコの価格が相対的に低かったため、割に合わないと判断されていたためである。

ところが、近年の価格上昇を受け、ビジネスとして採算が合うようになってきた[赤嶺 2006a]。その代表が、刺参に分類されるシカクナマコ(*S. chloronotus*)である。わたしが知るかぎりでは、このナマコの加工は二〇〇五年末にはじまっている。

このナマコはシカクナマコと呼ばれるように四角ばっており、疣足《いぼあし》も立っている。砂地や藻場の浅瀬を好むナマコで、沖縄以南の熱帯域に生息する。英語ではグリーンフィッシュ(greenfish)、沖縄ではクロミジキリなどというように深緑がかった色をしている。生の場合はそうでもないが、干した製品は、大きさといい、形状といい、わたしたちになじみのマナマコにそっくりである(**写真4-11参照**)。

写真4-11　マナマコ(*S. japonicus*, 上)とシカクナマコ(*S. chloronotus*, 下).いずれも乾燥もの.

写真4-12　シカクナマコ. 砂地を好む.

シカクナマコの生息地は、モズクが好む環境でもある。実際、シカクナマコは、モズク養殖の網に張りつく害虫で、モズク漁師にとっては、網からシカクナマコをはずすのが一苦労であるらしい。

わたしがインタビューしたAさん（一九六七年生まれ）は、漁船を持つわけでもなく、干潮をみはからって車を走らせ、浅瀬を三〇分から一時間ほど渉猟するだけである。一時間にだいたい一八〇〜二〇〇尾のシカクナマコの収穫がある。それを庭先で加工し、インターネット・オークションを利用して、一キログラム単位で販売している。

Aさんがシカクナマコの加工をはじめたのは、まったくの偶然である。カツオ遠洋漁業に従事していた父が、パプア・ニューギニアの東に浮かぶソロモン諸島で台湾人がナマコの加工をしていたのをみて、沖縄でもできないか、とかれにすすめたのだという。

Aさんは、しかし、専業漁師ではない。ふだんはフリーランスのケア・マネージャーとして働いている。だから週に一、二度、操業するだけである。当初は思ったとおりの価格で売れず、やめてしまおうかと考えたが、加工技術が向上するにつれ、キログラムあたり一万円でも買ってくれる客が出てきた。実際、在庫処分のつもりでやけになって価格を一万円に設定したところ、翌日に注文が来てAさん自身がびっくりしたという。そして販売後も「クレームが来たらどうしよう」と不安であったが、それも杞憂に終わった。

現在は、一〜二カ月ごとに一キログラムずつ購入してくれる顧客を複数名もつまでにいたっている。そのなかのある顧客によると、「色と形が品質の決め手で、黒くて真っすぐで、ねじれのないものが理想的」といい、「刺もツンツンしたものがよい」のだそうだ。だからAさんは刺をなるべく立たせるように乾燥している。また、ステンレスで加工するとどうしても茶色っぽく仕上

写真4-13　庭先で乾燥中のシカクナマコ.

がるため、鉄釜をさがしたが売っていなかったと悔しがっていた。

Aさんのもとには、トン単位で生産できないか、との問屋からの問い合わせも舞い込んでくる。しかし、Aさんは自分にはそんなに多くのシカクナマコを獲って加工する能力はない、と断っている。それだけの量を獲ること自体、かなりの労働力を必要とするし、第一、そんなに採取したら小さな漁場の資源はどうなるのだろう、と心配するからである。二年近くシカクナマコを獲ってきたAさんは、資源量そのものが減っているとの印象はもっていないが、シカクナマコの大きさが小さくなってきたように感じている。もっとお金を稼ぎたいとは思うものの、丁寧に加工するからこそ良い価格で買ってくれる客がついてくれること、量で勝負するのであれば、圧倒的に人件費も安く、かつ資源量も多い東南アジアや南太平洋諸国の生産者たちと価格競争しなくてはならないことをAさんは自覚している。

品質管理に関していえば、Aさんは、製造過程でしくじったB級品は現在のところ自家消費にまわしているが、B級品はB級品として廉価で販売するか、みずから戻して「もどしナマコ」として販売するかいなかを思案中である。県内の中国料理店もシカクナマコに関心を示してくれてはいるが、「戻すのに一週間程度が必要」というと無理だと断られた経験があるからである。いずれにせよ、資源の有効利用を心がけたい、という。

五　沖縄小結――あらたなコモンズ創生の模索

以下、沖縄のナマコ資源の開発と管理について考えてみよう。

シカクナマコは、これまでに沖縄で食されてきたハネジナマコやイシナマコ、フタスジナマコなどと異なり、地元で消費されることはない。島じまでオジイやオバアにしつこく訊ねてまわったが、だれもシカクナマコが食べられるとは考えていないようである。つまり、シカクナマコは乾燥ナマコに加工してはじめて食材となるわけである。

Aさんによれば、日本産マナマコの乾燥品の価格が高くなりすぎたため、マナマコを敬遠した国内の中華料理店から、マナマコの代用品としてシカクナマコに注目が集まるようになったらしい。これが事実であれば、シカクナマコは輸出用というよりも、国内市場用ということになるが、実際のところは明らかではない。というのも、香港の問屋も、積極的にシカクナマコを求めているからである。

わたしがAさんと仮名を用い、島名も伏せるのにはわけがある。Aさんの競合者はいまだ出現していないが、ナマコ・バブルの今日、いつ参入者が出てもおかしくない状況にあるからである。これまでのAさんの苦労を尊重し、詳細は明かさないことにしたのである。もっとも、資源があったとしても、すぐ活用できるわけではない。その理由として、①加工の技術、②販売ルートの開拓、③取扱量の三点が考えられる。

たとえば、バイカナマコは大きすぎて刺をきれいに立たせるのはむずかしいことは先述したとおりである。山口県で乾燥ナマコを製造する加工業者によれば、二〇〇七年六月頃に沖縄県の業者からバイカナマコ加工の依頼がきたが、価格面で折り合いがつかず、断ったことがあるという。Aさん自身、より高い付加価値をつけるため、いろいろと工夫してきた結果、自分でも納得できる価格で売ることができるようになったのである。

また、モノがあったとしても、販売ルートをもたなければビジネスは成立しない。Aさんの場合は、インターネットという時代の波にのれたことが成功の要因だといえる。このことと関連してインターネット・オークションの場合、トン単位や一〇〇キログラム単位ではなく、一キログラム単位で販売できることも特徴的である。したがって顧客も問屋ではなく、必然的に小売店と料理人である(もっとも、インターネット・オークションという性質上、Aさんも顧客の詳細は知りえていない)。そして、少量を丁寧に加工するから、量で勝負してくる東南アジアや南太平洋との産地間競争にも対抗し、資源への過度な捕獲圧を回避できるのである。

兼業漁業としてAさんがケア・マネージャーのかたわら小規模にシカクナマコを採取するケースと、北海道の漁師や東南アジアでナマコ漁に従事するダイバーたちを同列にあつかうことには無理があるかもしれない。しかし、Aさんのケースは、ナマコ食文化の多様性とその裾野の広さを物語る事例といえるであろう。

次に、経済効果は別として、ナマコ利用の効果を一点だけつけくわえておこう。それは、古老と青年との交流である。乾燥ナマコの加工にあたり、Aさんはいろんなオジイやオバアに昔のことを訊ねてまわったという。また、あらたにシカクナマコ事業を企画中のB漁協では、青年部が中心となって、かつてナマコ加工をおこなっていた古老たちの意見を参考にして独自に技術の復興に取り組んでいるという例もある。やや理想像にすぎるかもしれないが、「みんなで資源を利用していきましょう」というのだ。

「みんな」とはだれか？　漁業者のみをさせばよいのだろうか？　いや、そうではないだろう。これは、地域レベルで考えた場合、これまで「切れ」ていた、さまざまな関係者間の交流をうみだし、サンゴ礁の利用を軸にした、あらたなコモンズ創生を模索する試みとなりうるはずである。事実、B漁協の場合、県から派遣された水産業普及指導員や水産関係の試験場とも共同しながら、計画を進めているところである。地域内の年配世代と青年世代の交流のみならず、ややもすると、サンゴ礁利用をめぐって対立さえしかねない地域外から参画する人間たちも含まれよう。

地域おこしは、スローガンを唱えるだけでは無意味である。とにかく試行錯誤を覚悟で行動していくしかない。ナマコからはじまったサンゴ礁への関心が、いろんな関係者に共有されていけば、サンゴ礁を軸としたあらたな地域おこしへとつながるものと考えている。逆説的に聞こえるかもしれないが、サンゴ礁の危機が叫ばれている今日だからこそ、まさにサンゴ礁の多面的な利用が求められているのである。オジイやオバアとともに、浜で漁《すなど》ることから、イノー（サンゴ礁湖）のもつ潜在力を再評価していきたい。

六　むすび――資源管理とコモンズ

本章では、日本のナマコ利用の事例として、北海道の利尻島と沖縄のシカクナマコ利用について報告した。北海道の事例では、日本一、すなわち世界でもっとも高価なナマコが生産される名産地のナマコ漁も、伝統を引きつぎつつも、時代状況によって左右されてきたことを報告した。なによりも特筆すべきは、もともと品質のよいナマコを生産することに飽き足らず、鮮度保持や規格に注意を払い、ブランド品として育ててきたなまこ部会の努力であろう。漁師にかぎらず人間は、市場圧力に弱いとされるが、みずからの資源を守っていく強い意志のもと、資源管理を推進する人びとの努力は賞賛すべきではないだろうか。

また、沖縄ではじまろうとしているシカクナマコの生産加工も、青年部主導のあらたな試みとして注目できよう。ここでも鍵は、「みんなの資源」という発想である。

註

（1）二〇〇八年一〇月に四漁協は合併した。

（2）鶴見良行は『ナマコの眼』［鶴見 1990］を書くにあたり、一九八五年と八六年に利尻島を訪れた際、ナマコ漁をはじめたばかりの吉田夫妻のインタビューを記録している［鶴見 2004］。また、吉田さんは、一九九〇年代半ばからコンブ加工もはじめた。理由は、①その頃はナマコの価格も安かったし、②歳をとってからもできることをさがした結果、コンブ加工を思いついたのだという。

作業の大変なコンブの養殖はやっていない。

(3) キンコとは、キンコナマコ(*Cucumaria frondosa*)という和名をもつナマコではなく、日本各地で使用されている乾燥ナマコの呼称である。ナマコの名称については第5章冒頭を参照のこと。

(4) 利尻町産業振興課で記録を調べた結果、ムラサキウニ深浅移植放流事業(=移植放流事業)の記録は、一九七五年から存在することがわかった。漁業者から一粒単位で購入したが、その費用は利尻町と組合で半分ずつ負担した。この事業は現在も潜水夫を雇用して継続している。放流事業は、ムラサキウニのシーズンが終わった九月末から一二月初旬までおこなわれる。水深一〇~一五メートルで獲って、五~六メートルの水深の漁場に放流する。ちなみに二〇〇五年度の予算は、沓形漁協のみが実施予定で、一五万粒であった。一粒四〇円で買い取るため、六〇〇万円に消費税三〇万円の合計六三〇万円が必要となる。そのための経費として、利尻町は半額の三一五万円を計上している。

(5) 仙法志近海で「大きい」サイズといえば、三〇〇~五〇〇グラムのものである。陸《おか》(沿岸)のナマコは疣《いぼ》もとがっていて、魚体も大きく、色も黒いし、肉も厚いが、沖のナマコは肉が厚かったり、薄かったりしてばらつきがある。また、沖のナマコのほうが赤味がさしていて、身もやわらかい。

(6) ヒトデはウニの天敵でもあるため、仙法志漁協はウニ漁に従事する漁業者に対して、操業者が七五歳以上の場合は三〇個、七五歳未満は一〇〇個のヒトデ採取をノルマとして強制している。ノルマが達成できない場合には、一個一〇〇円で差額分を徴収している。反対にノルマを達成した場合には、超過分を一個一〇円で買い取っている。同漁協職員の米脇博さんは、「何が効果的かはわからないが、よい、と聞くことはすべてやってみる」という。

(7) 二〇〇七年三月九日付けの『琉球新報』(夕刊)には、「糸満市の沖縄中央魚類が二〇〇五年から乾燥ナマコの試作に取り組み、二〇〇六年一二月から二種を輸出するようになった」と報道されているが、残念ながら種名は不明である。

III

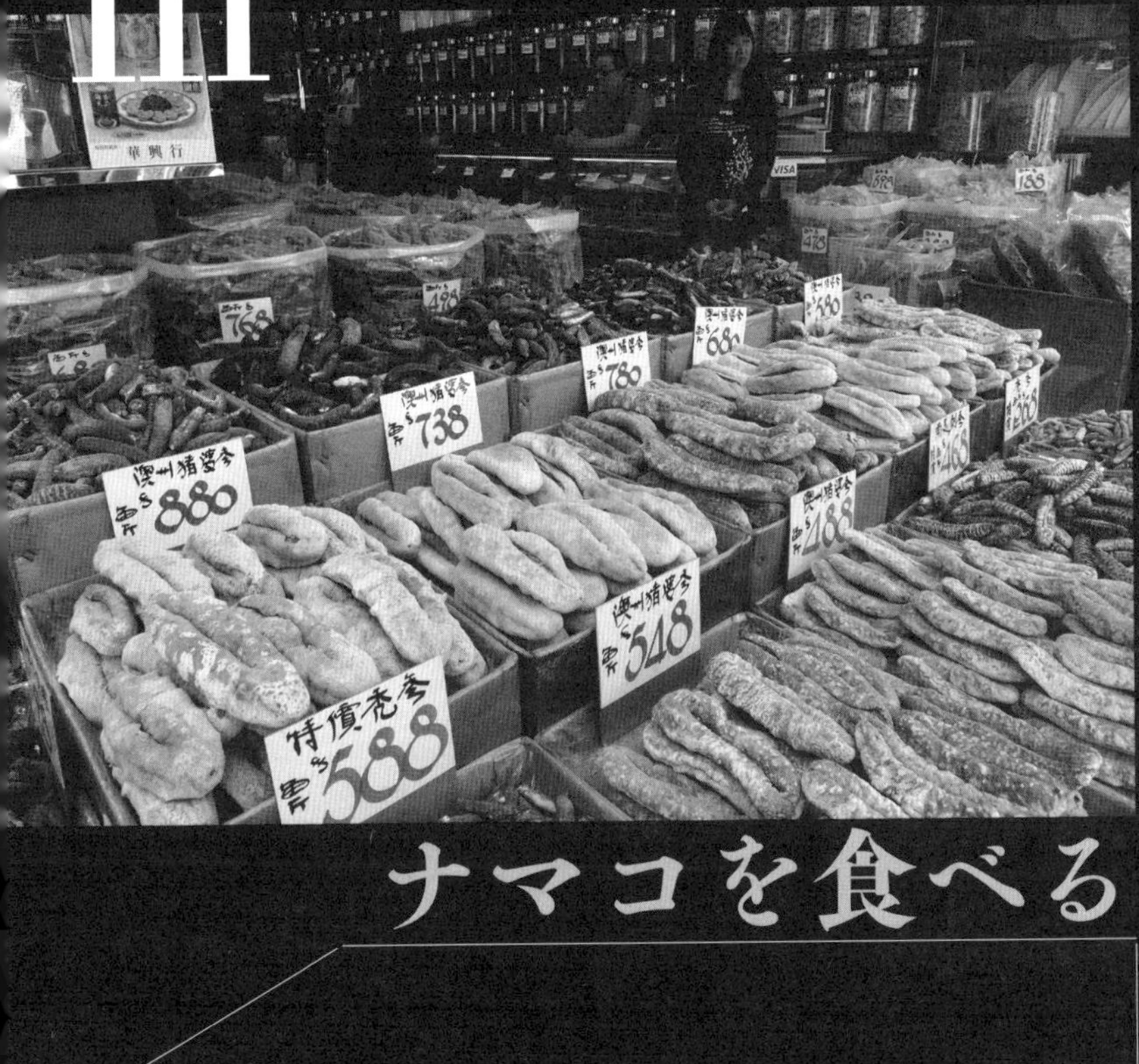

ナマコを食べる

香港の小売店店頭
（オーストラリア産の乾チブサナマコほか）．

第5章 イリコ食文化

歴史と現在

はじめに

世界で知られる一二〇〇種ほどのナマコのうち、現在、四四種ほどが食用として利用されている[Bruckner ed. 2006]。そのうち温帯に生息するナマコでは、マナマコ(*Stichopus japonicus*)を筆頭にオキナマコ(*Parastichopus nigripunctatus*)、キンコナマコ(*Cucumaria frondosa*)、ニュージーランドナマコ(*S. mollis*)など数種が利用されているにすぎない。他方、熱帯のナマコは多様であり、東南アジアから南太平洋にかけての海域では少なくとも三〇種のナマコが乾燥品に加工されている[Bruckner ed. 2006]。

ナマコは体重の約九〇パーセントが水分である。そんなブヨブヨしたナマコをカチカチの乾燥ナマコに仕上げるには、煮たり、燻《いぶ》したり、天日に干したりして水分を抜かねばならない。汁がなくなるまで煮つめることを煎熬《せんごう》というが、ナマコを煎熬して水分をとばし、乾燥させたものを日本史ではイリコ（煎海鼠・熬海鼠）とよぶ。[1]

しかし、現在、漁業者や加工業者・流通業者たちは乾燥ナマコを「キンコ」とよんでいる。キンコという名称を聞いたのは、日本で調査をはじめた一九九九年四月、瀬戸内海でのことであった。内心、「わかってないなぁ。イリコっていうんだけどなぁ」と思いつつも、インタビューをつづけたことを思い出す。

ところが、その後、北海道や青森でも乾燥ナマコをキンコとよぶことを知り、「現場に学ぶ」というフィールドワークの基本に忠実でなかった自分を反省したものである。

とはいえ、ややこしいことにキンコは、同名のナマコ（キンコナマコ）も存在するし、それらのナマコを根室ではフジコとよんでいたりする（さらにややこしいことには、フジナマコ（*Holothuria decorata*）という別種も存在しているが、このナマコは食用されない）。混乱を避けるため、本報告では乾燥ナマコに「イリコ」を用い、「干ナマコ」や漢語の「海参《ハイシエン》」と同義に使用することにする。

一　日本列島と朝鮮半島のイリコ食

一般にナマコを食べる文化は、日本や韓国のように生（刺身）で食べ

写真5-1　フジナマコ（*H. decorata*）．刺はあるものの，現時点では商品化されていない（佐渡，2008年）．

る文化と、中国のように一度乾燥させたものを水に戻して調理する食文化とに大別できる。シイタケと干シイタケが異なる食材であるように、ナマコとイリコも異なる食材である。

中国料理では、干シイタケやイリコのような乾燥食品を総称して「乾貨《ガンフオ》」とよぶ。日本における中国料理研究の第一人者で『乾貨《かんぶつ》の中国料理』の監修者である木村春子は、中国料理の特徴のひとつに、①料理素材のなかに乾貨の占める割合が多いこと、②しかも生鮮素材がないため仕方なく乾貨で我慢するのではなく、積極的に乾貨料理としてその特性を生かして使いこなしていることをあげている［木村監修 2001:4］。

乾貨は、元来、飢饉に備えた保存食の性格もあったと思われるが、乾燥させることによって水分を除くと、腐敗を防げるだけではなく、かさを減らして運搬の便もよくなる効果が生じる。さらに、乾燥させることにより生鮮素材にはなかった別の旨味や感触が出てくる。強靭で弾力性のある口ざわり、なめらかな舌ざわりなどは中国人の好む触感であり、料理に複雑な味わいをもたらすことになる［木村監修 2001:4］。

本章では、乾燥ナマコ（イリコ）を中国料理における乾貨の文脈に位置づけることにし、特筆しないかぎり乾燥ナマコを考察の対象とし、それを用いる食文化を「イリコ食文化」とよぶことにする。

後述するように朝鮮宮廷料理でもイリコは多用されてきたものの、本書では、今日のイリコ食文化の広がりを、中国料理文化圏と限定したい。その中心は中国、香港、台湾、シンガポールであり、やや周辺的に韓国や日本、華人人口の多い米国やカナダ、オーストラリアなどが含まれる。

シンガポールにかぎらず、東南アジアには中国料理店がない都市はない、といってよいほどに多くの華人が生活しており、歴史的・文化的にも社会経済的にも華人の存在感は無視できない。華人人口の存在感の大きさは中華街を形成しているニューヨークやサンフランシスコなどでも同様であろう。しかし、中華街を形成していなくとも、中国料理店は世界中に存在している。第2章で述べたワシントン条約の交渉で訪れたスイスのジュネーブにも、大衆料理店から高級料理店まで多数の中国料理店があった。保護(保存)か利用(保全)かをめぐる交渉が難航し、交渉戦略の稚拙さを自省しつつも、相手方のしたたかさに憤りながら、ほっとできるのは中国料理であった。あのような状態でナイフとフォークなどを使っていては、食事も楽しめたものではない。箸で椀からご飯をかき込むスタイルに安堵したものである。

香港の輸出統計をみていると、数キログラム単位でブラジル(二五キログラム、二〇〇二年)やポルトガル(二〇キログラム、二〇〇一年)などに輸出されていたりするが、中華街の形成の有無にかかわらず、統計が示すように世界のあちこちでひっそりとナマコは消費されているにちがいない。したがって、ここでいうイリコ食文化圏は平面的な概念ではなく、伸縮自在なものだと理解してもらいたい。同様に、同文化圏の奥行きは、歴史的にも変遷しつづけている。

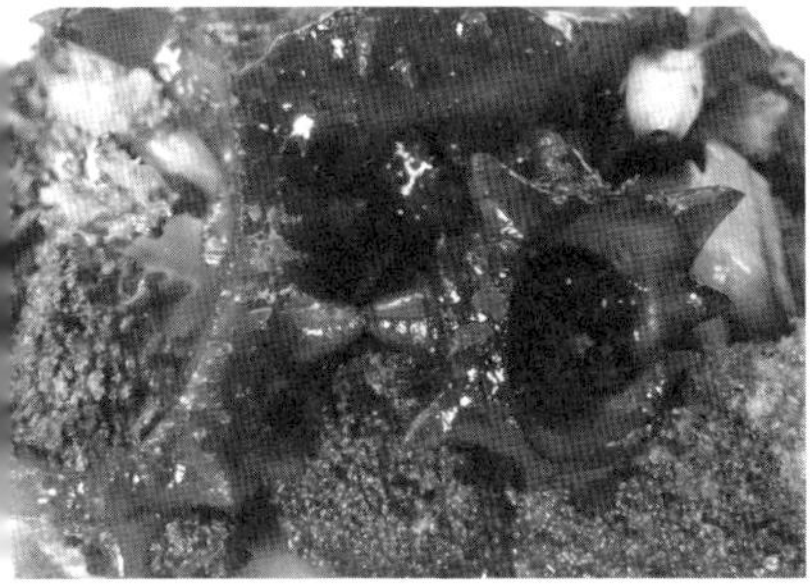

写真5–2
紅焼海参．広州市の広州酒家にて．

事実、今日のイリコ食文化は中国料理に限定してもよいが、歴史的にみると、かならずしもそうではない。日本列島では八世紀以降、贄《にえ》や調《ちょう》としてイリコが天皇に貢納されていたし[鬼頭 2004:120; 網野 2000:128]、一〇世紀初頭に編纂された『延喜式』でもイリコを散見することができる［澁澤 1992］。当時の調理法について食文化研究家の奥村彪生は、戻したイリコを塩や醤、酢などの調味料をつけて食べたのではないかと推測している［坪井監修 1985:71–77］。

門外不出として極秘に継承されてきた史料ではなく、「公刊」された料理書の草分け的存在である『料理物語』(作者不詳、一六四三年刊)には、イリコの用途として、汁、削り物、煮物、青和え、水和えの五種が記されている［平野訳 1988:26］。①汁物は、野菜や動物の干物などの味噌汁もしくはすまし汁の「あつめ汁」をさす［平野訳 1998:116］。②削り物は、花ガツオのように削って食べるもので、別名「そぎもの」ともよんだ［平野訳 1998:15］。奥村が仮定するように、戻したナマコを薄く削り、味噌などをつけて食べていたものであろう。③煮物は、雑煮のほか、繊《せん》にきざんだイリコを出汁で煮たものを「ぞろりこ」とよんだ［平野訳 1998:141, 180］。④青和えとは、米のとぎ汁に浸してやわらかくしたイリコの和え物である。たまり味噌と出汁を煮込み、茹でた青豆をすり潰し、裏を漉《こ》して、塩、砂糖、みりんで味付けしたものにイリコを和える、というように手の込んだ料理である［平野訳 1998:128］。⑤水和えは、なますの一種である。カツオ節に梅干を混ぜて酒に入れ、火にかけた調味料(煎り酒)に酢をくわえてととのえた［平野訳 1998:127］。これらは、いずれも茶会などのメニューとして供されるほどの高級料理であった[2]。

このように江戸時代の日本には、淡白ながらもイリコの豊富な調理法が存在していた。しかも、それは、イリコを肉類とともに油で炒めて調理する今日の中国料理とは異なるものである。なぜ、日本のイリコ料理は、衰退してしまったのだろうか。残念ながら、明確な理由はわかっていない。もちろん、江戸時代にイリコが中国（当時の清国）への輸出品とされ、幕府の貿易統制下におかれ、生産と流通が厳しく管理されたことが一因ではあるだろう。同様に明治期以降も富国強兵策の一環として、外貨獲得のため国内消費よりも対中国への輸出商品として位置づけられたこととも無関係ではないはずだ。

日本におけるイリコ食文化の変遷を考察するにあたり、朝鮮半島にイリコ食文化が存在していたことは興味深い。さまざまな研究によると、ナマコは地理を解説した『新増東国輿地勝覧』「土産条」（一五三〇年）に記載されているといい、遅くとも一五世紀には朝鮮半島沿岸域のほとんどでナマコが漁獲されていたことが知られている［尹 2005:424–425; 姜 2000:233–235］。

これらは、どのように消費されたのであろうか。ナマコだったのか、イリコだったのか。

この点について、『料理物語』とほぼ同時期に記された料理書『飲食知味方』（一六七〇年頃）で検討してみよう。本書は、両班という高級官僚身分の来客をもてなすための料理を記したもので、朝鮮半島南部・慶尚北道（図7–2参照）の高名な儒家である李時明家に伝わるレシピ集である。そのなかに「ナマコをあつかう法」も登場する［鄭編訳 1982:26–27］。

ここでのナマコは、乾燥させたイリコである。『飲食知味方』によると、「乾燥ナマコを真鍮釜の小さいものに入れてながく煮る。煮たものの腹を割って、はらわたを包丁で削りとり、よく洗ってからもう一度煮る。やわらかくなったら、雉肉《きじにく》、小麦粉、イワタケ、シイタケ、シメジ、マツタケなどを叩ききざんでつぶし、これに胡椒《こしょう》をきかして、ナマコの腹にいっぱいつめて糸でくくる。釜に水を入れておき、この釜に入るくらいの大きさの容器に、ナマコを入れる。鶏を蒸す時のように釜を熱くして蒸す。蒸し上がったナマコは、糸をほどいて、切って用いなさい」[鄭編訳 1982:26]と、戻し方も調理の仕方も具体的に指南されている。

また同書には「ナマコとアワビ」という項目もあり、「ナマコは包丁で割り、包丁の刃で中身をこそげるようにしてよく洗う。これをやわらかく煮て、半量はそのまま乾燥させ、半量は細かくきざんで乾燥させる。急いで用いねばならないような時には、大きいまま乾燥したものを水に戻し、大きくふくらんで原型くらいの大きさになったら、味をつける」とある[鄭編訳 1982:55]。乾燥ナマコがそれほど流通しておらず、乾燥ナマコは家庭でつくるものであったのであろうか。イリコを自家製造するゆえに、半分を通常の乾燥ナマコとし、もう半分をきざんで乾燥させることが可能となったと思われる。さらには、後者は、第7章で述べる現在の海参絲《ハイシエンスー》(細く切った乾燥ナマコ)に類似している点でも関心をそそられる。

李家にかぎらず朝鮮王朝期には、ナマコやアワビが宮廷料理にも多用され[金 1995, 1996]、宮中の宴会には海参煎(ナマコチヂミ)、海参蒸(ナマコの蒸し物)、海参炒(ナマコの炒め物)などの料理が供せられた[佐々木 2002:218]。朝鮮宮廷料理研究者の金尚寶が著書『宮中飲食』で四八種の宮廷料理を復元したなかに、料理名に「海参」の名称を冠したものとして海参湯(ナマコスープ)と海参煎の二品が収録されている。「海参」を冠してはいないが、同書にはナマコを用いる料理が一〇品も紹介されている(うちスープ五品、蒸し物二品、煎り物一品、炙り物一品、膾一品)[金 2004]。いずれもイリコを調理したものである。このように『宮中飲食』に収録された料理のほぼ五分の一にナマコが利用されていることは記憶に値する。

韓国では、刺身のたぐいをフェ（膾）とよび、トウガラシ酢味噌（チュコチュヂャン）をつけたり、これで和えたりして食される。魚や肉などを生のままで調理したセンフェ（生膾）と、材料をそのまま、もしくは粉をまぶしてから軽く熱湯に通して表面にある程度の熱をかけるスッケ（熟膾）の二種を区別する［全・鄭編 1986:56］。日本における朝鮮料理研究の第一人者である鄭大聲によれば、韓国でナマコは、「血圧を下げ、子どもの発育を助け、老人の健康によいもの、また強精剤にもなる」として愛食されてきたといい、ナマコのフェの場合、朝鮮半島南部ではセンフェが主で、北部ではスッケで食されることが多いといった地域差があるという［全・鄭編 1986:62］。

『飲食知味方』にも、「ナマコを水で直接煮る場合は、いったん煮たものを水に浸けておいてから切る。これを醤油と油をまぜて炒めて味つけして用いてもよいし、生鮮ナマコのまま切って、酢醤油につけて酒のさかなにしてもよろしい」とあるように［鄭編訳 1982:26］、乾燥ナマコのみならず、生鮮ナマコを調理することも少なくなかったものと思われる。しかし、金尚寶が『宮中飲食』で紹介する膾は魚膾と称され［金 2004:96–97］、戻したイリコを薄く切って、ほかの魚類の刺身とともに冷たくして食べるものである。この食べ方は、現代では韓国風中国

写真5–3　ソウルの南大門にある
乾燥海産物屋「東京食品」.
ここには韓国産のイリコもあった.

写真5–4　流三絲（キンコナマコ使用）.
手前（エビの右隣）が,
糸状にスライスされたナマコ.

料理の一種でもある「流三絲」とよばれる冷菜に継承されているようである。

二〇〇九年一月に短期間であるが、わたしはソウルを訪問した。現在でも韓国で獲れたマナマコを用いてイリコは作られているらしい。しかし、あくまでも宮廷料理用であり、「政治家の口にしか入らないほどに高価」だという説明を受けた。興味深いのは、ソウル市内にある中華街の食材屋ではフィリピンや米国、日本などから輸入されたイリコが販売されていたのに対し、韓国産イリコは、南大門市場で干アワビやカラスミ、スルメ、干エビ、海苔、銀杏などをあつかう乾物屋で販売されていたことである。

なお、朝鮮半島の人びとの食生活に欠かすことのできない食品がキムチと塩辛(ジョッカル)である。全羅南道だけで塩辛の種類は八〇種を超え、韓国全体で代表的なものだけでも三〇種以上は存在するという[石毛・ラドル 1990:119]。アジアにおける魚醬の分布を比較研究した石毛直道とケネス・ラドルは、韓国の代表的な塩辛をリストアップしているが、そのなかでも全羅南道と慶尚道からナマコの内臓の塩辛(いわゆるコノワタ)があげられている(3)[石毛・ラドル 1990:121]。

もちろん、コノワタは、日本にも存在し、珍味として愛好家も多い。青森県や北海道の加工業者によると、同海域に生息するナマコの腸をコノワタに加工しようとしても、すぐ切れてしまうため加工できないとのことであるが、瀬戸内海でコノワタ加工をおこなう業者によると、最近の減塩ブームのため日本国内でのコノワタの売れ行きは減少をつづけており、今後は韓国への輸出に力を入れていきたい、とのことであった。その一方で、新潟や根室などではコノワタとナマコの切り身を和えたものや、コノワタとホヤの塩辛をミックスした商品を開発したりして市場開拓に余念がない。

二　中国大陸のイリコ食――刺参《ツーシエン》と光参《クワンシエン》

四千年の歴史を誇る中国料理ではあるが、中国で乾燥ナマコ（海参、イリコ）の利用が普及したのは、一六世紀末から一七世紀初頭にかけての明末清初期と新しい［篠田 1974:290］。日本でいえば、ちょうど安土桃山時代から江戸時代初期に相当する。一六〇二年に編まれた『五雑組』によると、「海参は遼東の海浜で獲れる。一名を海男子という。その形状が男子の一物のようで、淡菜（貝の名）と対する。その性は体を温め血を補い、人参《にんじん》に匹敵するに足るもので、であるから海参と名づけた」とある［謝 1998:90］。これが、中国側の文献で乾燥ナマコの薬効について確認できる初出である［Dai 2002:21–23］。(4)

その後、イリコ食文化は清代に入って普及したとみえ、食通として有名だった文人の袁枚《えんばい》の著書『随園食單』（一七九二年）に登場する。袁枚は同書において、「いにしえの『八珍』（珍重される八種の美味なもの）には、海産物の話は入っていない。しかし、昨今は世間がこれを珍重しているので、わたしも大衆に従わざるをえない。そこで海産珍味の項を設けよう」［袁 1980:65, 1982:39］とし、燕窩《イエンウオ》（ツバメの巣）、魚翅《ユイチー》（フカヒレ）、鮑魚《パオユイ》（干アワビ）、海参（乾燥ナマコ）などを紹介している。(5)『随園食單』の記述から、以前は知られていなかった乾燥海産物が、一八世紀後半には全中国的に珍重されるようになっていたことがみてとれる。

事実、清代における宴会料理の格式の順は、第一位が満州文化と漢文化の粋を結集した満漢大席ともよばれる、仔ブタの丸焼きをメイン・ディッシュとする焼烤席《シャオカオシー》であったものの、以下、ツバメの巣を中心とする燕菜席《イエンツアイシー》、同じくフカヒレを中心とした魚翅席《ユイチーシー》とつづき、ナマコを主菜とする海参席《ハイシエンシー》は四番目の評価を得るほどであった[田中編 1997:454]。焼烤席以外は、いずれも乾燥海産物を主菜としているところも、『随園食單』の記述を喚起させる。

清初期にナマコが普及したことは、『本草綱目拾遺』(一七六五年)の記述からも明らかである(6)。中国の本草学史上、もっとも充実した薬学に関する著作とされるのは『本草綱目』(李時珍編、一五九六年)である。『本草綱目拾遺』は、編者の趙学敏が、文献を渉猟するかたわら漢方の採集・栽培の見聞と臨床経験にもとづき、『本草綱目』に所収された一六一種について記述を補訂するとともに同書に未収録であった七一六種を増補したもので、『本草綱目』以後の薬学書の集大成といわれる傑作である[鈴木 1988:552]。

ナマコは鱗介・蟲部にあてられた『本草綱目拾遺』第一〇巻の、蟲部の二番目に登場する。薬効について人参と比較した簡単な記述しかみられない『五雑組』とは異なり、同書には清代初期の書物である『閩小記』(一六六四年)や『百草鏡』(年代不詳)、『薬鑑』(年代不詳)などからの引用にくわえ、漢方医などの識者へのインタビューもまじえ、ナマコについての具体的な記述がみられる。重複する箇所も少なくなく、煩雑となるが、一般には入手しがたい書物であるので、主要な部分を以下に紹介しよう(7)。

『閩小記』……福建省あたりの海域には、白いナマコしかいない。大きさは手のひらぐらいである。それらは山東省・遼寧省海域に産するナマコと異なり、味が薄く、劣っている。薬として使用するには、遼海産のものがよい。刺のあるナマコを刺参《ツーシェン》といい、刺のないものを光参《クワンシェン》という。薬用には大きくて刺のあるナマコが適している。ナマコは海男子ともよび、粳（粘り気のないもの）と糯（モチモチしたもの）の二種類があり、黒くてモチモチしたナマコがもっともよい。強壮作用があり、腎臓に効く。

『百草鏡』……中国南方の泥質の海底にもナマコはいて、大きくて黄色をしている。刺がなくて硬い肉質のため、食用にされていない。地元の人は「海瓜皮」とよんでいる。瓜の皮のように硬くて食べることができないからである。しかし、豚肉と一緒に調理すれば、脾臓の保養となる。薬用には遼海産のナマコでなければならず、膏薬として用いるのがよい。

『薬鑑』……遼寧省あたりのナマコがもっともよい。（同海域産の）色が黒くて、肉がモチモチしていて、刺が多いものを遼参《リヤオシェン》もしくは刺参という。広東省あたりのナマコは広参といい、黄色い。福建省産のものは白く、肉はかたく、きめがあらいうえ、厚く、刺もない。そのため、肥皀参もしくは光参と名づける。浙江省や寧波《ニンポー》近海に産するナマコは大きくて肉がやわらかく、刺がないため、瓜皮参とよばれるが、品質はさらに劣る。

識者へのインタビュー

韓子雅の説は、こうである。「ナマコは東海(日本海のこと)に棲んでおり、大きさはそれぞれが異なり、表面はすべすべしていて、ナメクジのように自由に身体を伸縮できる。ナマコは海底にむれ、身体の動きはすばやい。ナマコを採る人は、まずオットセイ脂肪を搾った油を海面にたらす。すると、海水が透明となり、海底の様子がみえるようになる。そうしてナマコを発見するとただちに潜って採捕する。人が近づいてもナマコは逃げようとしない。採取後、ナマコの水をぬき、包丁で腸や胃をとってから、石灰につけて生臭さとぬべぬべ感を消し、乾燥させる。干すと一寸(およそ三センチメートル)弱となる。生の場合は、瓜の長さとほぼ同じく一尺(およそ三〇センチメートル)ぐらいである」。

蓬莱の李金什は、「遼東半島に隣接する登州(山東省蓬莱県)の海にもナマコがいて、評判がよい。地元の人はナマコが海底の大きな石の上に横たわっているので、水深が深いとナマコはみえない。そのため、ナマコを採る前にかならずオットセイ脂を用いる。潜水してナマコを採捕中に、人はよく鮫の被害に遭う。だから、ナマコはとても高価のものとされている。腸と胃を取り去り、灰につけて生臭さやぬるぬるしたものをとって乾燥させる。乾燥ナマコは灰の気配がよくする」と説明している。

『本草綱目拾遺』の記述から明らかになること

すでに述べたように『五雑組』には簡潔な記述しかみられなかったのに対し、「ナマコが逃げない」といった誤記はみられるものの、『本草綱目拾遺』には今日のイリコ食文化を考察するうえで無視できない点が具体的に示されている。この点について本書では以下に適宜、議論を展開していくが、ここでは、①刺参と光参の差異が明示されていること、②遼東海域産のナマコの薬効がもっとも高いと考えられていること、③刺の有無のみならず、黒と白、糯と粳といった対照性が示されていること、④乾燥させる際に石灰もしくは灰を用いること、の四点を指摘しておきたい。

三　イリコ食文化の拡大

清代に爆発的に拡大するイリコ食文化について鶴見良行は、過去二回の変遷を経て段階的に形成されたと想定している[鶴見 1999:351-352]。もともとは、山東半島から遼東半島、朝鮮、沿海州にいたる東北アジア沿岸部に救荒食品あるいは保存加工食品としてイリコが加工されていたところに、外来の道教医学と狩猟遊牧民族の獣肉食文化が結びつく。これがイリコ食文化の第一段階である。道教と接触したことで、イリコは救荒食品から不老長寿の仙薬と認識されるようになった。次の段階は、一四世紀の元朝末期にイリコ食文化が漢人によって洗練されていった時期である。この助走期間を経て、清代にイリコ料理は宮中において海参席として認知されるまでの地位を獲得するにいたり、イリコ食文化の第三段階の開花となったのであった。

イリコ食文化の起源が、山東半島から遼東半島、朝鮮半島、沿海州にいたる東北アジアに起源があったとする鶴見の仮定は、的を得ているように思われる。八世紀の日本列島で贄や調として納税されたイリコも、おそらくはこの系統に位置づけることができようし、朝鮮王朝の宮廷料理にイリコが多用されるのも、このことと無関係とは思えない。

これに関して、朝鮮料理研究家の佐々木道雄は意味深長な指摘をおこなっている。佐々木によると、『芝峯類説』(一六一三年)に「我が国(朝鮮)では以前、海参を泥と言うが、中国人はこれを見たことがないと言っている」と記載されているといい[佐々木 2002:215–216]、現在のイリコ食文化の中核に君臨している中国の存在感がぼやけてくるのである。さらに、一八一四年の『茲山魚譜』にも、「ナマコは我が国(朝鮮)の東・西・南の海の、ほとんど何処にも棲息する。これは捕まえて乾かして売る。アワビ、イガイ、ナマコは三貨と言うが、古今の本草の本にはこの三貨がどれも記載されていない。……大体において、海蔘の使用は朝鮮から始まったということができる」との記述がある[佐々木 2002:216]。つまり、『芝峯類説』や『茲山魚譜』の説に従うと、乾燥ナマコは朝鮮を起源とし、朝鮮から中国へ伝播したということになる。

わたしたちが稲作文化の起源さがしに熱心なように、この種の起源探索作業には、ある種のロマンが付随する。しかも、文化のルーツさがしは古ければ古いほど、それだけで貴重なもののように感じられるから、余計にやっかいである。『茲山魚譜』や『芝峯類説』の著者が、どのような意図でこれらの文章をつづったのか定かではないが、この種のロマンさがしはバランスをくずすと、狭窄なナショナリズムとも融合し、あやうい議論にもなりかねない。

二〇〇八年一一月に大連市で現地側研究者と交流した際のことである。現地の高名な水産学者から、「中国の文献に海参が出てくるのは、あなたが言うように、たしかに『五雑組』が最初であ

図5-1 中国地図

ロシア連邦
モンゴル国
沿海州
黒龍江省
ハルビン
長春
吉林省
内モンゴル自治区
遼河
瀋陽
遼寧省
日本海
北朝鮮
北京
北京市
遼東半島
渤海
大連
寧夏回族自治区
黄河
河北省
天津市
天津
長島
蓬莱
山東半島
韓国
山西省
済南
青島
黄海
青海省
陝西省
山東省
甘粛省
西安
河南省
江蘇省
上海
安徽省
南京
上海市
乍浦
湖北省
武漢
杭州
寧波
東シナ海
四川省
重慶市
長江(揚子江)
成都
重慶
浙江省
太
湖南省
江西省
福州
貴州省
福建省
台北
厦門
台湾
平
広東省
雲南省
広西チワン族自治区
広州
香港
マカオ
香港特別行政区
マカオ特別行政区
ベトナム
茂名
洋
トンキン湾
ラオス
海南省
海南島
南シナ海
フィリピン
タイ

る。しかし、中国にはそれ以前からナマコを使う文化があった」と指摘されたことがある。「あなた」とはわたしのことで、二〇〇三年に大連で開催されたＦＡＯのワークショップでわたしが発表したイリコ食文化についての論文［Akamine 2004］への批判なのであった。

もちろん、『五雑組』が初出だからといって、わたしは、それ以前の中国に乾燥ナマコがなかったと主張したつもりはない。第一、中国文学者の中山時子によると、「海参」の名称が文献にあらわれるのは、元代の『飲食須知』だというから［中山監修 1988:353］、少なくとも清代以前の中国でもナマコは知られていたことになる。理由はともあれ、『五雑組』以前の本草書には、編集者の都合でたまたま収録されえなかっただけだ、という理解もなりたつ。

そもそも、わたしが研究手法とするフィールドワークの対象は現代である。しかし、現代を理解するためには、「いま」を包摂する過去を可能なかぎり把握する必要がある。同時に、すべての歴史事象が記録に残っているわけはないのだから、「いま」に生じている断片的な事象をつなぎあわせて過去を再構築しうるデータの提供も可能だと考えている。

具体的にいうと、わたしの関心はイリコ食文化の起源そのものではなく、清代以降の中国で爆発的に生じたイリコ需要が、①日本や東南アジアを中心とする周辺海域にどのような影響を与え、②これらの海域社会は異郷で生じたナマコ需要をどのように取り込んできたのか、③さらには需要と供給の相互作用がおりなして推移してきた海域史（エスノ・ネットワーク形成史）の叙述にある。ＦＡＯで発表した論文も、この方向性で書いたものである。

もっとも、このような壮大な作業の端緒についたばかりであり、まだまだやるべき仕事は山積しているが、このもくろみの実践的な意義と展望については、第10章で一八世紀にインドネシアで流布していた「日本なまこ」という名称にもとづき検討してみたい。

たしかに、その後一〇〇年足らずのうちに日本や東南アジアを含む周辺海域でイリコの生産が活発化したことを斟酌すると、明清交代期に刊行された『五雑組』にナマコの記載があることは、一七世紀のアジアに緊密な資本と情報、物流の流通圏が形成されていたことを想起させてくれ、「海域アジア近現代史」の再構築を将来的にもくろむわたしの知的関心を刺激してくれる意味で都合がよいことではある。とはいえ、このためにわたしが『五雑組』の記述を悪用しているのでは決してない。率直に『五雑組』以前の編者たちが留意しえなかった可能性を残しつつも、だからといって、なにも根拠を示さずに「中国における乾燥ナマコの利用は千年を超える」とする俗説だけは、無条件で受容するわけにはいかない。

古くから存在することと、そのことに優劣をつけることは峻別されるべきである。くだんの水産学者は、日本の奈良時代の税金を記した木簡に、伊勢国と能登国から乾燥ナマコを意味する「煎海鼠」が散見される事実をどう処理するつもりであろうか。

『日本の古代3　海をこえての交流』〔大林編 1986〕などが明らかにした、当時の大陸・半島との頻繁な往来を考慮すると、日本列島に存在したものが、中国大陸や朝鮮半島に存在しなかったとは、わたしには考えにくい。同時に佐々木が紹介するように、朝鮮がイリコ食文化の故地だという意見にも留保しておきたい。日本列島よりも文化的にも経済的にも中国と関係の深かった朝鮮半島において、食文化という伝播しやすい領域で中国的なるものと朝鮮的なるものとのあいだに厳格に線をひくことに躊躇する立場をとるからである。起源は、なにもピンポイントで求める必要はないのではないか。

わたしの理解は、鶴見のように遼東から朝鮮半島、沿海州、日本列島にかけてイリコ食文化圏が成立していた、というゆるやかなものであり、それが一七世紀以降、当時の清において独自の発展をとげ、現在の中国においても継承され、広く乾貨料理の多様化に貢献している、というものである。

四　北京料理と広東料理——温帯産ナマコと熱帯産ナマコ

『本草綱目拾遺』にもあるように、たしかに中国におけるイリコ食文化の中心は、山東省や遼寧省を中心とする遼東海域である。山東料理をベースとする北京料理にも、当然、多くのナマコ料理が存在する。では、そのイリコ食文化は一様なのであろうか。

当然、広大な中国のことである。ナマコの利用にはさまざまな地域性がみられる。たとえば、上海では、現地で大烏参《ターウーシェン》とよばれる熱帯産の *Actinopyga echinites*（トゲクリイロナマコ）が人気である。上海でナマコといえば、これ以外にない、と断言してもよいくらいである。

そして、この大烏参といえば、蝦子《シャーズ》大烏参という料理に決まっている。これは、戻してふわふわ、とろとろになった大烏参に黒くて甘酸っぱいソースをかけ、その上に乾燥したエビの卵塊をほぐしてちらしたものである。黒いソースの上にオレンジ色の小さな点がちらばっていて、視覚的にもきれいである。

一九九七年から台湾で、カラー写真をふんだんに用いて中国各地の名物料理を収録した豪華本シリーズが刊行されている。その第二集『名菜精選2——江浙、湘、京輯』にも、もちろん「蝦子大烏参」も紹介されている［傅 2000:76–77］。その説明によると、「蝦子大烏参は、一九二〇年代末の上海でもっとも人気のあった料理である。この料理は、上海徳興館レストランのシェフによって創造された。ナマコは栄養に富むが、香りがよくないため、乾燥させたエビの卵をくわえると香りがよくなる。大烏参の食感は、刺参とくらべると厚くてやわらかい。このため、長江下流域の江蘇省・浙江省あたりのレストランでは、よく用いられている。紅焼《ホンシャオ》大烏参（大烏参の醤油煮込み料理）は、満漢全席にくわえられる一品である」（蝦子大烏参是上海最著名的名菜，在二〇年代末期，由上海徳興館厨師所創製的。海參雖有豊富的栄養但鮮味不足，因此取用乾蝦子做配料，使海參的味道更鮮。烏參的肉質較刺参厚

写真5–5　石垣島のトゲクリイロナマコ（*A. echinites*）.

写真5–6
大烏参.
上海料理での需要が高い.

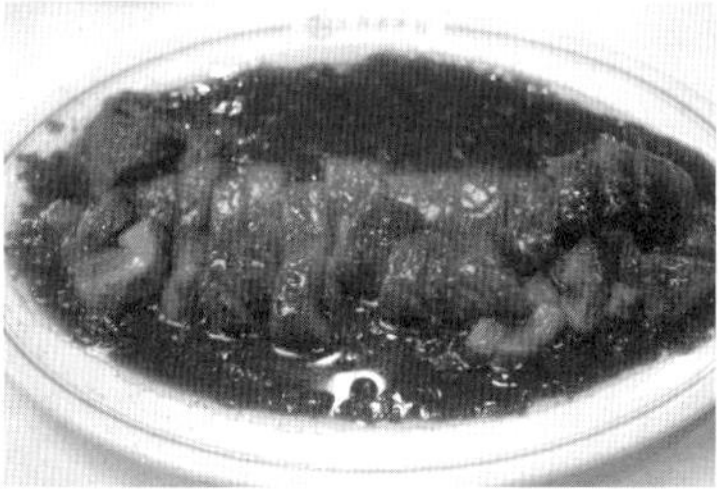

写真5–7　上海の蝦子大烏参.
細長いナマコのまま給仕され，テーブルで切ってくれる．モチモチした食感ではなく，箸でつかめないほどやわらかい.
やや酸味の効いた醬油煮込みである.
蝦卵も舌に残らない.

而軟，為江浙餐館所喜愛，在満漢全席中「紅焼大烏参」也是珍貴的大菜之一）ということである。(8)

また、中国ではないが、潮州系華人の多いタイの首都バンコクでナマコといえば、烏石参《ウーセックシエン》とよばれる *Holothuria nobilis*（イシナマコ）である。同様にインドネシアの首都ジャカルタの中華街では、南スマトラ州のジャワ海北西部に浮かぶ小島で、古くからナマコの産地として知られるブリトン島（**図1–1参照**）[Sopher 1965] にちなんだ「ブリトンなまこ」（勿里洞海参 trepang belitong）とよばれる禿参《トウシエン》（*H. scabra,* ハネジナマコ）が人気であるし、フィリピンの首都マニラやマレーシアのペナンでは猪婆参《チューポーシエン》（*H. fuscogilva,* チブサナマコ）の人気が高い。

蝦子大烏参のみならず東南アジアの華人世界までを一望した場合、『本草綱目拾遺』が説くように遼東地域に産するマナマコだけがナマコなのではないことがわかる。編者の趙学敏は浙江省の出身ということであるが、ことナマコに関するかぎり、北京寄りの視点で記述したものと思われ

写真5–8　石垣島のイシナマコ（*H. nobilis*）．チブサナマコ（写真3–2）に似ているが，ひとまわり小さく，チブサナマコにくらべ浅海に生息している．

写真5–9
バンコクの市場で戻して売られていた烏石参．

写真5–10　烏石参の看板（バンコク市内）．バンコクでナマコといえば，漢語で烏石参と書くイシナマコ．

写真5-11　香港の小売店店頭の「澳州猪婆参」(2009年1月).
現在，猪婆参(チブサナマコ)の世界最大産地はオーストラリアである.
インドネシアと国境を接する同国北部には
広大な熱帯海域が広がっており，ナマコを求めて越境してくる
インドネシア漁民の取り締まりに豪政府は必死である.

る。というのも、蝦子大烏参を事例に上海料理について触れたように、中国各地で堪能されているイリコ料理の志向にも差異がみられるからである。それらの差異は優劣で片づけられるものではなく、文化の差異として記述されるべきものである。なお、ここでは便宜的に北京料理と広東料理の対比を試みるが、両者以外にも無数の地域色豊かなバラエティが中国全土に存在することはいうまでもない。

北京料理で伝統的に用いられてきたのは、『本草綱目拾遺』が説くごとく「遼東」に産するナマコ、すなわち遼参＝マナマコ(*S. japonicus*)の乾燥品である。それに対して広東料理では、熱帯産のチブサナマコ(猪婆参)やハネジナマコ(禿参)が嗜好されてきた。[9] 北京料理が刺参に代表される温帯種のマナマコを、広東料理が熱帯に顕著な光参(無刺参)を好むのは、それぞれの産地に近いという地理的要因が大きいものと理解できるが、それだけのことであろうか。

このことについて神戸中華街で料理店「昌園」を経営する黄棟和さん(一九四〇年生まれ)が含蓄ある説明をしてくれた。北京料理と広東料理とでは、イリコの調理法が異なるというのだ。戻したナマコはゼラチンのかたまりである。それ自体には味がない。だから、スープ(出汁)の味が決め手と

写真5-12
戻した日本産マナマコ(関西海参).
映像提供:海工房
出所:宮澤・門田[2004]

なる。同時に、プリプリする歯ざわりも残さねばならない。北京料理では、スープが染み込むまでナマコを煮込む。煮込んでも形が崩れず、プリプリさも失われないのが日本産のマナマコである。それに対して、熱帯産ナマコは、煮込むとナマコが溶けだしてしまう。そのため、熱帯産ナマコの場合には、溶ける前に火を止めて、とろみをつける必要がある(このことを黄さんは「葛をうつ」と表現する)。だから、広東料理のナマコを味わうには、カタクリ状にとろみをつけたスープと一緒にナマコを食べることだ、と黄さんは力説するのである。熱帯産ナマコが不味いのではない。温帯産ナマコと熱帯産ナマコとでは、性質が異なるため、イリコの調理法も異なるのだ。北京と上海の二カ所で修行した黄さんは、上海でこのことを学んだという。

『本草綱目拾遺』のいうナマコの糯と粳という性質がどのようなものなのか、把握できていない。しかし、わたしは、熱帯産のナマコ、とくにチブサナマコは『本草綱目拾遺』の記述とは反対に、モチモチした食感をもち、灰汁餅のような粘り気にすぐれているという印象をもっている。他方、温帯産のマナマコは、だれもが指摘するように弾力性に富み、プリプリした食感だと感じている。黄さんがいうように、煮込んでも、なかなか崩れないプリプリさには驚かされる。とくに高級品として知られる北海道産の乾燥ナマコにはその傾向が強いようである。[10]

黄さんがいうように、それぞれのナマコに応じた調理法がある。ダイバーが命がけで獲るナマコが不味いのではなく、その味を引き出す方法がむずかしいだけのことなのだ。このことは、タイ米のおいしさを引き出すには、たっぷりのお湯で茹でてからお湯を捨てて蒸す、湯取り法で炊かねばならないことに似ていないだろうか。

この食感と刺の有無という形態は、どのような関係にあるのだろうか？ 刺参の代表は、くりかえし触れてきたようにマナマコであり、その産地は「遼東」とくくられる渤海湾から朝鮮半島沿岸、沿海州沿岸、日本列島沿岸である。他方、光参は熱帯域で産出される。しかし、太平洋から東南アジアにかけて産出する熱帯産ナマコのすべてが光参に分類されるわけではない。*Thelenota ananas*（バイカナマコ、梅花参《メイファアーシェン》）と*S. chloronotus*（シカクナマコ、方刺参）は刺参に分類されるし、第2章で紹介したガラパゴスにおける「ナマコ戦争」の発端となった*Isostichopus fuscus*（フスクス・ナマコ）も刺参である。[11] この三種のうち、わたしが食べたことがあるのは、バイカナマコとシカクナマコだけであるが、バイカナマコはコリコリ、シカクナマコはサクサクした感じがし、マナマコのもつプリプリ感とは異なる食感であった。

刺参と光参の明確な差異は、その大きさにあるといってよい。乾燥重量で刺参は三〇グラム以下のものがほとんどであるが、光参には一個五〇〇グラムを超すものも珍しくない。原材料の大きさは、調理法や給仕法の差異として具現化する。たとえば、一般的に北京料理は小皿で個別に給仕されるのに対して、広東料理では円卓の中央に大皿で給仕されたものを、各自が切りとって食べる。黄さんがいう調理法の差異だけではなく、この給仕スタイルの差異からも、北京料理では小ぶりの刺参が求められ、逆に広東料理では大ぶりの光参の需要が高いことも、理にかなったものと考えられる。

五　ヌーベル・シノワーゼ（新中国料理）の盛行

ところが、料理もファッションと同じく、はやりすたりがある。広東料理でも、近年は北京料理風にナマコを小皿で給仕するようになってきたのである。もちろん、そこで使用されるのは小ぶりな刺参であり、従来のチブサナマコが小皿に切り分けられたものではない。この現象は、「伝統」的な調理スタイルにこだわらず、積極的に他文化の料理の特徴を吸収していく新中国料理（ヌーベル・シノワーゼ）とよばれる広東料理の進化の一過程ととらえることができる。

しかも、遼東地域に端を発する刺参志向は、香港以外の中華街にも伝播しつつある。[12] たとえば、ガラパゴスのフスクス・ナマコの主要な市場は、わたしが知るかぎりでは台湾と米国である。台北では、「美国刺参」として二〇グラム〜三〇グラムのものが一キログラムあたり二万八千円で売られていた（二〇〇六年三月）。「アメリカの刺参」という名称は、米国経由で輸入されたことを意味しているのか、それとも同種がメキシコからエクアドルにかけた南北アメリカ大陸に産するため、「アメリカ」と表現したのだろうか。同じく二〇〇六年八月、ニューヨークの中華街では、このナマコがキログラムあたり一五〇ドル程度で小売りされていた。なかには「厄瓜多尓深海刺参」（エクアドルの深海で獲れた刺参）と丁寧に表記したものもあったほどである（写真8-4）。また、二〇〇八

写真5-13
台北で売られていたフスクス（2006年3月）.

年ぐらいからは、シンガポールでも遼参とよばれるマナマコが次第に人気になってきたようである。

このような香港や広州におけるヌーベル・シノワーゼの盛行が、従来の北京スタイルのナマコ料理の需要にくわえ、世界のナマコのうち、とくに北海道やガラパゴスなどを産地とする刺参の漁獲圧を高めたことは想像にかたくないし、第4章で報告したように沖縄で二〇〇五年からはじまったシカクナマコの漁獲の背景にある。

六　ナマコ市場の固有性——「黒(烏)」と「白」の対立

次に、『本草綱目拾遺』でも対照されていた乾燥ナマコの色について考えてみよう。フィリピンでは、燻乾した後に、ナマコを天日干しするのが一般的である。当然、干ナマコは燻臭をもち、黒っぽく仕上がることとなる。今日では地の色が好まれるが、日本でもかつてはテカテカと黒光りするものがよいとされ、ヨモギや酸化鉄を用いて黒くしていたことは、第4章で吉田さんの苦労を紹介したとおりである。

ところが、一九九七年にインドネシアのティモール島のクパンで華人仲買人に聞いた話では、燻乾作業は手短に終え、白く仕上げたものをジャワ島のスラバヤ経由でシンガポールへ輸出するということであった。実際、わたしが一九九九年一〇月にシンガポールの中華街で小売り状況を調査した際には、薬品を用いて表皮を剝ぎとり、白く半透明な状態に加工した猪婆参(*H.*

fuscogilva）を少なからずみかけたものである。店主によれば、「猪婆参は白いのがよい」とのことであった。小売店にならんだ灰白色の猪婆参は、明らかにシンガポール国内で消費されることを念頭に加工されたものである（同種の半透明の猪婆参をわたしは二〇〇六年八月にニューヨークの中華街でもみたが、「去皮猪婆参」と表記されていた。理由を訊ねると、「戻しやすい」とのことであったが、このように加工された猪婆参を香港や広州市ではみたことがない）。

このことは、天日乾燥した干ナマコが比較的白い製品となるのに対して、燻蒸したものは黒く仕上がるといった違いが生じるように、イリコ食文化における「色」の問題に帰すことができる。カナダ産の*Cucumaria frondosa*（キンコナマコ、第7章で詳述）が市場で高い評価を受けるのも、その黒い色が理由であるとするハメルらの指摘［Hamel and Mercier 1999:21］は、その意味で興味深い。ナマコの漢語名称に「黒」や黒を意味する「烏」、あるいは正反対の「白」が多用されるように、黒と白の対立がイリコ食文化にとって有意味な何かを表象しているものと思われる（表5-1）。

鶴見良行が、イリコ食文化の発展には、不老不死を追求する道教の影響を無視できないと推定するように［鶴見 1999:295–298］、ナマコの名称における黒と白の対立は、道教思想における「陰」と「陽」の対立と無関係ではないものと推測される。

漢語名
大烏参
沙参
烏元参，烏圓参
烏料参
黒虫参
?
猪婆参，白石参，岩参
象牙参，象鼻参，虎皮参
虫龍参
顔参，烏石参，烏岩参，黒参
禿参，頽参，脱皮参，白脱参
方刺参，小方参，四方参
黄肉参，黄刺参
黄肉参，黄玉参，玉参
梅花参，刺参
美人腿参
花斑参，紋参
三方参
大赤参
赤参
光頭参
赤虫参
?
?
?
?

出所：筆者作成。学名と英語名はCannon et al.［1994］，SPC［1994，2004］，McElroy［1990］，Preston［1990］，Holland［1994］を参照した．

表5-1　フィリピンで流通するナマコの一般名と学名，標準和名，英語名，漢語名

	一般名	学名	標準和名	英語名
1	hudhud	*A. echinites*	トゲクリイロナマコ	deep-water redfish
2	khaki	*A. mauritiana*	クリイロナマコ	surf redfish
3	buliq-buliq	*A. miliaris*	クロジリナマコ	hairy blackfish
	〃	*A. lecanora*	イシクロイロナマコ	stonefish
4	black beauty	*H. atra*	クロナマコ	lollyfish
5	red beauty	*H. edulis*	アカミジキリ	pinkfish
6	susuan	*H. fuscogilva*	チブサナマコ	white teatfish
7	sapatos	*H. fuscopunctata*	ゾウゲナマコ	elephant's trunk fish
8	patola	*H. leucospilota*	ニセクロイロナマコ	snakefish
9	bakungan	*H. nobilis*	イシナマコ	black teatfish
10	putian	*H. scabra*	ハネジナマコ	sandfish
11	katro kantos	*S. chloronotus*	シカクナマコ	greenfish
12	hanginan	*S. hermanni* [*2]	ヨコスジナマコ	curryfish
	〃	*S. horrens* [*2]	タマナマコ	Selenka's sea cucumber
13	talipan, tinikan	*T. ananas*	バイカナマコ	prickly redfish
14	legs	*T. anax*	ヒダアシオオナマコ	amberfish
15	leopard	*B. argus*	ジャノメナマコ	leopard fish
16	tres kantos	*B. graeffei*	サンカクナマコ	orangefish
17	lawayan hong kong [*1]	*Bohadschia* sp.	?	?
18	lawayan	*Bohadschia* spp. [*3]	?	?
19	labuyuq	?	?	?
20	brown beauty	?	?	?
21	white beauty	?	?	?
22	hudhud payat [*1]	?	?	?
23	patola red	?	?	?
24	patola white	?	?	?

＊1　2000年10月以降にあらたに流通しはじめた．
＊2　以前は*S. variegatus*とよばれていたもので［Lambeth 2000］，流通過程においては名称も価格も同じである．
＊3　*B. marmorata*（ハクボクナマコ，chalkfish）あるいは*B. vitiensis*（フタスジナマコ，brown sandfish）であると思われる．Cannon et al.［1994］は両種を異名としている．

このことは、次章で説明するように大連や青島《チンタオ》など中国北部において刺参が食材の域を超え、健康によいものとして栄養剤やサプリメントなどが開発され、「神話化」していることと無関係ではないはずである。光参においては、ツルツルさを追求した結果、白さが強調され、表皮を剥ぎ、半透明化した商品が尊ばれているのかもしれない。

　このように断片的な情報ではあるが、ナマコのすべてが、イリコ食文化圏において、おしなべて一様な評価を受けるのではなく、市場によって異なる嗜好性が存在することがわかる。これまでにも、南太平洋地域において、香港と取引のある仲買人とシンガポールと取引のある仲買人とは、買い付ける種も異なるし、同一種に対して異なる価格がつくこともあることが指摘されている[Preston 1993:398]。また、シンガポールでは、天日で乾燥させた干ナマコが好まれるのに対して[van Eys and Philipson 1989:222]、中国市場では燻蒸した干ナマコが好まれる傾向にある[大島 1962:111]といった差異も指摘されてきた。

これらの市場傾向の差異がいかに生まれたのかについて、資源管理の対策上からも、今後、資源の有効利用をめざして検討していく必要がある。そのためにも、まず、主要な消費地の動向を記すとともに、文献から各地の生産地の展開をあとづける作業が必要となる。それは、人工衛星で地球上の大まかな動向を探知しながら、虫眼鏡を用いて現場で実際に起こっていることを詳細に記述していく作業のようなものである。そうした作業には、ナマコは中国料理を特徴づける「乾貨」食材のひとつであることを意識し、食文化という変化しつづける対象をいかに把握できるのかということを意識して自問していく姿勢も求められる。

註

(1) もともとの語義をたどれば、「熬」は穀物を器に入れて炒めることで、この時、汁気があれば「煎」である[李 1999:58]。このことからすると、イリコは「煎海鼠」が正しいことになるが、区別せずにカタカナを用いることにする。

（2）『料理物語』には、ナマコを用いるものとして、なます、腸煎《ふくらい》り、こだたみ、すこ、ふりこの五種が記載され［平野訳 1988:26, 193］、卵巣のコノコと腸（ワタ）も別途記載されている［平野訳 1988:26, 158］。腸煎りとは、ナマコを大きく切り、沸騰させただし溜まりに投げ込んで縮ませ、ただちに取り上げて供する料理である［平野訳 1988:141］。こだたみは「海鼠湛味」とも書き、ナマコを薄切りにして、酒に浸してから塩と味醂で調味しただし汁に浸してワサビ和えにしたものである［平野訳 1988:26, 111］。すこは酢海鼠と表記し、ナマコの酢の物である［平野訳 1998:27］。ふりこは、振り海鼠で、塩と灰を入れたすり鉢でこねまわし、ナマコの表皮を擂り除いて白くしたものである［平野訳 1988:193］。

（3）朝鮮料理研究家の佐々木道雄は、『韓国民俗大観』（一九八二年）をひき、朝鮮半島南岸の代表的な塩辛のひとつとしてナマコの腸の塩辛（コノワタ）を指摘している［佐々木 2002:218］。

（4）さまざまな史書が指摘する「遼東」は、遼河以東をさす地理的空間である。その中心域である遼東半島は、西を渤海、南を黄海、東を西朝鮮湾に囲まれている。本書では以下、「遼東」を広義でとらえ、大連を中心とする遼東半島沿岸部から、渤海をはさんで対岸に位置する青島や蓬萊など山東半島沿岸域（今日でも刺参消費のさかんな地域）を含む空間を「遼東地域」とし、その海域を「遼東海域」もしくは「遼海地域」とよぶことにしたい。

（5）袁枚は、それ以外の海産性食材として、イガイ（淡菜）、寧波周辺の小魚である海蝘、イカの白子（烏魚蛋）、タイラギの貝柱（江瑤柱）、カキ（蠣黄）の五種をあげている［袁 1980:71–73］。

（6）中国でナマコが普及したのが一七世紀以降のことであろうことは、明末の一六一七年頃に福建省の張燮が編纂した東南アジア海域・インド洋海域についての地誌『東西洋考』に、ナマコの記載がないことからも推測される［菅谷 2001:184］。ちなみに、清の商船によってもたらされた海外情報を編纂した『華夷変態』を分析した山脇悌二郎は、唐船がイリコを輸出した初見を一六八三年（天和三）としている［山脇 1995:223］ことからも、中国における乾燥ナマコの輸入が本格化した時期を一七世紀中葉と仮定できよう。

(7)『本草綱目拾遺』の邦訳には二種ある。『註頭國譯本草綱目』(春陽堂、一九三三年)と『新註校定國譯本草綱目』(春陽堂、一九七七年)である[趙 1933, 1977]。『本草綱目』と『本草綱目拾遺』をあわせたもので、いずれも一五巻本のうち、第一四冊と第一五冊が『本草綱目拾遺』にあてられている。本書においては、後者を参考にしつつも、適宜、筆者が訳文を工夫した。訳文を作成するにあたっては、名古屋市立大学人文社会学部研究員(当時)の童琳さん、名古屋市立大学大学院人間文化研究科の張雍澔さんにお世話になった。なお、張さんには二〇〇八年二月におこなった上海調査でも便宜をはかっていただいた。ここに記し、お礼を申しあげたい。

(8)現代上海料理の第一人者のひとりである脇屋友詞は、「わたしが専門としている上海料理は、ナマコやフカヒレの紅焼など、煮込み料理にこそ醍醐味があると思っています。じっくりと煮込むことで出てくる滋味深い味わいは、上海料理ならではのものです。その味わいを支えるのに旨味の乾物を使うことも多く、たとえば上海料理の代表的な一品、「蝦子海参」では、ナマコと蝦子(エビの卵)の二種類の乾物を一緒に煮込むことで、味のないナマコに蝦子の磯の香りと熟れた甘味、旨味を含ませていきます」とインタビューに答えている[木村監修 2001:10]。

(9)猪婆参は、禿参とならび、今日でも熱帯産ナマコのうちでもっとも高価なナマコである。漁民や干ナマコの仲買人によると、禿参が泥性の海底に多いのに対して、猪婆参はサンゴ礁性の海域に多く生息しているという。猪婆参は、ベトナムにかぎらず、太平洋とインド洋のほぼすべての熱帯海域で漁獲されている。フィリピンでは、猪婆参を獲るために深く潜りすぎて、潜水病の被害が少なくないことは第3章で述べたとおりである。皮肉なことに、大きすぎて戻すのがむずかしいためか、香港における猪婆参の価格は下落傾向にあるようである[任 1997:221]。

(10)『乾貨の中国料理』監修者の木村春子は、ナマコの醍醐味について、「なんといってもその触感にある。ツルリとなめらか、プルンとした適度な弾力は、中国人のもっとも好む〝滑《ホワ》(なめらか)〟の触感そのもの」としている[木村監修 2001:193]。なお、木村は別の著書で、触感をあらわす中国語の豊富な語彙に触れ、「糯」を粘り気のあるやわらかさ、「滑」をなめらかな触感、とろみのある舌ざわり、クリーミィな感じと表現している[木村 2005:24]。

(11) 刺参か光参かは、分類者の主観によるところが多い。たとえば、香港や台北などでみかけることはないが、日本の北陸地方で産出されるオキナマコ(*Parastichopus nigripunctatus*)が、ニューヨークの中華街では「日本刺参」と表記され、キログラムあたり二二〇〜二六〇米ドルで小売りされていた(二〇〇六年八月)。シンガポールの小売店で、猪婆参の「婆」たるゆえんでもある乳房状の突起をさし、刺参との説明を受けたこともある。刺というよりもブツブツに近いと思われるヨコスジナマコも、刺参とよばれる場合がある。

(12) 同じく刺参である熱帯種のシカクナマコの価格も上昇傾向にあることは、第3章で報告したとおりである。つい最近まで、ナマコは沖縄の多くの地域では未利用資源であった。それは、鹿児島を南限とするマナマコと異なり、熱帯産ナマコの価格が低かったため、割に合わない、と判断されていたからであった。ところが、近年の価格上昇を受け、ビジネスとして採算が合うようになってきたものと思われる。しかし、バイカナマコは加工がむずかしいといい、現時点では加工されていないようである。

第6章 中国ナマコ市場の発展史

大連の市場調査を中心に

一 香港の南北行《ナンパクホン》と広州の一徳路《ヤッタツクロ》

世界のナマコの集散地は香港である。二〇〇七年、香港は五八カ国・地域から五二九六トンの乾燥ナマコを輸入した。

もっとも、それらのすべてが香港で消費されるわけではない。香港で消費されるのは、そのごく一部である。二〇〇七年の香港の貿易統計によれば、残りの乾燥ナマコは中国を含む一三カ国に再輸出されている。

同年に香港から再輸出された乾燥ナマコは四一四九トンであった。なかでも中国への再輸出が三五七六トン（再輸出の八六パーセント強）と突出している。しかし、香港の関係者によると、それでもまだ統計上に出てこない分（香港内で流通したと計算される一一四七トン）からも、かなりの量が中国へ輸出されたと考えるべきだ、とのことである。

わたしは、香港島と九龍半島をつなぐスター・フェリーの乗り場や、香港島のセントラル（中環）とよばれる高層ビル群も香港らしいと思うが、やはり、もっとも香港らしいのはセントラルから西へ一駅行った、上環地区だと思う。マカオへ渡るフェリーの発着所がある場所でもある。

上環地区のなかでは、乾燥海産物問屋や漢方用の乾燥動植物問屋が軒をつらねる南北行《ナンパクホン》が圧巻である。ここに店を構える、およそ五〇～六〇の商社が世界からナマコを買い集めているのであ

写真6-1（右）　南北行という地名はなく，あくまでも通称である．徳輔道西（海味街）はおもに小売店，文咸西街（参茸燕窩街）は問屋街．
写真6-2（左）　200メートルたらずの文咸西街（Bonham Strand West Street）に乾燥海産物問屋が集中する．

写真6-3　徳輔道西（Des Voeux Road West）の小売店．

写真6-4
南北行の商談は午前中におこなわれる．交渉の際，客から希望価格を述べる慣習がある．

写真6-5　広州市の山海城.
このビルとその周辺が
乾燥海産物市場となっている.

写真6-6　山海城1階のナマコ店.
左の棚にならぶのは東南アジア産のツバメの巣(燕窩).
燕窩も高級海産物の代表格で, ワシントン条約のCoP9(1994年)で
附属書Ⅱへの提案がなされたこともあったが, その後タイやインドネシアで
人工繁殖に成功したため, 最近は問題になっていない.

写真6-7
山海城のナマコ店.
1階には高級な
日本産ナマコを
置く店が,
2階には熱帯産を
ならべる店が
多いようだ.

る。[1] 他方、中国側でこれらをあつかう商社は、広東省広州市の一徳路《ヤッタックロ》に集中している。

中国は奢侈品の輸入には高額な税金を課しており、乾燥ナマコのそれは三〇パーセントにも達する。それらを回避するためにさまざまな手法が試みられていると聞く。とくに南北行――一徳路間の人的・商業的ネットワークは戦前から形成されてきたものだといい、それなりのルートが存在している模様である。このことが、統計以上の量のナマコが中国に流入していると推察する根拠となっている。

一徳路から中国全土へ張りめぐらされた航空網と道路網を利用して、ナマコは中国各地に輸送される。実際、二〇〇八年に大連市の荣盛市場(労働公園地下)や大菜市場といった卸売・小売市場で聞き取り調査をした際にも、商品のほとんどが一徳路から仕入れられたものであった。大菜市場でインタビューに応じてくれた女性は広東省茂名市出身といい、現地にいる家族が一徳路で購

入した商品を大連市まで届けてくれる、ということであった。大連には兄とふたりで六年前にやってきたのだという。

図6-1　香港における乾燥ナマコの輸入量と平均単価（1992〜2007年）

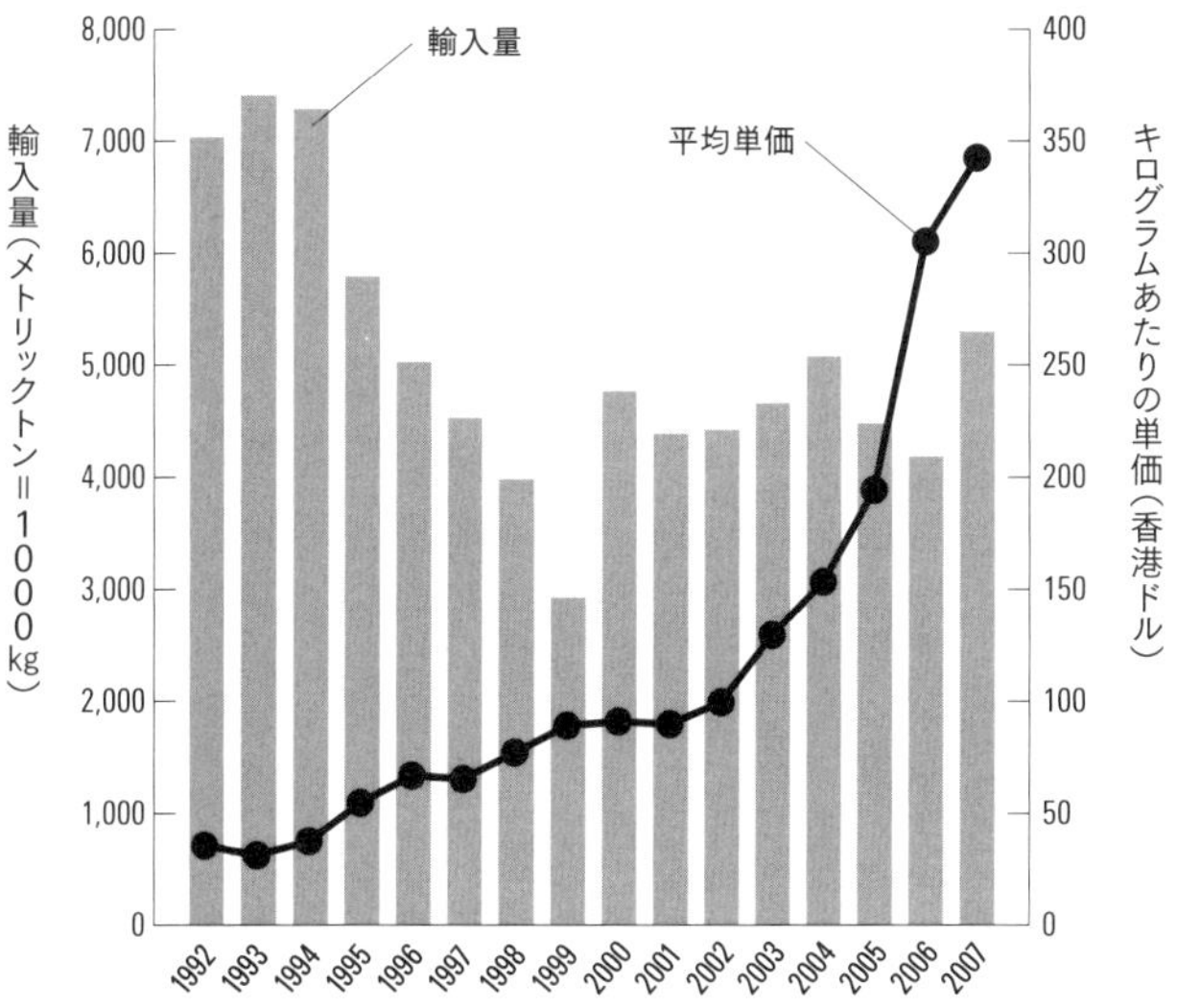

出所：『香港統計月刊』より筆者作成．

南北行―一徳路間ネットワークや一徳路―大連間ネットワークの実態はもとより、その形成史の理解は、一七世紀から今日にいたるまで変遷してきた海域アジアにおけるエスノ・ネットワークの史的展開を明らかにするうえで不可欠な作業であるが、残念ながら広東語はおろか北京語も満足に使えないわたしの力のおよぶところではない。将来的に中国なり、香港なりの研究者が解明してくれるものと期待している。

南北行には、一〇〇年以上の歴史をもつ南北行公所をはじめ、日本産海産物の輸入商が組織した日本海産香港有限公司など、目的に応じた七つの同業者組合がある。

なかでも積極的にナマコ保全に取り組んでいるのが、魚翅《ユイチー》海産進出口商会有限公司（SMPA：Sharkfin and Marine Products Association Ltd.）である。この組織は、二〇〇〇年にケニアのギギリ（Gigiri）で開催されたワシントン条約第一一回締約国会議（CoP11）でフカヒレ用のサメ類が検討課題にのぼったのを契機として世界的なサメ保全に取り組むようになったが、翌CoP12（二〇〇二年、サンチャゴ）でナマコも議題となったのを契機として、その下部組織としてナマコ部会を立ち上げたのである。

ナマコ部会の世話人である兆豊行有限公司（当時）の葉朝崧氏によると、香港にナマコを輸出する各国の商社からの寄付金をもとに、現在、生物学者に資源状況の調査を依頼中とのことである。さらには、世界各国に散在する取引先に、資源保全と商売のバランスを考えるように、との依頼文を送付し、ナマコ産業全体の持続性をよびかけてもいる。

多分にビジネスに関与するため、これまで南北行の商人たちが、みずからの取引先を公開することはなかった。しかし、サメとナマコがワシントン条約の対象となるにおよび、閉鎖的かつばらばらに行動していた輸入商たちが、団結しようとしていることは評価すべきである。

同時に香港の問屋たちは、近年のナマコ・バブルに浮かれる日本の漁業者と加工業者、流通業者に警鐘を鳴らしている。(2) その根幹には、かれらの長年にわたる経験に裏打ちされた直感があり、現在の日本では、数年前なら漁獲されなかった極小のものまで獲っているのではないか、というのだ。

たとえば、表6-1は、二〇〇五年三月にSMPAの事務局長であるチャーリー・リム氏から説明を受けた際に入手したものである。リム氏によれば、香港では通常、日本産乾燥ナマコを大きさに応じて一五段階に分類している。

リム氏によると、二〇〇〇年くらいまでは表中八以上の大きさのものが普通であったが、近年では、一個あたりの重量が一グラムそこそこという極小ものも流通するようになった。ひとつには、資源の乱獲により、大きなナマコが少なくなったことが考えられる(3)。

くわえて、消費動向の変化も影響しているようである。というのも、以前は大きなサイズのものがよく売れた。しかし、今日では七～一一までのサイズのものがよく売れ、大きなものは売れなくなった。以前は、肉厚で大きなものが調理され、大皿に切り分けて給仕されていたが、前章で紹介したヌーベル・シノワーゼ風に香港でもナマコが一個単位で小皿に給仕されるようになったからだというのである。つまり、かりに一斤(六〇〇グラム)あたりの小売価格が一〇万円したとしても、一斤に三〇粒の大きなものだと一個あたり三三〇〇円にもなり、一個ずつ給仕すると一皿あたりの価格は必然的に高くなる。他方、一斤に四〇〇粒の極小サイズだと、一個あたりの価格は

表6-1　香港市場における日本産乾燥ナマコの分類

番立	粒数／斤	グラム／個	原重量(g)*
1	20-30	20-30	400-600
2	30-40	15-20	300-400
3	40-50	12-15	240-300
4	50-60	10-12	200-240
5	60-70	8.6-10	171-200
6	70-80	7.5-8.6	150-171
7	80-100	6.0-7.5	120-150
8	100-120	5.0-6.0	100-120
9	120-150	4.0-5.0	80-100
10	150-180	3.3-4.0	67-80
11	180-220	2.7-3.3	55-67
12	220-250	2.4-2.7	48-55
13	250-300	2.0-2.4	40-48
14	300-350	1.7-2.0	34-40
15	350-400	1.5-1.7	30-34

＊歩留まりを5パーセントで計算した．
出所：SMPAのチャーリー・リム氏との聞き取り調査による（2005年3月）．

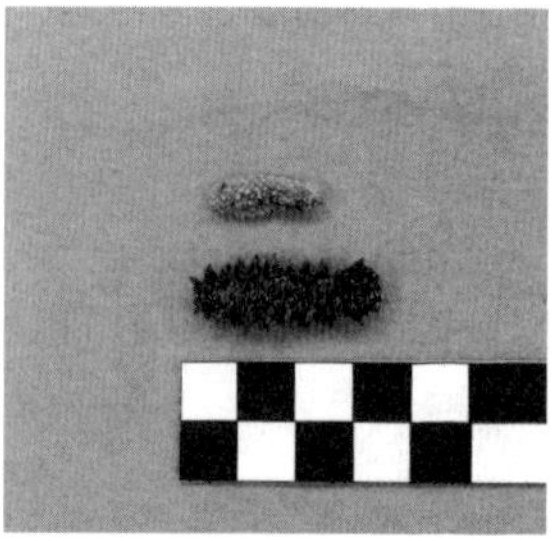

写真6–8　極小・超極小ナマコ（チャーリー・リム氏提供）．超極小ものの重量は1グラム未満である．

二五〇円程度におさまり、単品メニューとして給仕可能だ、というのである。

リム氏は、現在の日本でみられるナマコ採取の加熱ぶりに懸念をあらわし、わたしに「日本政府は率先して資源管理に取り組むべきだ。アワビでできたのだから、ナマコでできないはずがない」と苦言を呈した。

しかし、制度上、地域の前浜の海面利用に関して水産庁が直接指導するのは不可能である。それは、第4章でも述べたとおり、現行の漁業法においては、捕鯨など農林水産大臣の許可を必要とする漁業以外では、監督省庁である水産庁が津々浦々の操業に関して細かな指揮がとれない体制となっているからである。とはいうものの、同章で報告したように日本には津々浦々で培ってきた資源管理の歴史があることも、リム氏も認めるところである。

さらにリム氏は、刺参の消費傾向として大連市や青島《チンタオ》市など、中国北部の商業都市が非常に大きな影響力をもっていることを強調した。これらの地域は、前章でくりかえし論じた「遼東」にほかならない。香港のヌーベル・シノワーゼと遼東の食習慣は、どのような関係にあるのだろうか。

以下、二〇〇八年一一月に実現した大連調査の報告をする。[4]

二　大連に輸出される日本産塩蔵ナマコ――「ナマコ・バブル」の正体

大連への訪問は、実はこれが三度目であった。初回は二〇〇三年一〇月にＦＡＯが開催したナマコ会議（ASCAM、第2章参照）に参加するためであり［Akamine 2004］、二度目は指導する大学院生のフィールドワークを視察するためであった。二〇〇七年三月のことである。

しかし、大連は、本書の執筆にとって、ぜひとも再訪せねばならない都市であった。というのも、香港のみならず日本のナマコ生産地各地で「大連」ということばを幾度も聞かされてきたからである。

ふりかえってみると、二〇〇三年頃から、瀬戸内海や北陸地方の産地で「大連人」がナマコの買い付けにやってきた、といったような話を耳にすることがしばしばであった。しかし、当時は、冒頭に述べたような香港の南北行――徳路ルートを介さずに、みずから直売ルートを開拓することでちょっとでも安く商品を確保したいのだろう、と考えるだけで、さして気にとめることもなかった。

ところが、二〇〇七年度より開始された農林水産技術会議による「乾燥ナマコ輸出のための計画的生産技術の開発」の一環で北海道や青森県各地を集中的に歩くようになり、「大連人」の存在感が無視できないものとなったのである。単に流通ルートの変化にとどまらず、製法の変化を引き起こしていることが明らかとなったからである。

とくに青森県では、乾燥品を製造するのではなく、「塩蔵」とよばれる、脱腸したナマコを一次ボイルしたのち、食塩を添加した状態で出荷する形態が普及し、その結果、青森県水産総合研究所の廣田将仁さん（当時。現在、独立行政法人中央水産研究センター）の推計によると、「塩蔵」ナマコの占める割合が、二〇〇七年に青森県で水揚げされた一六〇〇トンの八割にもおよぶにいたった、という。

乾燥ナマコに干し上げるには、相当の技術を必要とするが、「塩蔵」では資金力さえあれば新規参入も容易である。廣田さんの分析によれば、青森県ではホタテ加工業者の参入が多くみられたという。もっとも、この背景にはホタテの魚価の低迷もあろうし、生鮮ナマコの価格が急騰した結果、不良品が出るリスクの高い乾燥ナマコの加工ではなく、圧倒的にリスクも低く、かつ資金回転の速い塩蔵ナマコの生産が、加工業者にとって合理的に感じられたこともあるだろう。このような背景から、塩蔵ナマコへの関心が高まっているのは、北海道も同様である。

問題は、塩蔵ナマコの隆盛とともに、漁期以外の操業という密漁が横行したり、漁期であってもサイズ規制の網をくぐりぬけた極小ナマコまでもが漁獲されるようになったりした、といった声を少なからず耳にするようになったことである。

この背景には、乾燥ナマコと塩蔵ナマコの流通の差異が存在している。乾燥ナマコの場合、長年にわたって培われてきた「南北行―一徳路ルート」が確立しており、日本国内の問屋も、香港の問屋も、おたがいの「信用」第一で商売しているため、ネットワークの細部は公開されずとも、だいたいの商品の流れはおさえることが可能である。第一、品質の高い乾燥ナマコの加工は、だれにでも可能なわけではなく、密漁しえたとしても、加工から足がつきやすい。しかし、こと、新商品である塩蔵ナマコでは、たいていの水産加工業者で対応できるうえ、国内流通どころか、日本から輸出された商品が現地でどのようにして消費されているかも、まったく不明なのである（塩蔵ナマコを専門にあつかう業者のなかには、きなくさい噂のたえない商社もあることは、第2章で触れたとおりである)。

青森県や北海道の業者は、自分たちが加工している塩蔵ナマコが、中国で再度、乾燥ナマコに加工されている、と考えている。内臓を取り出し、一次ボイルしたナマコの歩留まりは一五〜二〇パーセントとなる。それらを買い付け、中国に運べば、重量が軽くなっている分だけ送料もかからない。さらには脱腸して一次ボイルするまでに必要となる人件費も省略することができる。これに要する費用は、乾燥ナマコ製造で原料費に次ぐ費用とされるほど割高であり、その部分を回避できるうえ、圧倒的に人件費の廉価な中国で高次加工をすれば、原料費が高くとも割に合うはずだ、と算盤をはじくのである。

たしかに合理的な説明に聞こえはするが、わたしは、その説明を諒としているわけではない。乾燥ナマコを廉価に仕入れることが目的だとすれば、わざわざ、リスクの高くなる高次加工をやる必要などないはずである。南北行―一徳路ルートを切断し、独自に乾燥ナマコを仕入れるルートの構築に成功すれば、それで十分なはずである。

「塩蔵」について調べれば調べるほど、疑問はふくらむばかりであった。「塩蔵」として大連に輸出されている日本産ナマコは、どうなっているのか？　そういえば……である。

乾燥ナマコばかりを注視していたため、それほど関心を払ってこなかったが、それまでの二度にわたる大連訪問の経験から、大連には乾燥ナマコ以外にも多様なナマコ製品が流通していることに、いまさらながら気づかされたのである。それらは、いったいどのような商品群を形成しているのか？　それらの製品と日本産の塩蔵ナマコは、どのような関係にあるのか？　これを明らかにするのが、大連再訪の目的であった。

三　ナマコ・ブーム（海参熱）に沸く大連市場——「海参信仰」熱

やはり、現場に立ってみることである。

これまで方々のナマコ産地と消費地を歩いてきた自負はあったが、あらためて大連と向かい合ってみると、これまで自分の見落としていた問題を直視せざるをえなかった。それは、中国観のギャップといってもよいだろう。

というのも、東南アジア研究からナマコ学に魅せられたわたしにとっての「中国」は、香港であり、その延長線上の広州でもあったし、あるいは東南アジアに多くの移民を送り出してきた厦門《アモイ》であったというように、中国南部の港市世界にほかならなかった。東南アジアの大都市やパリやニューヨーク、サンフランシスコの中華街も、その延長で違和感なく歩くことができていた。しかし、大連訪問を契機として、いまさらながら、「北部中国」とでも形容すべき、わたしのなじんできた中国とは別の顔と向き合うことになったのである。

大連は、スーパーの食品売り場にしろ、市場にしろ、レストランにしろ、とにかく、現地の人がナマコ・ブーム（海参熱）と表現するほどの、熱気に包まれていた。このことは、香港やシンガポールなどでは、宴会ともなれば、まさに「参鮑翅肚《サンパオチードゥ》」（「四大海味《スーダアハイウェイ》」といわれる高級乾燥食材、第9章第四節参照）のみならず、活魚一尾をそのまま蒸した「清蒸《チンジョン》」（写真3-11）といった料理など、多種多彩な食材が珍重されるのに対し、もともと水産物に恵まれた大連では、ひとりナマコのみが珍重されているといってもよく、清代の「海参席」ではないが、ナマコの有無が宴会の格式に関わる、との印象にいたるほどであった。

たかだか一週間の滞在で大連のすべてがわかったとは考えていないが、とにかく、香港とも上海とも、それ以外の大華人都市とも異なる雰囲気を感じざるをえなかった。

街のいたるところにナマコの養殖・漁獲から各種の製品の製造販売までを一貫しておこなうメーカー各社（便宜的に「ブランド・メーカー」とよんでおく）の広告や専売店がならんでいるのである。看板やポスターはあたりまえで、市内を走るバスまでもがナマコの宣伝をしているではないか……。

これまでにも香港の問屋から、大連では、「冬至から八一日間、朝の空腹時にナマコをひとつ食べると風邪をひかない」と信じられ、実際に人びとはそれを実践していることを聞いてはいた。事実、冬至を目前にひかえた大連では、このことを強調するポスターも見受けられた。

写真6-9　バスの車体に掲載されたナマコのブランド・メーカーの広告．大連ではナマコのブランド化が進む．

写真6-10　大連の人びとが冬至からの81日間，毎朝ナマコを食べる習慣にちなんだ広告（栄盛市場，2008年11月）．

写真6-11　デパ地下のナマコ売り場．

冬期に毎朝ナマコを食べる習慣といっても、広東地方の飲茶《ヤムチャ》のように朝からレストランに出かけ、洗練された小料理を楽しむのではない。調理らしい調理もせずに味つけもせず、戻したナマコをそのまま食べるのだという。たまに砂糖や醬、味噌をつけ、変化をもたせることもある。それが朝食というわけではなく、ナマコの摂取後に、饅頭やお粥など通常の朝食となる。事前に聞いていたように「一個をまるごと食べる」ことにこだわりはなく、大きければ当然、切り分けて食べるという。

このように大連周辺地域では、とにかくナマコ、とくに刺参を摂取することが、健康維持の秘訣だと考えられており、「イリコ食文化圏」における大連の位置づけを特異なものとしている。(5)たとえば、これまで論じてきた通常の乾燥ナマコのみならず、簡便に戻すことのできる半乾燥品の「半干海参《パンカン》」、フリーズドライの「凍干海参《トンカン》」といった乾燥品にくわえ、すぐに食べることのできるレトルト食品としての「即食海参《ヂージー》」や「塩漬海参《イエンチー》」などが開発され、市場拡大に一役買っているのである〔耿ほか 2009〕。

海参熱は、すでに「食文化」の域を超え、健康食品の栄養ドリンク剤やサプリメント、酒（蒸留酒）といった諸製品の開発にまで発展してもいた。ナマコは健康によく、長寿の秘訣と考えられており、それは「海参信仰」とでも表現すべきものに深化しているといってよい。

大連をほかの都市と差別化しているのは、以下の様子である。

(1)　「刺参にあらざれば、海参にあらざる」といった「刺参信仰」が根強い。(6)

(2)　それを支えるように、マナマコの養殖から各種の製品を製造販売するブランド・メーカーが群雄割拠している。
(3) その結果、多様な製品群が開発され、店頭にならんでいる。
(4) イリコ食文化の中核をなすと考えてきた乾燥ナマコが贈答品として流通している一方で、実際には半乾燥品や右記ブランド・メーカー各社がしのぎをけずって開発した新商品が消費されている。むしろ、乾燥ナマコよりも、ほかの商品のほうが売り場面積も大きいくらいである。
(5) レストランでは右記製品のうち、「即食海参」もしくは生鮮ナマコが調理され、消費されている。

写真6–12 大連のオリンピック広場周辺に集まるブランド・メーカー各社の直売店．同地域には，2005年頃からナマコのブランドが集まるようになった．

たしかに刺参志向は、前章で紹介した『五雑組』や『本草綱目拾遺』などに記述されてきた遼東海域の特色ともいえよう。しかし、その遼東海域をきわだたせている背景には、養殖ナマコの安定供給を課題とする大連水産学院のある教授が、「養殖のおかげでナマコの供給量が増え、経済成長もともなって、多くの人がナマコを食べることができるようになってきた。このことは、人びとの長年の夢であった」と語ってくれたように、「ナマコは健康によい」、「ナマコは経済的なプレステージである」、「ナマコ・ビジネスに投資すべきだ」といったような、現代中国のさまざまな政治経済事情が複雑にからんで生じているもののように見受けられた。

本章では、海参熱に浮かされる大連事情のうち、次節で現在の大連市場で販売されるナマコの種類を報告し、その次に生鮮ナマコの利用について報告する。そして、半乾燥品の問題をあつかい、最後にブランド・メーカーが主導するナマコ食のあり方を「ファーストフード化現象」と称して、その特徴を検討してみたい。

なお、市内のスーパーの食品売り場やナマコ専門店などでは、乾燥ナマコはキログラムあたり一万二千元(二〇万円弱)もするのに対し、大菜市場や荣盛市場といった卸売市場兼小売市場では、キログラムあたり四千~五千元(五万六千~七万円)と半値以下で販売されていた。

以下の報告では煩雑な記述を避けるため、商品価格は最小限にとどめるつもりである。しかし、以下に展開する各種ナマコ製品の記述が、どれほど大連の物価からかけ離れたものであるかを理解してもらうために、ここで大連の諸物価を記しておく(二〇〇八年の調査は急激な円高の時期に実施されたが、おおむね一元あたり一四・五円であった)。タクシーの初乗りは八元、バスは一元である。饅頭やお粥の朝食だと、ひとり三~四元もあれば十分である。フランス系資本のスーパーのカルフールで米価を調べたところ、吉林省産の中国米は五キログラムが一二・四元、一九・三元、二五元、四三元と幅がみられた。(7)

四　大連市場の多様なナマコ製品群——ブランド・メーカーの割拠

大連を訪れてわかることは、その豊富な商品群である。

ナマコ売り場に足を踏み入れた途端に、わたしが抱いてきた「ナマコ食文化」＝「乾燥ナマコの利用」という認識をくつがえすにあまりあるラインナップに圧倒されてしまった。いわゆる乾燥ナマコだけをとってみても、淡干《タンカン》、塩干《イエンカン》、糖干《タンカン》の三種類が存在したし、乾燥度の弱い半干、フリーズドライの凍干が見受けられた。それ以外にも、塩漬や即食といった加工法の定かではないものもあった。

これらの商品群は、あたりまえであるが、用途に応じて消費されている。乾燥ナマコは、基本的に化粧箱につめられて、贈答用として流通する。金券ショップではないが、こうした贈答品を買い取る業者もいるらしい。厳密な分類は無意味であろうが、自宅で使用するには、おもに半干と塩漬、レストランでは即食が主流だという。

写真6-13　贈答用の乾燥ナマコ．
大連のマイカル店内にて（2008年11月）．

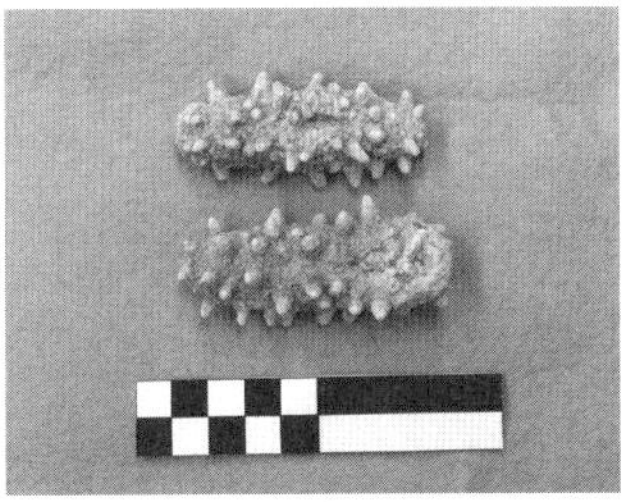

写真6-14　背割した塩干．
腹部を切開する日本と異なり，中国では背面を切開し，脱腸することが多い．

鮮ナマコをそのまま煮熟して乾燥させる、日本の「素干し」に相当するのが淡干《タンカン》である。刺の鋭い淡干は、最高の贈答品として認識されている。淡干は、皮海参《ピーハイシエン》、純《チュン》皮海参とよばれることもある。

塩干《イエンカン》はナマコを乾燥させる際に、食塩を付加するものである（山東省などでは一次ボイルののちに灰を混ぜた塩水に漬け込み、二次ボイルされる場合もある。これについては本章の最後に述べる）。当然、灰色っぽく仕上がり、塩の結晶がキラキラしているので、淡干と区別が容易である。表皮を塩でコーティングすることになり、全体的に厚みをもち、刺の鋭さが隠されてしまうのも特徴だ。技術史的に考えると、乾燥機の使用が不可能であった時代には、塩蔵機能を駆使することが現実的であったものと思われる。

糖干《タンカン》は塩干の製造過程で砂糖をくわえたものである。塩分の飽和状態となったボイル後のナマコでも、冷却時に砂糖をくわえると、今度は砂糖を吸収して歩留まりがよくなる（つまり、重量が重くなる）らしい。糖干は、砂糖の影響もあると思われるが、灰色の塩干と異なり、不自然に黒く、焦げたように真っ黒に仕上がるのが特徴である。しかし、乾燥度が高まるにつれ、刺参の生命線ともいうべき刺の先端が白く変色し、ポロポロと崩れてしまう。そんなナマコを戻しても、せっかくの刺もダラリとしたものになる。このような事情から、糖干海参は、一般には粗悪品とみなされることが多い。

二〇〇六年末から二〇〇七年にかけて、こうした日本産ナマコの粗悪品が中国国内で流通したといわれ、価格低迷の一因となったと噂されている。今回の大連訪問では店頭に「淡干」や「塩干」といった表示がみられたため、「淡干」なる単語に注意を払うようになったわけであるが、過去二度の訪問ではこうした表示はなされていなかったように記憶している。うがった見方かもしれないが、この間に粗悪品とされる糖干の市場への流入が多くなり、淡干や塩干と区別する必要性が生じたため、とも推察できる。

そう思いつき、前回、二〇〇七年三月に大連を訪問した際のフィールドノートをめくってみても、「淡干」といった表現は目立たない。唯一の記録は、大連入りの直前に訪れた山東省長島県の海参販売店で、「淡干二四〇〇元／斤、塩干一五〇〇元／斤、糖干一九〇〇元／斤」とあるメモだけである。

このように、困ったことに、淡干、塩干、糖干という区別は二〇〇七年以前にもあったことになる。しかも、塩干よりも糖干のほうが高価である場合もあり、一概には糖干が低品質であるとは断言できないことがわかる。しかし、価格は大きさや刺の形状によっても異なってくるため、ここに記した塩干と糖干の性質がどうであったかは、いまとなっては確認のしようがない。調査が不十分であった稚拙さを自省せざるをえないが、一般的には糖干が不人気であることを報告しておきたい。

半干海参《パンカン》は、文字で読んだごとく、半分乾燥させたナマコである。表面は乾いているものの、体壁はやわらかく、ふわふわしている。背中に半分ほど切れ目を入れ、そこから脱腸したうえで、ナマコの内部に食塩をすり込み、表面にも塩を残した商品である。これは、乾燥ナマコ同様に常温での保存が可能である。ただし、置いておけば置いておくほど乾燥が進み、戻す作業が複雑になるといい、ある程度の水分を保つために各店舗では冷蔵保存している。

スーパーのナマコ売り場で観察したところ、客が購入した半干海参を店員が完全に背開きにし、口の部分の石灰質を鋏《はさみ》で取り除き、縦走筋のまんなかあたりに鋏で切り込みを入れていた。このことにより、戻しやすく、また伸びる率が高まるという。一度、戻しておくと、その後は一本ずつ冷凍しておけば、いつでも解凍して食すことができる。なお、背開きの半干は、いまや流行遅れと考えられ、日本風に腹部に包丁を入れるやり方が最近では好まれる傾向にある。青森県のある加工業者によると、大連仕様に塩蔵加工を開始した当初は、背中に包丁を入れるように指示があり、「おかしなやり方だなぁ」と感じたものだが、二〇〇六年頃から日本風に臀部《でんぶ》に包丁を入れるように再指示があったという。

凍干《トンカン》海参は、ナマコのフリーズドライである。凍干をはじめて商品化したという玉璘社によると、同社が凍干を販売するようになったのは、二〇〇四年の冬至シーズンからであるらしい。小売市場では、だいたい一個あたり一グラム、一・五グラム、二グラムの三種類の商品が目立ち、それぞれの価格は三九元、五五元、六九元と大きなもののほうが高価であった。水に八時間浸けておけば、やわらかくなる。つまり、就寝前に水に浸けておけば、翌朝、ナマコを摂取できることを狙った商品なのである。このことは、冬至から八一日間、毎朝ナマコを食べようとする大連の消費者には、利便性の高い商品だといえる。しかも、製造各社は、凍干を付属のスープとともに食べることを提案している。これは、先述したように大連周辺では戻したナマコをそのまま食べる習慣があるのに対し、あらたな食べ方を提案していることを意味している。スープストックは、各社が工夫しているが、鮑味をうたったものが多く見受けられた。凍干三〇個とスープつきのセットが一九九九元(二万八千円)であった。

以上が乾燥品に分類されるべき商品であるが、それ以外にも多様なナマコ製品が存在した。

塩漬《イエンチー》海参は、一度ボイルしたものを塩漬けして保存するナマコである。前記の半干までが乾燥させたものだとすると、塩漬は、乾燥品とは異なる指向の、加工食品である。半干が背部なり腹部なりを割いて加工されているのに対し、塩漬は、お尻の部分を二センチメートルほど割き、腸を取り出して加工している。まだ固さは残るものの、ブヨブヨした感じのナマコである。半干と異なり、保存は冷凍でなければならない。玉璘社によると、「塩漬海参は、とくに刺が鋭くないといけない。塩分が十分でないと、刺が溶けてしまうこともある。肉の弾力性と歯ごたえが大切なポイント」であるらしい。調理するには、茹でて塩分を抜かねばならない。スーパーの食品売り場に出店しているブランド品ではないが、市内の市場（長興水産市場）では、四〇グラム大のものが一七元、五〇グラム大のものが二二元で販売されていた。

即食《ダーシー》は、一度ボイルしたものであることは塩漬と同様であるものの、塩漬のように塩分を含んでいないため、塩抜きする必要がなく、購入後、すぐに調理できる。ブランド・メーカー各社は即食海参を用いたレトルト食品を開発し、スーパーや専門店で販売している。また、水産市場ではレトルト包装していない即食海参も小売りされていた。比較のため、前記の塩漬海参を販売していた店舗での即食海参の価格を記すと、三三グラム大で一五元、五〇グラム大のもので二六元であった。このように塩漬海参と即食海参の価格は大差ない。

即食海参が、いずれも日本風に腹部にほんの少しだけ包丁を入れ、脱腸されていた点は興味深い。塩漬海参や半干とは、この点で異なっているからである。わたしも、即食海参を購入し、試食してみたが、とてもやわらかく、単にボイルしただけのゴムのような食感とは異なる点に驚かされた。調査に同行した者で協議した結果、圧力鍋で加工したものではないか、と推察するにいたっている。

二〇〇七年三月に上品堂という海参専門店を訪問した際、「即食海参は、二〇〇一年に上品堂が開発したものだ」との説明を受けた。とはいえ、上品堂による説明は、あくまでも「レトルト加工して販売した」という意味に解釈すべきであろう。というのも、二〇〇二年に山東省青島郊外のレストランで試食した「粘醬紅燜肉末焼」という名称の料理に使用されたナマコも、即食海参だったと考えられるからである。その際のフィールドノートには、次のように記録している。

これは、完全に干し上げたものを戻したものではないと思われるが、どうであろうか？　色も緑っぽく、ナマコの原色が残っている。刺も太く、鋭くない。どのようにして作ったものかは不明であるが、瀬戸内海のAさんが商品化を模索中の一次ボイルしただけの「生キンコ」がもつ、ゴムのような歯切れの悪さはなく、やわらかな食感がよい。深緑の天然色っぽい仕上がりであるものの、乾燥ナマコを戻したものと大差ない。どちらかというとAさんが試行錯誤中の「生キンコ」と乾燥ナマコとの中間品のように見受けられる。それは、水に浸けられた調理前のナマコを触った時の感覚ゆえのこと。乾燥ナマコを戻したような弾力性はないが、かといって生キンコほど表面がざらざらしてもいない。第一、実際に調理されたナマコは生キンコどころではない。やわらかさといい、なめらかさ抜群である。丸干しの形状のままで戻されていたが、そのこと自体が珍しい。通常ならば、戻す際にナマコの腹を割き、縦走筋を取り除くはずだが、それがない。これは、どういうことだ？［青島調査ノートより］

いまとなっては検証できないが、おそらく、これが、即食海参であったものと仮想している。

なお、レストランでは、一個あたり三六元であった。今回、大連でみかけた即食海参は、重量によって規格化がなされており、上品堂では四〇グラムのものが三九元、五〇グラムのものが五五元、八〇グラムのものが八八元となっていた。真偽のほどは不明であるが、それぞれ、養殖暦が四年、五年、七年と説明書きされていた。

淡干、塩干、糖干、半干、凍干、塩漬、即食の七種は食材としてのナマコであった。が、これ以外にもナマコ製品は存在する。たとえば、ドリンク剤がある。二〇〇一年からドリンク剤を製造販売する大連好参柏社は、「ナマコを食べても、残念ながら吸収率はよくない。一説によるとわずか二〇〜二五パーセントしか栄養を吸収できない。しかし、弊社のドリンク剤だとナマコの有用成分の九五パーセントが吸収可能である。三〇ミリリットルの溶液に、だいたい一五〇グラムの海参一尾に相当する栄養が含まれている。このことから、ドリンク剤が経済的な商品であることが理解できよう。大連産の一五〇グラムの生鮮ナマコは一尾三〇元であるのに対し、弊社のドリンク剤は一本一五元と半額である。しかも、ドリンク剤はナマコの有用成分の吸収率にすぐれている」と自慢する。

ドリンク剤を販売するのは数社にすぎなかったが、サプリメントは各社が販売していた。あるメーカーは一日に二粒を飲むことを推奨し、「空腹時に飲むのが効果的で、疲れをとり、ストレスを解消し、安眠を保証してくれる」と説明してくれた。また、免疫機能を高める効果を強調する会社もあった。一粒に〇・二グラム入りのカプセルが一〇粒を一セットとして売られており、四九・八〇元であった。(8)

写真6–15 ナマコのサプリメント.
1錠の価格は5～10元程度.

写真6–16 ナマコ酒とナマコ飴.
大連で販売されているナマコ製品群には,
ナマコ・エキスが入った飴もある.
真偽のほどは疑わしいものの,
大連人が共有する「ナマコは身体によい」
という信仰を裏づける傍証ともいえよう.

こうした製品は、ナマコの養殖からナマコ製品の加工製造、販売を一貫しておこなうブランド・メーカーが、製造過程で発生する粉末などの副産物やロス品を有効利用している点にも注意が必要である〔前田盛・廣田 2009〕。

つまり、ナマコ製品の総合プロデュースがなされているのであり、わたしたちが抱く、漁業者―加工業者―流通業者という分業の連鎖をうちやぶり、川上から川下までを一企業が掌握しつつあるのが、現在の大連におけるナマコ産業の特徴でもある。しかも、大連獐子島漁業グループのように株式を上場した企業も存在し、小規模事業者が昔ながらの事業を展開している、といった牧歌的なイメージではとらえることができない点を強調しておきたい。

五　遼東地域の生鮮ナマコ食――「ナマコ食」＝「イリコ食」図式の崩壊

詳細は各種のレシピ集や『中国料理のマナーマニュアル』〔日本ホテル・レストランサービス技能協会 1997〕、『中国料理用語辞典　決定版』〔井上編 1997〕などにゆずりたいが、（ややマニアックとなる）以下の記述をスムーズに進めるため、ここで一般的な中国料理のメニューについて略述しておこう。

中国料理の名称は、原料（材料）、烹調方法（調理法）、調味（味つけ）、切法（包丁の入れ方）などを組みあわせるのが基本である。調理法については、火の使い方に応じてさまざまな漢字があてがわれている。ナマコ料理でいえば、爆《パオ》（材料を熱い油で瞬間的に揚げる、もしくは熱い湯で短時間に茹でる）、爆《パオ》香《シャン》（ショウガ、ネギ、サンショウ、ニンニクなどを炒めて香りをよくしたもの）、煨《ウエイ》（弱火でやわらかくなるまで煮るか、蒸し焼きにすること）、燜《ムン》（あらかじめ油で揚げるか、または煮た材料を鍋に入れ、それが隠れるまで水／湯を入れて調味料をくわえて煮る）、扒《パア》（葛を入れ、とろ火でグツグツ煮る）、羹《グン》（スープのなかに肉や野菜などを入れて水で溶いた片栗粉でとろみをつけたもの。日本的には「あつもの」）などが、よくみかける漢字である。

前章の上海料理のところで紹介した蝦子海参《シャーズハイシエン》は、エビの卵巣と海参との材料名をならべた典型例である。調理法を示したものとしては、醬油煮込みを意味する「紅焼」を冠した紅焼海参《ホンシャオハイシエン》（ナマコの醬油煮込み）が有名である。日本の中華食材屋でも販売している「XO醬」という調味料をからめて「爆」する、XO醬爆海参《ヂアンバオハイシエン》もある。香爆海参片《シアンバオハイシエンピエン》は、薄切りしたナマコ（海参片）を「爆香」した料理である。

他方、慣用的な名称も少なくない。たとえば、一品海参《イーピンハイシエン》の一品は、一品が官位のトップというところから、「特上」を形容する。八宝菜でおなじみの八宝《パーパオ》は、日本風にいうと五目で、さまざまな材料を用いる料理に使われる。「八宝」以外にも四宝《スーパオ》や六宝《リユウパオ》、什錦《シーヂン》、什景《シーヂン》なども、同意語と考えてよい。「家常《チアチャン》」は家庭料理を意味する熟語であるが、なぜだか家常海参の多くは四川料理風の辛味の効いた料理をさすことが多いようである。辛党のわたし好みのナマコ料理である。

二〇〇二年に青島を旅行した時に一番驚いたのが、生鮮ナマコを調理することであった。生鮮アワビを炒めた時のように、やわらかさのなかにも歯ごたえがしっかりした食感であった。今回の大連調査中も、予算の許すかぎりナマコを食べるようにしていたが、大連市内で給仕されたナマコは即食海参か生鮮ナマコのいずれかであった。特別に注文すれば可能であったのだろうが、訪問した店のメニューで確認したかぎりでは、乾燥ナマコを用いたものは皆無であった。

生拌海参《シエンバン》は、生鮮ナマコを薄く切って、クラゲなどとサラダ風に和えた前菜である。「拌」は材料の上から味つけした汁をそそぐ調理法であり、日本風にいうと「和える」感じである。冷菜の性格を強調して「涼拌《リアンバン》」とよぶこともある。大連出身で、かつて鹿児島大学に留学し、現在、大連水産学院で養殖学を教授する任同軍先生は、「以前は、乾燥ナマコを戻したもの以外でナマコといえば、こんなもの。生鮮ナマコを乾燥ナマコみたいに紅焼(醬油煮込み)に調理することはなかった」と回顧する。

しかし、現在では、即食海参のみならず、生鮮ナマコを用いた料理も珍しくない。たとえば、青島市の青島出版社から『吃海参《チーハイシエン》』(『ナマコを食べる』)という本が出ている[劉編 2007]。読んで名のごとく一冊まるごとナマコ料理のオンパレードで、六三種のナマコ料理が紹介されている(なかには海参寿司といった日本風料理も紹介されている)。

このうち、マナマコ(*Stichopus japonicus*)を用いたものが五三種(八四パーセント)で、それ以外のナマコの例は一〇品にすぎなかった。とはいっても、梅花参《メイフアーシエン》(*Thelenota ananas*, バイカナマコ)を用いたものが四品、それ以外の刺参を用いたものが五品で、マナマコを含む刺参の合計は六一品を占める。(9)

つまり、残りの二品は、光参の横綱級ともいえるハネジナマコ(*Holothuria scabra*)とチブサナマコ

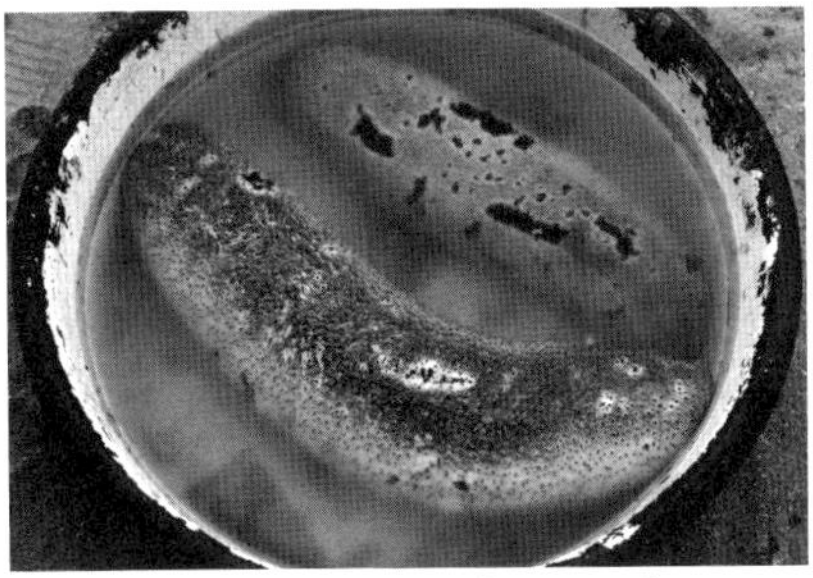

写真6-17　ハネジナマコ（*H. scabra*）.

(*H. fuscogilva*)を用いた料理であり、それぞれ沙参焼方肉《シャーシエンシャオファンロウ》(角切りにした豚肉と一緒にハネジナマコを「燜」し、さらに鍋にふたをおとして煮込む)と整焼白猪婆参《ツエンシャオパイチユーポーシエン》(海鮮醬とオイスターソースで人参と大根とともにチブサナマコを弱火で煮込む)である。

刺参文化圏内で発行された本というだけではなく、さすがナマコ料理に特化した書物だけあって、刺参へのこだわりに敬服せざるをえない。

さらには、『吃海参』をながめていて驚かされたのは、紹介されている料理のうち生鮮ナマコを用いたものが少なくない点であった。それら二一品を表6−2にまとめた(これらのすべてがマナマコを使用している点にもおそれいる)。

説明するまでもないだろうが、「生」は生鮮材料を、「活」は生きている材料を意味している。ナマコをやわらかくするためであろうか。料理によっては、氷水に浸けたり湯に浸けたりをくりかえしたうえ、それらを細切り(条)にしたり、角切り(丁)したりして調理している。任先生のいう生拌海参のように油で炒めない、つまりは火で調理しない、生鮮ナマコもしくは活ナマコをそのまま調理する料理は、水蛋芙蓉海参、海参沙拉、虎芽海参、陳醋拌活海参、生吃活海参、過橋海参、荊芥拌活海参、什錦活海参、特色拌活海参の九品である。

『吃海参』で紹介されたマナマコ料理の四割近くを生鮮ナマコが占めていることからも、大連や青島において「ナマコ食」＝「イリコ食」という図式が、すでに過去のものとなっていることが指摘できる。ドリンク剤を開発した大連

表6–2　『吃海参』に出てくる生鮮ナマコを用いた料理の名称と内容

料理名	ピンイン表記	内容
一品活海参	yipin huohaishen	ナマコを「頂湯」とよばれる極上スープで煮込む.
水蛋芙蓉海参	shuidan furong haishen	角切りしたナマコに豉油汁をかけ，パイ生地でつつむ.
蒜泥活海参	suanni huohaishen	冷水と熱湯を交互にくぐらせたナマコを小麦粉で練った皮に包み，ニンニクソースをつける.
海南風味活海参	hainan fengwei huohaishen	細切りしたナマコを「爆」したもの.
海参沙拉	haishen shala	ナマコのサラダ.
虎芽海参	huya haishen	細切りしたナマコとモロヘイヤのニンニク風味サラダ.
陳醋拌活海参	chencu ban huohaishen	角切りしたナマコの黒酢和え.
生吃活海参	shengchi huohaishen	ナマコの刺身.
過橋海参	guoqiao haishen	ナマコの刺身.
韭黄海参	jiuhuang haishen	細切りしたナマコとニラモヤシの炒めもの.
荊芥拌活海参	jingjie ban huohaishen	角切りしたナマコと荊芥（豆苗に似た野菜）の和えもの.
豉油活海参	chiyou huohaishen	細切りしたナマコに調味料をくわえた豉油をかけたもの.
什錦活海参	shijin huohaishen	角切りしたナマコとキュウリ，糸コンニャク，コンブ，タケノコ，ニンジンに調味料をかけたもの.
特色拌活海参	tese ban huohaishen	角切りナマコの黒酢和え.
養顔海参	yangyan haishen	角切りナマコとアロエ，ユリの根の炒めもの.
清湯活海参	qingtang huohaishen	リンゴの皮のように細長く切った「ナマコそば」を「清湯」（澄んだスープ）で食べる.
醬爆活海参	jiangbao huohaishen	細切りナマコを甜面醬で「爆」したもの.
番茄海参羹	fanqie haishengeng	細切りナマコのトマト風味のあつもの.
至尊活海参	zhizun huohaishen	腸を取り出した1本まままのナマコをスープとともに食べる.
蜇頭拌活海参	zheto ban huohaishen	角切りナマコとクラゲの和えもの.
養生活海参	yangshen huohaishen	豆腐の上に角切りナマコをトッピングし，上湯とよばれるスープをかけたもの.

出所：劉編［2007］をもとに筆者作成.

好参柏社が主張するように、ナマコの食感よりも、「とにかく、どんなかたちでもよいからナマコを摂取する」ことに力点がおかれているものと察せられる。

半干海参の戻し方

市内の百貨店「大商商場」一階の食品売り場に出店している玉璘社の販売員によると、半干海参も塩漬海参も、戻し方は同様である。まず、体壁を鋏で切ってひらき、石灰質の口をとる。縦走筋を三分割するよう、二カ所に切れ目を入れる。それらを冷水に入れ、強火で煮る。沸騰したら弱火にし、四〇～五〇分間、煮熟する。その後、火をとめ、そのまま水ごとさます。箸でやわらかさを確認する。箸が貫通したらOKである。ナマコを水から取り出し、油分のない皿に移す。その後、冷水に保存する。この時、氷を入れておくとよい。冷蔵庫で保存し、朝晩二回、水をとりかえる。こうして二、三日おくと食べることができるようになる。乾燥ナマコの場合と異なり、縦走筋は取り除かない。戻したナマコは冷凍保存しておき、必要に応じて解凍して食べる。

わたしも二〇〇八年一一月二二日、玉璘社にて、「特供半干海参」とのラベルのついた半干六個を一六三元（二四〇〇円相当）で購入した。店員によると、五〇〇グラムあたり五〇個程度（つまり一個一〇グラム）の大きさというが、購入時に計量すると、それぞれ一六グラム、一四グラム、一四グラム、一二グラム、一一グラム、八グラムであった（そのうち一一グラムのものを前記の要領で加工してもらったが、口部を取り出しても、重量には変化がなかった）。これは、五〇〇グラムあたり一〇八八元（一万六千円相当）もする高級品である。

同店で四種類販売されていた半干のうち、ほかの三種は単に「半干海参」と表記され、価格は五〇〇グラムあたり二〇個前後の大きさで六九〇元、同二五～二六個の大きさ

写真6-18
半干海参の戻し方の実演.

写真6-19　半干海参は売れ筋商品.
客の確認しやすい位置に陳列されている.

が五一七元、同四〇個程度の大きさのものが七四八元であった。前者二種は、背中を割っていたのに対し、三番目のものと前述の「特供半干海参」は、腹部から脱腸されていた。

大きさは当然のこと、水分保有率によっても価格は当然異なる。わたしが購入した「特供半干海参」は、「水分がかなり抜けているから値段が高い」との説明を受けた。実際に店頭にならんだ四種の半干を比較してみても、乾燥が進んでいるためか、見た目にも触った印象としても湿度の低いことが感じられたし、もっとも刺も鋭く、きわだっていた。なお、同店でもっとも人気の商品は、五〇〇グラムあたり四〇個程度の半干海参だという。その基準の半干海参を一キログラムも買えば八〇個となり、一冬を越すことができるからだという。

六　ナマコ食品のファーストフード化——養殖と生産の規格化

わたしが大連に到着した二〇〇八年一二月一六日は、日系スーパーのマイカルにおける「第四回海参文化月間」の最終日であった。冬至直前のナマコセールである。最終日ということもあり、駆け込み需要もあったのであろうが、一千元単位で半干を購入する客が少なくなかった。前記の玉璘社の例でも紹介したように、五〇〇グラムあたり四〇個の大きさのものであれば、一キログラムも買えば冬期を過ごすことができ、五〇〇グラムあたり五〇〇元であれば、購入可能な範囲であるとのことであった。

店員の話を総合すると、「乾燥ナマコにくらべ、半干は同じ価格で大きいので、人気がある。

昔からナマコを食べてきた人は乾燥品を好み、近年、ナマコを食べるようになった人は半干やほかの製品を好む傾向にある」とのことであった。

事実、わたしが観察したかぎりでも、乾燥ナマコよりも、むしろ、半干（塩に漬けこんで干した半乾燥品）、塩漬（塩水でボイルしたものを冷蔵保存したもの）、凍干（フリーズドライ）、即食（水煮したナマコのレトルト）といった商品が主力という印象を受けた。客がみな千元単位で購入している光景をみて、わたしは圧倒された（大連の友人から、「両親が冬季用に海参を大量に購入する場合には、まず試験的に二本ほど買ってみて、戻し具合や食感を試してみるものだ」と聞いていたが、実際のところはどうなのであろうか）。

これは、淡干にしろ、塩干にしろ、乾燥ナマコが贈答用として流通するのに対して、地元で消費される製品としては、より手軽に調理できる製品の需要が高い、といえるであろう。しかも、すでに報告したように、塩漬にせよ、即食海参あるいは凍干にせよ、厳格に重量管理がなされている点は重要である。

なぜならば、これらの製品に共通するのは、食の簡便化と規格化・ブランド化であるからである。この現象を、わたしは栄養ドリンクやサプリメントも含め、ナマコ信仰に依拠したナマコ食のファーストフード化現象だと考えている。

わたしは、これまでの研究のなかでナマコのスローフード性を疑ったことはなかったし、それが乾貨の代表ともいえるイリコ食文化の特徴だと考えていた。獲るのも大変ならば加工も一苦労、さらに戻す作業にも時間と技術を必要とするからである。そして、熱帯のサンゴ礁に囲まれた離島からさまざまな民族間ネットワークを通じ、集散地に収斂した乾燥ナマコが最終消費地である香港や華南地方の光参文化圏へといたるルートを割りだし、そこに介在する資本や権力関係の解明におもしろさを感じてもいた。しかし、そういったイメージではとらえきれない現実を、大連で直視せざるをえなくなったのである。

乾燥ナマコ一点張りではない大連のナマコ食文化は、一見、多様性に富んだもののようにみえる。養殖による安定供給と豊富な資本に支えられた経済活動が、それらの多様性を支えているかにもみえる。それらの根本には、人びとのあくことのない刺参熱がある。それは、先述した大連好参柏社がドリンク剤開発に踏みきった契機となったマーケティング調査の結果でもある、①ナマコの価格は高い、②ナマコの処理・調理がめんどうくさい、という二点からも明らかであろう。

とにかく健康によいナマコを簡便に摂取したい。生鮮ナマコを調理するのも、その一環と解釈できる。また、より簡便にナマコを摂取するために必要なのは、規格化である。このことを可能としたのが、企業経営によるナマコ養殖と生産調整による重量の管理である。結果としてブランドが確立することになる(ブランド化)。

すでに引用した大連水産学院の教授陣が自負するように、「養殖のおかげでナマコの供給量が増え、中国の経済成長もともない、より多くの人がナマコを食べることができるようになってきた」ことは、中国社会にとっては画期的なことであったにちがいない。

しかし、養殖業のナマコ産業への貢献は、量の安定供給ではなく、規格化にあるといえないだろうか。たとえば、半干でも塩漬でも凍干でも、それらは販売されるにあたり、重量にもとづいた大中小の三区分をもうけることが一般的である。半干の場合、大は養殖暦六年、小は同三年と説明を受けたりもしたが、加工の中心は養殖暦三、四年ものであるらしい。ブランド・メーカーの市場への攻勢は、同じ大きさ・重量のもの、つまり一定品質のものを機械的に用意できることを前提としたものなのである。

ところが、養殖はよいことづくめではない。当然、リスクをともなうものでもある。一、二年はよいとして、高価なナマコを五年も七年も海に放流しておくであろうか。その間に病気でもはびこって全滅するリスクを、どのように計算しているのであろうか。確固たる証言が得られたわけではなく、今回の大連訪問の目的でもあったことが解明できずに忸怩たる思いはぬぐえないが、ある程度大きなナマコは、青森県や北海道から塩蔵品として流れているものが塩漬や即食、半干などに加工されていると推察しても、それほどはずれていないのではないだろうか。

塩蔵ナマコの生産実態については、漁協レベルで把握できていないことも多く、資源管理上も実態把握が求められている。しかも、日本からの塩蔵ナマコの輸出については、西日本の某商社が独占状態に

写真6-20　養殖池．屋内で育てた後に海に放流して「野生」として育てる．こうした養殖池の経営は，会社ではなく，個人単位でなされるものが少なくない（山東省長島県，2007年3月）．

写真6-21　棒棰島海参所有の養殖海面に潜るダイバー．同社には，2003年に開催されたFAOによるナマコ会議（ASCAM）の際に参加者全員で訪問した．棒棰島海参は，写真6-9のバス広告にもある大手である．

あるらしく、調査は八方ふさがりの状況にある。とはいえ、現象としてのファーストフード化をも包摂したナマコ食文化の多様化は、現実として中国北部の都市で進行中である。日本各地の生産地で塩蔵ナマコが製造されるようになったのも、その一環として理解すべきである。

スローがよくてファーストが駄目などというつもりはない。文化は変化しつづけるものである。食文化も例外ではありえない。

問題は、急速に変化していく食文化に対応しながら、いかに柔軟に資源管理をおこなっていけるかにある。実際、日本側の資源管理からすると、小さなナマコを獲るよりも、なるべく大きなナマコを獲って売るほうがいいに決まっている。それだけ産卵の機会を保証できるからである。だから、大連などで五年ものや七年ものとして販売されている即食海参などの原料として日本産の塩蔵ナマコが使用されているのだとしたら、意識的に大きなものを獲るようにすることが、資源管理上も経営上も有利にはたらくといえないだろうか。

七 付記——塩製と炭製

二〇〇二年五月に山東省蓬莱市で聞いた話では、伝統的かつ中心的な乾燥ナマコの製造方法は、以下のとおりであった。

(1) 真水で二時間ほど煮る。煮熟最中にナマコから水分が出てきて、ひたひたとなるため、真水は少しでよい。

(2) 塩をくわえた桶に移し、一週間ぐらい置いておく。

(3) 再度、一時間ほど真水で煮る。

(4) 天日干しする(燻さない)。

ここでは、腹ではなく、背中を割っていた。仕上がりは灰色っぽく、ざらざらした感じであった。かといって、塩が吹き出ている感じでもない。完全な日干しだという。

また、二〇〇七年三月に山東省長島県で聞いた際には、炭や塩、灰を用いるのが伝統的な製法だというが、近年では商品価格の上昇にともない、「淡干」が好まれるようになってきた。それでも、少なくとも山東省では、二〇〇〇年前後までは「塩干」が好まれていたという。灰というのは、右記山東省蓬莱の製法の(2)の工程に際し、草を焼いた灰を塩とともに用いるものであるし、炭製とは(3)の工程後に(竹)炭をまぶして乾燥させる方法である。北海道の老舗によると、戦前の日本でも塩をまぶして干す方法を塩製《しおせい》、炭を用いて干すやり方を炭製《すみせい》とよび、加工していたものだという[鶴見 1999]。乾燥機を用いなかった時代の製法として考えるべきであろう。

註

(1) 南北行(Nam Pak Hong)は、南北雑貨をあつかう店といった意味で、香港島の上環地区内の一部をさす総称である。一九世紀に開港した当初は、タイからの米の輸入で繁栄したといわれているが[王 2003]、現在は漢方薬や乾燥海産物の問屋が集中する地域となっている。南北行の中心は、乾燥海産物をあつかう問屋の集中するBonham Strand West St.(文咸西街)とWing Lok St.(永楽街)であるが、広義の南北行は小売店が集中するDes Voeux Road West(徳輔道西)を含む。

(2) 香港の乾燥マナマコの価格は、この四、五年間で急騰している。その結果、日本でも最高級品を産出する北海道北部では、浜値が過去三年間で四、五倍になった(『北海道新聞』二〇〇六年七月一日)。そんな産地のひとつである宗谷海区の利尻島の例を紹介しよう。わたしがはじめて訪れた二〇〇三年、八三〇円ではじまった生鮮ナマコの浜値は、最高浜値の一三〇〇円でシーズンを終えた。漁民は値崩れを心配したが、二〇〇五年も上昇をつづけ、二〇〇六年には一八〇〇円、二〇〇七年には三二〇〇円にまで急騰した。ちなみに、二〇〇一年と二〇〇二年の平均浜値は、それぞれ五四〇円、七三六円にすぎなかったことからも、二〇〇三年以降のバブルをうかがうことができる。

(3) 神戸市場を中心にナマコを含む塩干物の輸出を長年手がけてきたT氏によれば、一個あたりの重量が三〇グラムを超える大きな乾燥ナマコは、中国料理用として輸出されず、会席料理用の食材として日本国内で流通する場合がある、という。同様に正月のおせち料理の食材としても、イリコは需要があるらしい。

(4) 調査は、農林水産技術会議のプロジェクトの一環として青森県水産総合研究センター増養殖研究所の桐原慎二部長を団長として組織され、同県から廣田将仁さんと松尾みどりさんも参加して実施された。事前準備や現地調査の円滑な遂行は、大連外国語大学大学院の童琳さんの尽力に負っている。

(5) 二〇〇八年二月に上海随一の食品の品ぞろえをもつという上海第一食品館の店員にインタビューした際、おもしろい経験をしたので紹介しよう。「大連と青島では、大連のほうが産地としてすぐれている」と認識されていることが明らかとなったのである。同店においては、日本産らしいものにも大連産と青島産の二種類のラベルが附されており、大きさと形などを比較した場合、大連産とラベルを附されたもののほうが、青島産と記されたものよりも高価格に設定されていたのである。このことは、上海の人びとのあいだで、大連こそがナマコ食文化の中心地と考えられている証左となるであろう。

(6) このことは、大連周辺で光参類を「海茄子《ハイチェズ》」とよび、それらを「参」とよばない(つまり、海参と考えていない)ことにも明らかである。

(7) 遼寧省東港市産の越光米(いわゆるコシヒカリ)は、五キログラムが九七元もした。他方、タイ産の長粒米は、五キログラムあたり四七元、五一元、六三元と短粒米にくらべると高めであった。中国米に若干のタイ米を混ぜて食べることもあるという。

(8) ナマコ製品は、マレー人社会にも存在している。起源は不明であるが、マレーシアのランカウィ島でナマコの成分を油に溶かすミニャック・ガマットが販売されている。このローションは、マレー人社会では、傷やかゆみに効くと考えられている。妊婦が出産した際にナマコを摂取するとよいとも考えられている。またマレーシアでも、すでに一九九〇年代後半にサプリメントの存在が知られている[Bain and Choo 1999]。マレーシアでは、現在、ナマコ石鹼なるものが販売されており、観光客を中心に人気を集めている。事実、わたしの妻のお気に入りでもある。

(9) マナマコ以外の刺参を使った料理は、以下のとおりであった。麻辣梅花参《マーラーメイファシエン》(梅花参の麻婆風)、鮑汁梅花参《パオジーメイファシエン》(梅花参の鮑エキスあんかけ)、香酥海参《シアンスーハイシエン》(千切りして揚げた梅花参を赤キャベツと糸コンニャクと黒酢で和えたもの)、五彩梅花参《ウーチャイメイファシエン》(細切りした梅花参と四種の野菜を「爆」したもの)がもっとも多く、ついで黄刺参《ファンツーシエン》(*S. hermanni*, ヨコスジナマコ)を用いた秘制黄刺参《ミージーファンツーシエン》(ホタテ貝柱のエキスと海鮮醬、オイスターソースで弱火でやわらかくなるまで煮込(「煨」)んだ料理)と特色焼《トウスウシャオ》烏元参《ウーユエンシエン》(海参を「煨」したもの)、また黄玉参《ファンユーシエン》(*S. horrens*, タマナマコ)を用いた玉龍吐珠《ユーロントウジュー》(すり身にしたイカとエビで団子をつくり、「煨」した海参に和えるもの)、海参焼蹄筋《ハイシエンシャオティージン》(豚のアキレス腱と白ネギを強火で炒めたもの)がそれぞれ二品ずつであった。なお、烏元参は *Actinopyga miliaris*(クロジリナマコ)をさし、料理名には烏元参とあるが、実際に用いられている写真は *S. hermanni* であったため、黄刺参に分類した。黄刺参と黄玉参は、よく似たナマコで、韓国では両者が区別されずに等しく好まれている(次章参照)。

第7章 ソウルのナマコ事情

チャヂャンミョンとタマナマコ

はじめに

ソウルで干ナマコの入ったサムソン・チャヂャンを食べた。

サムソンは「三鮮」で、海の幸を三種用いた中華料理の一ジャンルである。他方、チャヂャンを漢字で書けば、「炸醬」となる。炸(zha)は、「はじける、揚げる」を含意し、食物を強い火でさっと油で揚げることを意味する漢字である。醬(jiang)は、どろどろした汁が原意で、味噌や醬油のような発酵食品をさす。

炸醬麵(ツァヂィアンミィエン)は、もともとは山東省周辺の料理だというが、暑い北京の夏の定番らしい。生ニンニクをかじりながら、交互に炸醬麵をすするのが北京風である［安藤編 1988:

122–126]。そんな炸醬麵であるが、韓国でいうチャヂャンミョンとは、チュンヂャン（春醬）とよばれるカラメル入りの黒い味噌をベースにタマネギや豚肉などを炒めたソース（チャヂャン）を、茹でた麵にかけた料理である［林 2005a：63］。

わたしが食べた三鮮炸醬麵には、干ナマコとエビ、イカが入っていた。二〇〇九年一月、通常の炸醬麵が一杯四千ウォン（二六〇円）であったのに対して、その三鮮版は一・五倍の六千ウォン（三九〇円）であった。

三鮮の具については、料理店によっても異なるが、干ナマコとエビは必須のようである。残りの一品はイカであったり、貝類であったりと店によってバリエーションがある。なかには実は、干ナマコとエビの二鮮の場合もある。この二品だけで十分、といわんばかりではないか。

本章では、三鮮料理を中心にソウルのナマコ事情を報告したい。そのためにも、前半でチャヂャンミョンに着目して「韓流中華」について略述することとしたい。

一　国民食としてのチャヂャンミョン

もちろん、三鮮はチャヂャンミョンにかぎらない。ソウルの中国料理店には、各種の三鮮料理がある。なかでもチリ風味の「チャンポン」（炒碼麵）と日本のタンメンに似た細麵の「ウドン」（大滷麵）、「ポックムパップ」（炒飯）などが日常的である。だが、ソウルの三鮮事情はチャヂャンミョン抜きでは語れない。

北海道大学大学院でインドネシアのサーフィン文化を研究している韓国人留学生の鄭信智さんによれば、韓国人になじみのある中国料理といえば、チャヂャンミョンとチャンポンに酢豚を意味するタンスユックの三種であり、なかでもチャヂャンミョンは、韓国の老若男女に好まれている「国民食」である。彼女によれば、札幌界隈にいる韓国人留学生たちが集まると、かならずといってよいほど「あぁ〜、チャヂャンミョン、食べたいなぁ〜」というため息まじりのチャヂャンミョン談義で盛り上がるという。そんなチャヂャンミョン話のひとつとして、彼女は、「子どもの頃からチャヂャンミョンを食べて育ったが、誕生日だけは「三鮮チャヂャン」と決まっていた。当時は、もちろん、ナマコなど意識していなかったが、いつもは大人しか口にできない三鮮チャヂャンを大人と一緒に食べることが誇らしかった」と披露してくれた。

鄭さんにかぎらず、わたしが勤める名古屋市立大学に留学している金仁済君も、「家族で外食というと、十中八九、チャヂャンミョンであった。テレビドラマにはチャヂャンミョンを食べるシーンがよく出てくるし、お笑い番組にはチャヂャンミョン・ネタは必須で、とにかくチャヂャンミョンに関する話は枚挙にいとまがない」という。

鄭さんも、金君も、チャヂャンミョンの起源が中国料理にあることは疑わないが、そんなことはどうでもよいほどにチャヂャンミョンは身近な存在なのだという[Kim 2001; Yang 2005]。きっと、わたしたちにとってカレーやラーメンの起源を詮索するのがナンセンスであるのと同様の感覚なのであろう。

ソウルでインタビューした中国料理店主の韓国華僑は、「チャヂャンの素となる春醬自体が韓流であり、中国には存在しない調味料である。だからチャヂャンミョンは、中国生まれではなく、韓国製なのだ」と力説してくれた。わたしは中国で炸醤麵を食べたことがないので実際のところはわからないが、たしかに、日本やマレーシアの中国料理店で食べるような炒めたひき肉がトッピングされている炸醤麵と、韓国で食べたチャヂャンミョンは似て非なるものであった。実際、韓国人人口の多い山東省や遼寧省、黒龍江省などに再輸出された韓流のチャヂャンミョンは、専門店がたつほどに人気があるが、中国ではあくまでも「韓式炸醤麵」として知られており、中国料理の亜種として認識されていると聞く[林 2006:108]。

では、もともとは外来のものであった炸醤麵は、いかにして韓流化し、韓国社会に受容されていったのであろうか。

韓国独自の春醬がチャヂャンに使用されるにいたった経緯は明らかではないが、チャヂャンミョンの普及は韓国における外食文化の発展と無関係ではありえない。韓国近代史における中国料理の発展を論じた文章のなかで文化人類学者の林史樹は、一般に韓国で外食産業がさかんとなったのは一九八〇年代半ば以降だといい、その原因を所得水準の向上と生活スタイルの都市化によるものと指摘する。韓国の外食産業は、一九七〇年代の高度経済成長期に人びとが都市に流入し、それらの人びとが昼食などを食堂ですますようになったことを契機として急成長した[林 2005a:59]。

このような社会状況の変化のなかで、一九七〇年代にはチャヂャンミョンも一般的な食事として定着していった。このことは、食糧難の解決と物価安定が課題であった朴正熙政権時代にチャヂャンミョンが物価安定のための基本品目として価格統制の対象となったことにも明らかである［林 2006:95–96］。とはいえ、一九七〇年代を通じ、チャヂャンミョンは、それでも運動会など特別な日に食べることが多く、まだ特別な食物というイメージをもっていた。ところが、一九八〇年代になるとインスタント食品の登場とあいまって、チャヂャンミョンは一般化し、人びとが気軽に食すことのできる料理となった［林 2005a:65–66］。

鄭さんや金君が幼少期を過ごしたのは、まさにチャヂャンミョンが国民食化した、そんな時期であったのである。

炸醬麵の本家である中国に存在しない春醬の利用にとどまらず、食べ方自体でも、チャヂャンミョンの韓流化はとどまるところを知らない。林論文から、その一例として近年、若者に浸透してきた四月一四日の「ブラック・デー」なる慣行を紹介しよう。これは、二月一四日のバレンタイン・デーにも、（日本から伝わった）三月一四日のホワイト・デーにも無縁であった男女が、四月一四日に黒靴を履き、黒い服を身にまとい、黒いソースのかかったチャヂャンミョンを食べるというブラック・ユーモアの効いたイベントである。ブラック・デー自体を観察する機会は得ていないが、わたしも今回の訪韓時に中国料理店で、「四月一四日だけが、チャヂャンミョンを食べる日じゃない」というポスターをみて、魔女のようなつばの広い帽子をかぶり、黒装束でかためた人びとが店内のあちこちに分散して座り、口のまわりを真っ黒にしながらズルズルとチャヂャンミョンをすすっている様子をイメージして、そのブラック・ジョークのセンスのよさに敬服したものである。

このポスターを制作したのは、春醬の加工会社であった。だから、わたしは、「四月一四日以外にも、チャヂャンミョンを食べてくださいな」というメッセージが込められたものだ、と理解していた。ところが、先述の金君は、「ひとりぼっちなのは四月一四日だけじゃない」、「いつもひとりぼっちのぼく／わたしの、彼女／彼氏はチャヂャンミョンだけ」であることを含意しているのだ、と説明してくれた。かれは、このポスターの写真をみた途端にゲラゲラと笑いだし、「傑作だ」と評価したが、同感である。

写真7–1　「ブラック・デー」にまつわるチャヂャンミョンの宣伝ポスター.

現在の韓国社会においてチャヂャンミョンが国民食として位置づけられていることは右記のとおりである。実際、中国料理店で客の行動を観察していると、十中八九がチャヂャンミョンを注文するといっても過言ではない。その人気の秘訣は、もちろん春醬のつくりだす味にあるのであろうが、そのファーストフード的な性格も寄与しているように思われる。チャヂャンをベースとしたソースはつくりおきが可能である。店主からすると、注文があれば、麵をもった器に温めてあったソースをかけるだけである。テーブルにつくと同時にチャヂャンミョンを注文する人はまだしも、極端な場合には、店に入ってくるなりチャヂャンミョンを注文し、席に座って間髪入れずチャヂャンミョンが給仕され、それを無言ですすって出ていく客もいたほどだ。この間の所要時間、わずか数分である。ビジネスマンもＯＬ風の女性も、チャヂャンミョンを注文した場合は、忙しく食べ、せわしなく店を出ていった。

三鮮に戻る。三鮮人気は、ここ二十数年のものであるらしい。朝鮮宮廷料理に詳しい太田保健大学の金尚寶氏も、「一九八八年のソウルオリンピックを境に、保守的だった韓国の食文化が多様化を遂げた」と指摘する。そのひとつが中国料理のグルメ化である。本物志向が高まる一方で、輸入食材で調理した大衆版グルメも登場した。フィリピンから韓国への輸出にかぎっていえば、三鮮の必須素材とされる乾燥ナマコが、一九八〇年代後半から急増していることもその傍証になろう(図7-1)。

二　食文化の多様化と三鮮ブーム——宮廷料理と大衆版グルメ

実は、ソウルを訪れたのは一〇年ぶりのことであった。それは、第3章で紹介したように、フィリピンで乾燥ナマコの生産と流通の関係を調査していた際に、偶然にも複数の仲買人から「このナマコって、韓国で人気があるんだよ」と、タマナマコ(*Stichopus horrens*)とヨコスジナマコ(*S. hermanni*)を指して説明を受けたことを契機としていた。[1] それまでわたしは、「ナマコ」=「中国料理」=「中国世界」とステレオタイプな連想しかできず、仲買人が不意に発した「韓国」という国名が腑に落ちずにいた。そこで当時、博士論文執筆のために調査をしていた、前述の林史樹さん(現在、神田外語大学)に無理をいってソウル案内をしていただいたのである。一九九九年二月末のことだ[赤嶺 1999b]。

ソウルの南大門市場に隣接して、北倉洞《プックチャンドン》とよばれる通りがある。かつては中華街として賑わった地区だが、再開発の波にあらわれた現在、わずかばかりの食材屋と中華料理店が軒をならべる「華人通り」に変貌してしまった。

北倉洞で乾燥ナマコは簡単にみつかった。もっとも高価なものは、キログラムあたり二〇万ウォン(二万円)もする韓国産マナマコであった。済州島がおもな産地だという。アメリカ大陸

図7-1　フィリピンから韓国へ輸出された乾燥ナマコの量と金額

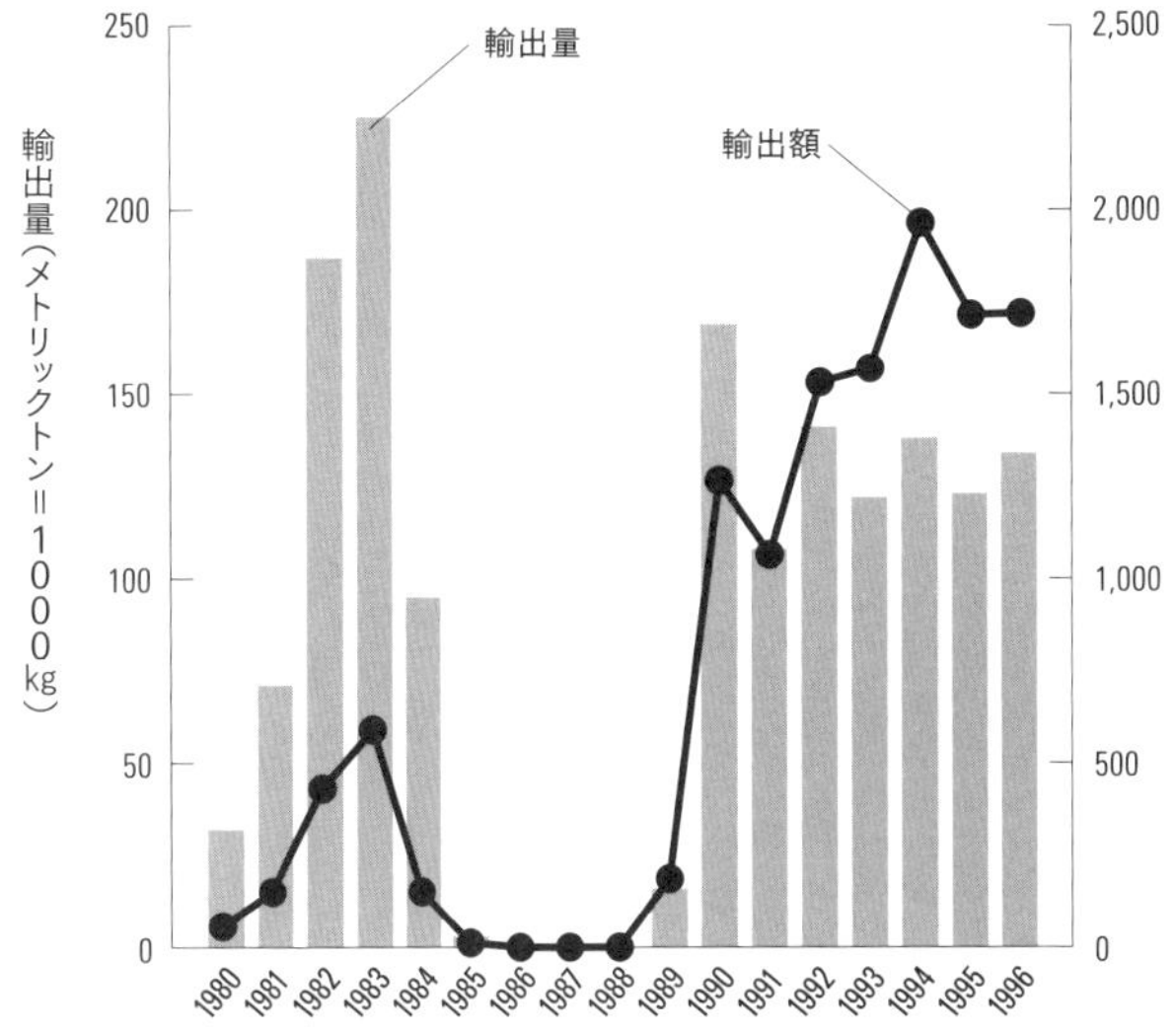

出所：*Foreign Trade Statistics of the Philippines* より筆者作成.

写真7-2　北倉洞.
韓国の中華街といえば，空港のある仁川である．しかし，ソウルの中心地，南大門と明洞地区に隣接した地域にも，「中華通り」として北倉洞がひっそりと存在している．

北西海岸に産するナマコ（八万三千ウォン／kg＝八三〇〇円）も売られていた。そして、もっとも安いのが、キログラムあたり五万ウォン（五千円）のフィリピン産のタマナマコであった。

　これらのナマコの差異について、乾物屋の主人は「ナマコ料理の定番ともいえる紅焼《ホンシャオ》海参や葱《ツオン》焼《シャオ》海参には、韓国産かアメリカ産の干ナマコを用いるが、三鮮料理はフィリピン産ナマコにかぎる」と説明してくれた。プルコギ（焼肉）一人前が千円以下で食べることのできるソウルでも、韓国産マナマコを用いたナマコ料理は一皿三千〜五千円はした。宮廷料理たるゆえんである。

　ちょうど一〇年後にあたる今回の訪韓の目的は、その後の三鮮事情をさぐることであった。九九年の訪韓で熱帯産のタマナマコの需要が韓国に存在することは確認できていた。だから、その後も継続したフィリピンやインドネシアの調査で、この種のナマコが韓国に輸出されていることを聞いても驚くには値しなかった。が、二〇〇五年にインドネシアのマカッサル市で、このナ

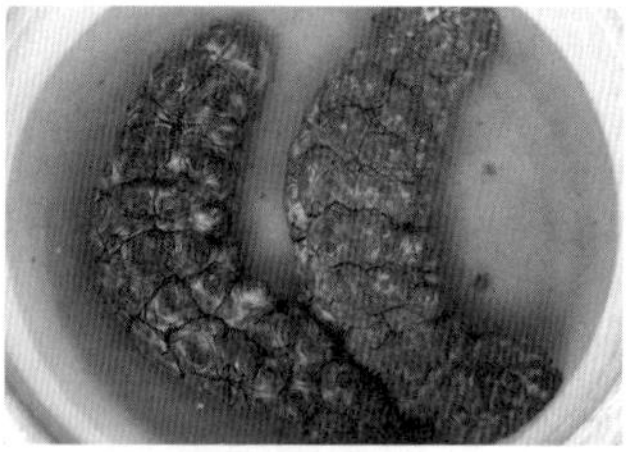

写真7-3（上）　鮮タマナマコ（*S. horrens*）.
写真7-4（下）　乾タマナマコ.

写真7-5（上）
鮮ヨコスジナマコ（*S. hermanni*）.
写真7-6（下）　乾ヨコスジナマコ.

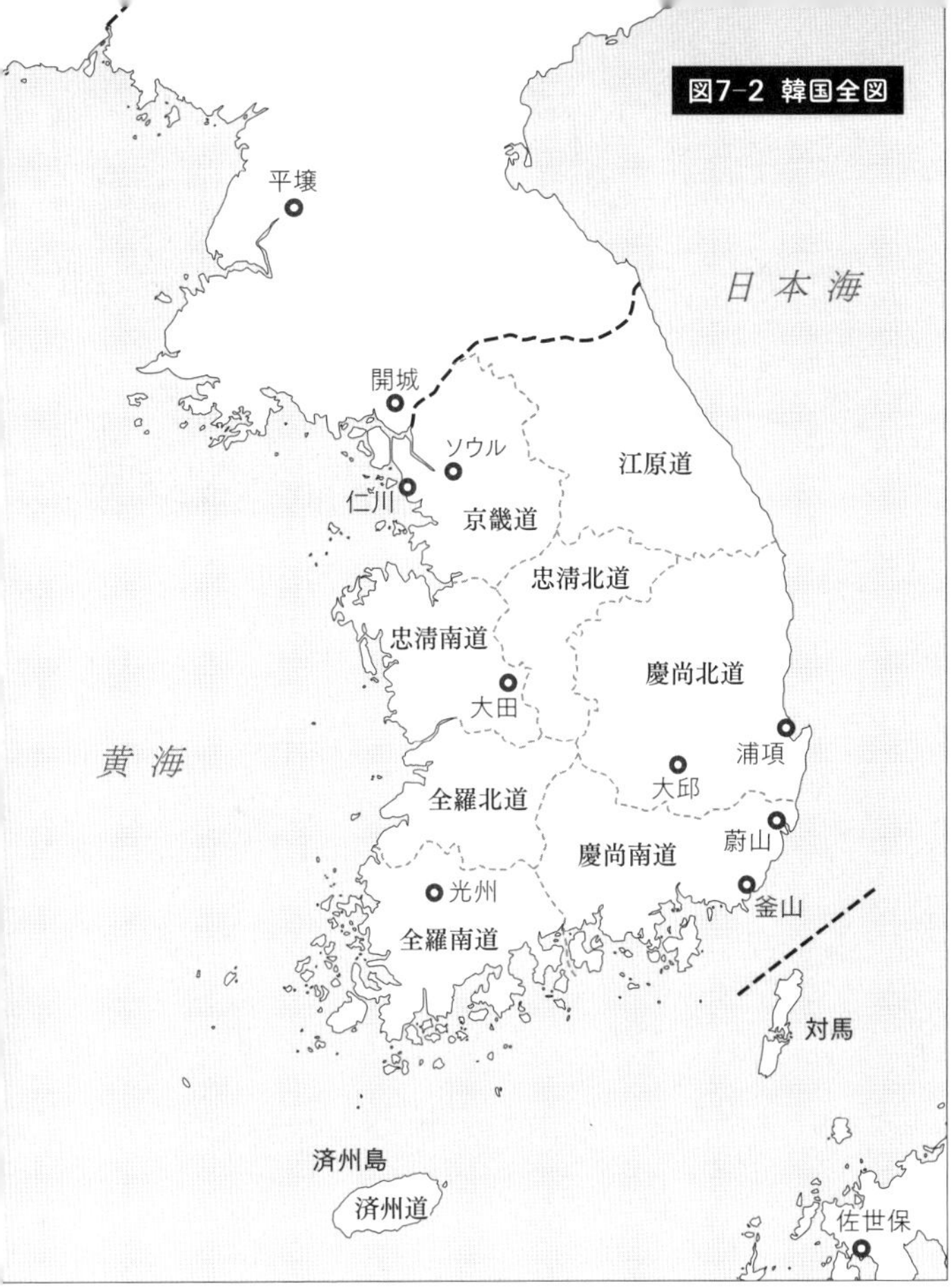

マコだけを買い集める韓国人のチャンさんに出会い、その執拗さにあらためて韓国におけるナマコ熱に驚かされた。

釜山から北に一時間半ほど走った浦項《ポハン》出身だというチャンさんは、わたしと同じ一九六七年生まれである。インドネシアには一九九〇年から滞在しているものの、東インドネシアを中心に仕事の拠点を転々と変えてきた。二〇〇〇年にマカッサルに移ってくるまでに、マルク州のアンボンに三年、スラウェシ島北部のマナドとゴロンタロに五年、インドネシア東端のパプア州のソロンに二年いた。基本的にムロアジとマグロ類を追って転々としてきたが、ナマコや

写真7–7
チャンさんの加工場（スラウェシ島マカッサル市）．
塩分を抜くためにナマコを煮熟しながら洗浄し，
細長くするためにひもでしばって整形する．

タコなども手がけてきた。

たとえばアンボンでは、各種の表層魚にタコ、ナマコ、マグロを中心に買い付けた。北スラウェシにいた時分は、ムロアジとマグロ類が中心であった。これらはすべて韓国に輸出した。パプアではイカン・ヒドゥップ（ikan hidup）と総称されるハタ類の活魚が中心で、これは香港向けに輸出していた。

マカッサルではナマコが中心であるが、一一月から二、三月にかけてはムロアジとエビも買い付けていた。ナマコはマカッサル語でＴＫＫ《テーカーカー》（Tai Kong Kong, 犬の糞）と称されるタマナマコだけを購入し、すべて韓国に輸出していた。韓国人がＴＫＫを好むのは、自国にも産するマナマコ（*S. japonicus*）と食感が類似しているため、とのことであった。

チャンさんが、このあたりで買い付けるナマコの半分以上が、一度、煮熟してから粗塩につけた一次加工品である。そのため、チャンさんの仕事はそれらを再加工することである。といってもただ単にナマコを茹でるだけではない。塩漬けされた一次加工品を煮熟して干すと、腹部の切り口に塩の結晶が生じる。結晶を除去するには、くりかえし煮熟しなくてはならない。一次加工品を干し上げるまでには、三、四回は茹でることとなる。天日干しする際にはナマコをひもでしばって形をととのえる。煮熟の最後には酸化鉄粉を湯に溶き、チョコレート色に仕上げるように工夫する。仕入れた一次加工品を輸出に耐えうる乾燥状態にするまでに一五～二〇日はかかる。

慣れない土地とはいえ、中国系マカッサル人の女性と結婚し、彼女との間にさずかった四歳になる息子さんをかわいがるチャンさんは、わたしと同年齢ということもあり、親しみを感じたし、ぜひ、ビジネスでも成功してほしいと念じていた。再会を約束して別れたが、その後、マカッサルを再訪した二〇〇八年八月には、チャンさんは店をたたんでしまっていて、消息をつかめずにいる。二〇〇五年の時点でマカッサル市内に韓国人バイヤーは三名いるということであったが、チャンさんにかぎらず、二〇〇八年の訪問時には韓国系バイヤーを確認することはできなかった。

三　スローフードのファーストフード化

これまで幾度となく論じてきたように、大連市や青島市などの中国の遼東地域におけるナマコ需要の高まりを受け、世界のナマコ事情は逼迫しつつある。だから、この数年間、わたしは遼東地域に隣接する韓国のナマコ事情の状況が気になっていた。それは、華僑といえば広東省や福建省など南部中国出身者がほとんどの東南アジアと異なり、韓国華僑とよばれる韓国在住の華人の多くが、山東省や遼寧省などと関係をもつ人びとだからである。遼東地域で高まっている刺参信仰が、韓国に影響を与えない保証はない。

わたしが調査をはじめた一九九七年以降、韓国経済は幾多の変遷を経ている。一九九九年に訪問した際は、アジア通貨危機に端を発したＩＭＦ（国際通貨基金）による構造調整を克服しつつあった時期であったし、今回は二〇〇八年一〇月に生じた世界同時金融不安の影響を受け、極端な

写真7-8　「原産国フィリピン」と表記されたタマナマコとヨコスジナマコ.

ウォン安の時期でもあった。したがって単純に日本円に換算した価格を比較することは無意味であろうから、ウォン価を記録として残しておこう。

　北倉洞の空気自体は、さして変化していないように見受けられた。むしろ旧正月（二月二六日）をひかえ、どの店も忙しそうにしていた。商売の邪魔とならぬよう、客波がとぎれる隙間をぬってインタビューをおこなった。今回、通訳を務めてくれたのは、先述した鄭信智さんである。彼女の明るい性格も手伝って、どの店の人も親切に対応してくれた。

　今回もタマナマコは簡単にみつかった。六〇〇グラムあたり六万五千ウォンが相場である。キログラムあたりの日本円は、七千円強という計算になる。それでも、一〇年前の一・五倍に近い金額だ。

　たまたま手にしたタマナマコはフィリピン産であった。燻臭がきつく、まだいくぶんは湿った感じで、カチンカチンと金属音がするほどに干し上げられたものではなかった。数えてみると、六〇〇グラム入りの袋にはタマナマコが一三粒入っていた。とはいえ、袋によってタマナマコの数はまちまちで、おおむね一〇～一五粒ということであった。つまり、一個あたりの重量は四〇～六〇グラムのものということになるが、完全に干し上げると、もっと個体重量は減少するはずである。マカッサルでタマナマコの買い付けをしていたチャンさんは、八センチメートル丈の大きさのものが韓国で人気があるといっていたが、今回みたものも、だいたいそれぐらいの大きさであった。

今回、短期間ながら北倉洞を歩いてみて感じたことは、流通している種数が増えたことである。タマナマコ以外にも、ハイチ産だという刺のある、フスクス・ナマコ(*Isostichopus fuscus*)に似たナマコもあった。タマナマコより若干安めの六〇〇グラムあたり六万ウォンであった(だが、流通量が圧倒的に少なく、わずか一軒でみただけであった)。そして、八刺海参(パルガック・ヘサム=八つの刺のナマコ)と直訳すべき、アメリカ大陸産のナマコも六〇〇グラムあたり一三万〜一四万ウォン(一万四千〜一万五千円/kg)で販売されていた。これは、中国の大連市で六角海参として販売されていたものと同種である。(2) 八刺海参は、北倉洞の複数の店でみかけたように、それなりに流通量があるようである。

また、「日本なまこ」と称されるオキナマコ(*Parastichopus nigripunctatus*)が大量に流通していることに驚かされた。第5章の註11で紹介したように、米国市場を別にすればオキナマコを海外でみかけることは少なかったからである。オキナマコは、六〇〇グラムあたり二〇万ウォン(二万一六〇〇円/kg)と高価であるにもかかわらず、ほとんどの店で販売されていた。興味深いことに韓国産マナマコの乾燥品は、中華街として知られる北倉洞の食材店ではなく、南大門市場でノリや乾燥果物などを販売する乾物屋で多くみかけた。キログラムあたり四五万ウォン(三万円)が相場であり、中国や日本のナマコ・バブルと比較した場合、廉価な印象を受けた。

今回の調査で感じた最大の変化といえば、*Cucumaria frondosa* の出現である。これは、カナダ東岸からフィンランドやアイスランドなどにも産するもので、日本でキンコナマコやフジコなどと称されるナマコである。(3)

特徴的なのは、このナマコは中国で「海参絲《ハイシエンスー》」（ナマコの千切り）とよばれる、糸状に裁断された商品に加工されることが多く、一般的に酸辣湯《スワンラータン》といった酸味と辛味の効いたスープに利用される。興味深いのは、韓国でも丸のままのキンコナマコの乾燥品が売られているのではなく、中国同様に「ナマコ・スライス」として糸状に裁断され、流通していた点である。糸状の製品は、六〇〇グラムあたり七万ウォン（七六〇〇円／kg）が相場のようであった。(4) フィリピンやインドネシアに産するタマナマコよりも、若干高いだけの価格設定である。最大の利点は、この糸状に加工されたキンコナマコは、水に戻すのが簡単なことである。安価なタマナマコといえども、戻す工程も手間も最高級のマナマコと同様で一週間は必要となる。しかし、糸状に加工されたキンコナマコであれば、一、二晩、水に浸けておけば、そのまま煮込み料理に使用できるという利点がある。

しかし、ナマコのファーストフード化はいまにはじまったわけではない。もっとも手間ひまのかかる、戻す工程がすでにアウトソーシングされて久しいからである。もともとは、各料理店が

写真7-9　中国の海参絲.

写真7-10　大連のデパ地下で量り売りされていた海参絲.
カナダ産のキンコナマコを使用.
500グラムが380～420元
（2008年11月）.

写真7-11　北倉洞でみかけた,
ハングルで「ナマコスライス」と書かれた箱.
カナダ産のキンコナマコ使用という.

必要に応じて乾燥食材を選別したうえで買い付け、それらを注文に応じて戻し、調理し、給仕してきた。しかし、近年は戻す工程だけを専門に引き受ける会社があり、それら工業的に戻された「もどしナマコ」がコールドチェーンの発達に乗じて冷凍製品として流通しているのである。冷凍したナマコを解凍して使えば、家庭でもレストランでも、いつでもナマコ料理が楽しめるのだ［赤嶺 2003］。この事情は、ナマコにかぎらず、フカヒレでもっとも顕著である。きれいな扇形に戻されたフカヒレが真空パックもしくはスープつきのレトルト状で売られており、家庭でも気軽に楽しめるようになっている。

皮を剝いだうえ、形を崩さないように神経を使うフカヒレを戻す作業は、ナマコの比ではないほどに複雑である。高価でもあるので、香港などの老舗レストランでは、かつてフカヒレだけを専門に戻す職人がいたものだという。かれらは、たとえ給料が安くとも、まかないつきであれば店舗に住み込み、店舗の床や椅子に寝起きしながら、修業にはげんだ。だが、今日では賃金も上昇したし、労働条件が厳しく監督されるようになったため、よほどの老舗でもないかぎり、戻すための職人を雇う余裕があるレストランはなくなった。このことはレストランの価格設定に見合うような、ほどほどに規格化された大きさや形、質のものを、流通側が用意することを意味している。調理人は、それらを購入し、解凍したうえで、自分がつくったスープにあわせて給仕すればよいわけだ(5)。

実際、ソウルでもタマナマコを戻して冷凍したものを、南大門市場地下の水産市場でみかけたほどである。「黄玉参」と漢語表記され、一袋に一三個入りで、一・五キログラムのものが二万

写真7−12
冷凍ナマコ（香港・安記海味有限公司）．
日本産マナマコを含む数種のもどしナマコが
販売されていた．香港，台湾，中国はもとより
東南アジアの華人都市のスーパーでは，
こうした冷凍ナマコをみかけることが少なくない．

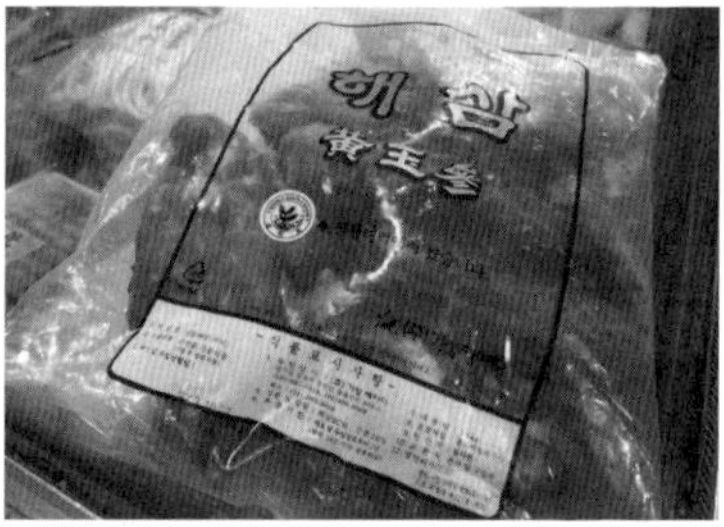

写真7−13　南大門市場で販売されていた
戻した黄玉参（タマナマコ）の冷凍．

ウォンであった（冷凍品は水分を多分に含むため、先述した乾燥品とは比較できないが、乾燥状態を想像するにこちらのほうが小さいようである）。

もどしナマコの隆盛には、店舗経営の事情だけではなく、流通上の理由も存在している。たとえば、フィリピンでは形が崩れていたり、乾燥が不十分であったりする、いわゆるB級品を輸出にまわすのではなく、国内消費用にまわすために流通業者みずからが戻し、販売していたりする。戻す過程で工夫すれば、多少の傷はカバーできるらしい。輸出すれば買いたたかれるであろうB級品の付加価値を高める戦略でもある。

四　グローバル化のなかの韓国イリコ食文化

一〇年前は、それが店舗で戻されたものであれ、購入してきた「もどしナマコ」を解凍したものであれ、給仕されるものは、各店舗で千切りにされたタマナマコであったはずである。戻したナマコを細く切るには技術がいる。弾力に富むやわらかさゆえ、包丁で均等幅に切るのがむずかしいからである。ところが、「海参絲」に加工されたキンコナマコだと、基本的には水に浸けておくだけで戻ってしまうので、戻す時間も労力も省くことができ、かつ、細切りの必要がないとあれば、キンコナマコといわずとも、海参絲が流行する道理も理解できる。

このことは、食文化的にとても興味深い現象ではなかろうか。大連市場の報告でも指摘したように、究極のスローフードであるはずのイリコ食文化も、一部では、速さ、簡便さ、規格化を求めるファーストフード化が進行しているように思えるからである。しかも、チャヂャンミョンという、そもそもがファーストフードに給仕してもらうことを客が期待している食事の性格もあいまって、韓国ではイリコ食のファーストフード化が進行しているのである。

実際、ソウルに滞在した五〇時間で、わたしは六回、各種のナマコ料理を食べる機会を得たが、最後までタマナマコを口にすることはできず、すべてがキンコナマコであった(唯一の例外は屋台で食べた生鮮マナマコを醋醤《チョヂャン》をつけて食べたフェ(刺身)だけであった)。

それでも、韓国におけるタマナマコの人気は、いまだ健在である。タマナマコ自体は東南アジアからインド洋、太平洋にも広く産するが、あちこちで聞きまわった評判をまとめると、第一の人気はフィリピン産で、次にフィジー産、三位がインドネシア(スラウェシ)産だということであった。フィリピン産は、肉がやわらかくておいしいという評価であった。チャンさんは、タマナマコの人気の秘訣を、「マナマコに似ているから」と説明してくれたが、このこととキンコナマコの攻勢をどのように考えたらよいのであろうか。生物学的にどのように説明がつくのか知りえないが、マナマコもタマナマコも同じ *Stichopus* 属であることと関係しているのであろうか？ だとしたら、第4章で報告したように沖縄で注目が集まるシカクナマコ(*S. chloronotus*)はどうなのか？

わたしは、戻したシカクナマコを大連で試食する機会を得たが、やわらかすぎて弾力性に欠けるとの印象をもった。弾力性でいえば、*Cucumaria* 属のキンコナマコは問題なかったと評価できる。簡便さと味覚と価格の関係は、今後どうなっていくのか？　それらをリードするのは、消費者なのか、調理人なのか？　もちろん資源の安定供給も大切な要素であろう。

　また、中国の遼東地域で信仰とまでいえるほどに昇華した「刺参熱」は、ソウルのレストランや問屋でインタビューしたかぎりでは感じることはなかった。みな中国では刺参に関心があることを知ってはいるが、韓国のナマコ需要とは無関係だと断じた。このことは、遼東地域に隣接する地域にあり、かつそれらの地域から移動してきた華人が多い環境のなか、独自のイリコ食文化を築いている点で興味深い。グローバル化やボーダーレス化が指摘されるなか、国民文化として三鮮が成立していることを想起させるからである。もちろん、韓国で三鮮が受ける理由には、第5章で紹介したようなイリコ食文化の伝統とも無関係ではないはずである。

　韓国における健康ブームをあつかった論考のなかで、文化人類学者の土佐昌樹は、現代韓国社会における犬肉食に代表される健康食（＝補身《ポシン》文化）の高まりについて、「伝統とはいうものの、こうした現象が顕著になったのはむしろ近年のことであり、健康ブームの高まりと深い関係がある。また、ポシン文化の背景には、実に逆説的であるが、不規則な生活習慣、ストレス、過度の飲酒や喫煙、栄養の偏りなどからくる現代人特有の体調不良があり、そうしたいかにも現代的な「不健康」に対して伝統的な処方箋が新たな脚光を浴びている」とし、「同じ健康ブームでも、ダイエットや美容が女性の領域だとすれば、「精力増強」を旨とするポシン文化は男中心の世界である」と結んでいる［土佐 2006:55］。

文化は静的に固定されたものではありえない。第6章でも紹介した大連でナマコ・ドリンク剤を製造販売する大連好参柏社が、今後のマーケットとして韓国市場を有望視しているように、韓国における健康ブームが、遼東海域を旋風している刺参熱と融合しない保証はない。今後の推移を見守っていきたい。

註

(1) タマナマコ(*S. horrens*)とヨコスジナマコ(*S. hermanni*)は、かつては同一種 *S. variegatus* と考えられていたし［Lambeth 2000］、今日、乾燥物をあつかう華人たちも、この二種を厳密には区別していない。以下、厳密に区別する必要のないかぎり、両者のナマコをタマナマコに代表させることにする。

(2) アメリカ産という八刺海参は、二〇〇八年一一月、大連で一六〇〇元／kg(およそ二万二千円)で販売されていた。

(3) 日本でも同種のナマコは根室周辺で漁獲されている。根室ではフジコとよばれ、大正期からの研究が実り、一九二七年に上海に二千斤(一二〇〇キログラム)の乾燥品が輸出されたことがある。当時、上海では、刺参と光参(無刺参)によって税率が異なっていたが、はじめてフジコをみた上海税関は、判断がつきかね、イソギンチャクとして五パーセントの関税をかけて通関した。上海では花色参とよばれ、熱帯産の光参と市場を争ったため、寧波《ニンポー》を中心に需要を喚起する戦略を採用した。しかし、その後の日貨排斥運動の影響を受け、なかなか販路はひらけなかった。一九三二年、満州国の建国を受け、北海道庁が大連に設立した貿易調査所の協力を得て、一九三四年より満州での販売に戦略を変更した［北海道庁大連貿易調査所編 1934］。戦中よりフジコの加工は中断したままとなっていたが、現在、根室市の吉田水産が復活を夢見て試行錯誤中である。

（4）キンコナマコは、大連では拳(quan)参とよばれ、二〇〇八年一一月、カナダ産のものが三六〇元／kg(およそ五千円)であった。その「海参絲」は倍近い六四〇元／kg(およそ九千円)であった。

（5）たしかに、戻し工程のアウトソーシング化は経済的に合理的な流れであるが、中国料理人たちはその傾向に警鐘を鳴らしている。たとえば、吉祥寺に「知味竹爐山房」を構える山本豊は、「乾物はもどし作業が成功すれば、料理の七割が成功したといってもいいでしょう。そのためには、水に浸ける、蒸す、といった形だけをまねしてもダメで、干エビや干貝柱のように旨みのある素材は旨みを残すように、フカヒレのように臭みのある素材は水にさらして徹底的に抜くなど、まずはきちんと基礎を学んで足下を固め、実践し、そして日々続行することが大切です。当たり前のことをないがしろにすると、いくら高級素材を使おうとも、間の抜けた料理になってしまいますから。／というのも、中国料理というのは素材を積み重ねて作り上げる料理なので、ひとつひとつの素材の処理がうまくいっていれば料理はいっそうよいものになりますが、逆に処理がうまくいっていないと、その分だけどんどん悪くなるということになります」[木村監修 2001:8]と、脇屋友詞も「ただ順序どおりにもどし作業をするのではなく、愛情を注ぎながら扱うということです。心を込めることで注意深く、ていねいに扱うようになるからでしょうが、その心によって乾物の個性を伸ばしてあげることができるように思うのです。子育てと同じなのだと思いますね」[木村監修 2001:10]と、戻す工程の大切さを強調している。

第8章 イリコ・イン・アメリカ

グローバル化時代のナマコ市場

はじめに

第6章で紹介した生鮮ナマコを消費する大連の事例からもわかるように、「ナマコ食」=「イリコ食」という旧来の図式だけでは、もはや現代中国におけるナマコをめぐる動態をとらえることは不可能である。また、第7章であつかった韓国における三鮮ブームの事例は、イリコ食文化の消費者として「華人」を想定してきたナイーブな視点に修正をせまるものである。

わたしのナマコ学遍歴は、第3章で紹介したフィリピンのマンシ島におけるナマコ漁の記述にはじまり、フィリピンを含む東南アジアや日本の生産地から香港・広州といった消費地へいたる「ナマコ海道」——海洋民族学者・秋道智彌の提唱する「エスノ・ネットワーク」[秋道 1995]——の実態とその形成史の解明へと発展していった。

それは、フロンティア社会の特徴ともいえる、自己消費目的ではなく、外部世界に移出することを前提に生産されるナマコのような資源の管理をおこなうためには、それらの商品を流通させる仲買業者や輸出業者といった流通業者を巻き込むことが肝腎だと考えたからである。また、フロンティア社会のダイナミクスともいえる情報や資本の移動形態を具体的に把握するためにも、一七世紀から今日までつづくナマコ貿易の史的変遷をあとづける必要性を痛感したからでもあった。

大連の事例は、エスノ・ネットワーク研究的にも意味深長である。というのも、ブランド・メーカーたちがナマコの種苗生産から養殖、製品化までの一連の流れをコントロールしようとしているからである。この計画が達成された暁には、複数の民族の手を経由し、世界の各地からはるばるとナマコを集散させてくるエスノ・ネットワーク自体の存亡が危ぶまれてしまうというものである。もっとも、乾燥ナマコだけで六千トンの需要があるともいわれる大連のナマコ市場が、日本産のマナマコの供給なくして成立しない現時点では、このもくろみも浮世離れしたものといわざるをえない（この数字は、歩留まりを五パーセントとして計算すると、生鮮ナマコ一二万トンの生産に相当し、なんと日本の年間水揚げ量の一二倍となる）。しかし、大連の研究者たちのモーレツな仕事ぶりをみていると、この壮大な計画も将来的には達成しうるのではないか、とも思えてくる。

その一方で、現実的な話も耳にした。栄盛市場において、大連では珍しく光参を中心とした熱帯産の乾燥ナマコ各種をあつかう唐白玉さんがいうには、「大連産のナマコは高すぎるから、あえて廉価な、ほかのナマコをあつかっている」とのことである。大連の水産学者たちがめざすのは、刺参を安定的に人民に供給することである。同時に唐さんが夢見るのも、ナマコを食べたい人びとに無理のない価格で提供することである。カプセル剤を開発した大連好参柏社が使命とするのも、滋養に富み身体によいとされるナマコ成分を、より無駄なくスピーディーに摂取できるようにすることである。方向性こそ異なるが、みな、三者三様に消費者へのサービスを心がけている点では同様である。わたしのかぎられた経験からしても、これほどまでにナマコに「血眼《ちまなこ》」になるのは大連人のみである。それぞれの方向性がどうであれ、かれらの消費行動が、今後の「ナマコをめぐる世界」の動向を左右する主因となることはまちがいない。

他方、朝鮮王朝時代の宮廷料理でも多用されたナマコ食文化の継承ともいえなくもないが、イリコが国民食化したチャヂャンミョンの必須アイテムとなっている点で、韓国における三鮮ブームの事例は、イリコ食文化の広がりと可能性を実感させてくれる。同時に、現代韓国におけるイリコ食の隆盛は、国産のマナマコの乾燥品が現在でも超高級食材として温存されている一方で、プチ・グルメ用としての三鮮には、熱帯産の廉価な輸入品で代替するあたりが、食の二極化とともに三鮮のファーストフード化を決定づけた点で、グローバル化時代の分業体制（＝世界システム）を象徴してもいる。想像をたくましくすれば、大連や山東省の青島と商業的に緊密な関係にある韓国で、今後、大連式のナマコ熱が跋扈しない保証はないし、反対に大連で熱帯産の廉価なナマコを用いた韓流三鮮が開化しないともかぎらない。

本書では、ここまで今日のナマコ食文化の動態を示す事例として大連と韓国の二例を紹介したにすぎないが、グローバル化時代におけるナマコ市場の動向を紹介してきた第Ⅲ部をしめくくるにあたり、アメリカ大陸のナマコ事情について略述するとともに、一九八〇年代以降の世界で同時多発的にみられた「ナマコ熱」発生の背景についてポイントをおさらいしておきたい。

一　アメリカ大陸のナマコ――南北アメリカ大陸における生産・流通・消費

ナマコ学を標榜しつつも、これまでアメリカ大陸になかなか足を踏み入れる機会を得ないでいた。東南アジアにくらべ、かさむであろう調査費が気がかりであったことも事実である。しかし、そんなことよりもなによりも、心のどこかで、勝手知ったる東南アジア世界を離れ、未知の世界に踏み込むことを怖れていたように思う（中国南部の広東省や福建省の沿岸部は、ことばや制度の問題はあるにせよ、感覚的に東南アジアの延長として調査可能であった）。第一、基本文献そのものを、一からあさらねばならない。インターネットによる検索が発達している現在といえども、初心者が必読文献リストを作ることは、そう簡単な作業ではない。

だから、これまで米国でのナマコ調査は二度おこなっただけである。一度目はジョージア大学で開催された第七回国際民族生物学会（the 7th International Congress of Ethnobiology）に参加したおりにストップ・オーバーしたサンフランシスコ［Akamine 2001］、二度目はワシントンのスミソニアン自然史博物館を訪れたついでに足を伸ばしたニューヨークにおいてである。

サンフランシスコの中華街を訪問した二〇〇〇年の時点では、正直いって、それほど問題意識が明確化されてはいなかった。せっかくアメリカ大陸に足を踏み入れるのだから、サンフランシスコでも経由して「中華街のナマコもみておこう」という、まったく受動的な動機からであった。第一、中華街は歩くだけで楽しいではないか!

ナマコ学者必読の情報誌に『ナマコ事情』(*Beche-de-mer Information Bulletin*)がある。これは、太平洋の二二カ国を対象に技術協力や政策助言、人材育成などをおこなうための政府間機関である太平洋共同体事務局(SPC:Secretariat of the Pacific Community)が、ナマコ産業の振興を目的に発行する情報誌である。[1] 一九九〇年から年に一、二度発行され、二〇一〇年三月現在、三〇号まで発行されている。

渡米するに際し、この雑誌に掲載された諸報告を読み、米国やカナダで乾燥ナマコの生産がおこなわれていることを知ってはいた。しかし、それらがどの程度のものなのか、当時の関心からは、まったくこぼれていた。むしろ、「たいしたことはないはずだ」と勝手に決めつけてさえいたものである。すでに太平洋の東端で「ナマコ戦争」が勃発していたとはいえ、ナマコがワシントン条約の議題にもなっていない時期のことでもあり、ナマコ学を標榜するにもかかわらず、恥ずかしながら、アメリカ大陸のナマコを自分の問題としてとらえることができないでいた。

二〇〇六年のニューヨーク訪問時は、事情が一変していた。すでにワシントン条約問題を意識した渡米であったからである。ひとつには、ワシントン条約関係の国際会議で環境保護論者が好んで口にする「「生物多様性保全」のためには、生物資源利用の規制もやむなし」という言説を理解するには、当然ながら生物多様性なるものの正体を理解しなくてはならない。関係する書物を読んでみても、いまひとつしっくりこない。そのような葛藤のなか、スミソニアン自然史博物館が「生物多様性についての展示」をおこなっていることを耳にし、まずは視覚的に理解してみよう、と一念発起して渡米したのであった。また、スミソニアンは、生物資源の合理的利用と保全を促進し、人間と環境の関係を改善するために、自然科学および社会科学を発展させることを目的に、ユネスコ(国連教育科学文化機関)が一九七一年から唱導してきたMAB(Man and the Biosphere Programme, 人間と生物圏計画)をリードする研究機関でもある。スミソニアン・チームの研究動向をおさえておくことが、今後のわたしの研究に大きくプラスになると踏んだからであった。

むろん、第2章で論じたガラパゴスのフスクスをめぐるエコ・ポリティクス解決の糸口をつかむためにも、アメリカ大陸で近年に開発されたナマコの市場動向を肌で感じる必要性を痛感していたことは、いうまでもない。二〇〇四年三月に参加したクアラルンプール会議以来、いわばイリコ食文化のお膝元でもある日本と東南アジアの経験だけで、ナマコ問題を語れないことは自明となっていたのである(このことは、アメリカ大陸の研究者にしても同様のはずである。アジアのイリコ食文化を知らずしてナマコを語れるはずがない)。

以下、本節では、SPCの『ナマコ事情』に掲載された論考から、南北アメリカ大陸におけるナマコの生産・流通・消費の鳥瞰図を描いてみよう。

アラスカ湾東岸よりメキシコのバハ・カリフォルニア半島にかけての広大な海域には、*Parastichopus californicus* が生息している。このナマコは、別名「カリフォルニアなまこ」(California sea cucumber)とも、「大なまこ」(giant sea cucumber)ともよばれ[Barsky and Ono 1995:20]、商業的に漁業が営まれている。たとえば、カナダのブリティッシュ・コロンビア州では一九八〇年代初頭に操業が開始されたが[Sutherland 1996:42]、米国のワシントン州ではすでに一九七一年から操業されてきた[Bradbury 1990:11, 1994:15, 1997:11, 1999:25; Bradbury and Conand 1991:2]。

カリフォルニア州ロスアンゼルスの近郊では、一九七八年頃よりナマコ漁がおこなわれるようになった[Barsky and Ono 1995:20]。その当時、どの種が漁獲対象となっていたのかは不明であるが、現在は、*P. californicus* と *P. parvimensis* の二種が漁獲されている。後者は、サンフランシスコ南方のモンテレイ湾(Monterey Bay)からバハ・カリフォルニアにかけて生息しており、「疣《いぼ》なまこ」(warty sea cucumber)と通称されている[Barsky 1997:12]。*P. parvimensis* は、厚い肉質に富んだ体壁をもつため、一固体あたりの重量も重くなる。そのため、漁民にとっては漁獲効率のよいナマコとされている[Barsky and Ono 1995:21]。

カリフォルニア湾(メキシコ名はコルテス海、Sea of Cortez)では、フスクス・ナマコ(*Isostichopus fuscus*)が漁獲されている[Gutierrez-Garcia 1999:26]。第2章で紹介したように、フスクスはバハ・カリフォルニア半島沿岸からガラパゴス諸島に固有のナマコである[Meyer 1993:10; Sonnenholzner 1997:12]。細長い体形は、背面が凸状になっているものの、腹部は平らである。濃茶褐色の体壁に無数のオレンジ色の突起をもっている[Gutierrez-Garcia 1999:26]。バハ・カリフォルニアでは、資源量の低減から不振となったウニ漁の代替として[Perez-Plascecia 1996:15]、フスクスが一九八〇年代半ばから漁獲されるようになり、一九八〇年代後半には *P. parvimensis* もあらたに漁獲対象となった(2)[Castro 1995:20]。とはいえ、メキシコでは、太平洋側で獲れる *P. parvimensis* よりも、フスクスのほうが依然として需要が高い(3)[Meyer 1993:10]。

大西洋側では、カナダ東部のセント・ローレンス川の河口部において、キンコナマコ(*Cucumaria frondosa*)が漁獲されている[Hamel and Mercier 1995:12]。ケベックでは、過去一二年間にわたる資源量に関する綿密な研究を経て、一九九九年春よりキンコナマコの商業漁業が開始された[Hamel and Mercier 1999:21]。

以上の記述から、アメリカ大陸で漁獲されているナマコの特徴としては、次の三点が明らかとなる。①アメリカ大陸では少なくとも、*P. californicus*、*P. parvimensis*、*I. fuscus*、*C. frondosa* の四種が漁獲されており、いずれもイリコに加工されている。種の少なさは、フィリピンや南太平洋などの「伝統」的ナマコ漁業地域では三〇種近い多様なナマコが乾燥品に加工されていることと対照的である。②ナマコ漁は、米国の一部ではすでに一九七一年から認められたものの、北米大陸全体では一九七〇年代後半から拡大しはじめ、一九八〇年代中葉以降に中南米大陸を巻き込んで展開されるようになった。③漁獲されるナマコが、フスクスのように疣/突起をもつか、*P. parvimensis* のように体壁が厚く、商品価値の高いものである(『ナマコ事情』の報告からは価格差は明らかになってはいないものの、東南アジアのように最高級種と最低級種の価格差が四五〜五〇倍ということはなさそうである)。

それでは、これらのアメリカ大陸で獲れるナマコは、どこで消費されているのだろうか。消費地についての詳細な報告はないが、バハ・カリフォルニアで漁獲されるフスクスも *P. parvimensis* も、米国を経由してアジア方面へ再輸出されているというし[Castro 1995:20]、ガラパゴス諸島産のフスクスは、漁獲量の三分の二が米国へ輸出され、残りが台湾へ輸出されていると報告されている[Sonnenholzner 1997:12]。

二　イリコ・イン・サンフランシスコ——二〇〇〇年一〇月

サンフランシスコを訪れるにあたっては、「どうせ、香港から再輸出されたナマコが店頭にならんでいるのだろうから、それらの種類や品質、価格などを参考程度にみておこう」とたかをくくってもいた。したがって、サンフランシスコでの調査は、おのずとなじみある猪婆参《チューポーシエン》(*Holothuria fuscogilva*, チブサナマコ)や禿参《トウシエン》(*H. scabra*, ハネジナマコ)の大きさや価格にそそぐこととなってしまった。

写真8-1　サンフランシスコの中華街．成功した人びとは郊外に住居を構えるらしく，どことなく古びた印象をもった．

写真8-2　乾物屋の店内．香港とまちがいそうである．

しかし、店頭をのぞきながら、わたしの思い込みちがいであることを感じずにはいられなかった。以下は、二〇〇〇年一〇月二〇日にカリフォルニア州サンフランシスコ市内の中華街で干ナマコの小売り状況について概査した報告である(当時、一米ドルは一一〇円であった)。

サンフランシスコでも、香港やシンガポールなどでみかけるように、「冬茹海味《トンルーハイウェイ》」

と看板を掲げる食料品店・八百屋、あるいは「参茸《サンロン》」と表示する薬材店において干ナマコは販売されていた。熱帯産のものとしては、猪婆参（チブサナマコ）が圧倒的に多い点が特徴的である。しかも、熱帯産ナマコの高級品として猪婆参と双璧をなす禿参（ハネジナマコ）は、XSサイズの小さなものがほとんどであった点も意外であった。それ以外には、大烏参《ターウーシエン》（*Actinopyga echinites*, トゲクリイロナマコ）のXSサイズと梅花参《メイファーシエン》（*Thelenota ananas*, バイカナマコ）の普通サイズのものが、わずかに見受けられただけであった。

猪婆参（チブサナマコ）が極端に多いというのは、香港ともシンガポールとも異なる点である。猪婆参のサイズも、さすが米国である。アメリカン・サイズあるいはXXLとでも表現すべき特大サイズのものがたくさん流通していた点も特筆すべきである。なぜならば、このような特大猪婆参は、香港やシンガポールの小売店でも、フィリピンのナマコ仲買商でも、みかけたことがないからである。店員に訊ねたところ、フィジー産だということであった。

価格は、斤（六〇〇グラム）ではなく、ポンド（およそ四五三・六グラム）あたりのものが表記されていた。Lサイズの猪婆参の相場は、キログラムあたりに換算すると、六〇米ドル前後が相場であった。そのおよそ一年前のことになるが、一九九九年九月に香港で調べた際の小売価格は、高価なものでキログラムあたり八五〇〇円、同年一〇月のシンガポールで一万円であったから、六〇米ドルは安いといってよい[4]。この香港とサンフランシスコにおける猪婆参の価格差がなにに起因するのかは不明である。しかも、一見したところ、サンフランシスコのほうが大きなものをとりそろえているようにも感じられるから、なお不思議である。一九九〇年代初頭にベトナムから香港に猪婆参が大量に流入したため、香港での市場価格が半値にまで下落したという事例を思い出す[Sommerville 1993:2]。まったくの想像でしかないが、サンフランシスコの商人たちが太平洋地域から猪婆参を大量に仕入れた結果である可能性も否定できない。

次に、いわゆる「刺参」の種類が多いことも、サンフランシスコにおけるナマコ市場の特徴である。「遼参《リアオシエン》」という遼東半島周辺産のもの（日本のマナマコと同じもの）は、キログラムあたり一五〇米ドルと妥当な価格であった。注意したいのは、これまで香港やシンガポールではみたことのなかった南米産の「刺参」が流通していたことである。同種のナマコは、特級南美刺参（ポンドあたり八〇米ドル）、南美大刺参（同六五米ドル）、特級墨西哥刺参（同五九米ドル）で販売されていた。「南美」は南アメリカ、「墨西哥」はメキシコを意味する漢語である。いずれも外見は、韓国市場で高い評価を受けている熱帯産のヨコスジナマコ（*Stichopus hermanni*）によく似ているが、ヨコスジナマコにしては価格が高すぎる。第一、ヨコスジナマコの表皮はニキビ状のブツブツが目立つ程度であり、これほどまでに「刺」が目立つことはない。その場では確信がもてなかったが、当時の写真やその時に買い求めたサンプルをもとに勘考すると、これが、「ナマコ戦争」の引き金となったフスクスとの出会いであったことになる。

カナダ産という「珍珠刺参《チエンジユツーシエン》」は、それほど刺が目立たなかった。そのためか、フスクスの二分の一以下の価格で、ポンドあたり二九・五〇米ドルで販売されていた。南アメリカ産の「南美柱参《ナンメイチユーシエン》」というナマコは、ポンドあたり四五米ドルで売られていた。カナダ産のものは、生息地から判断して *P. californicus* である可能性が高いし、読んで字のごとく柱のようにまっすぐな南美柱参は、

P. parvimensis かと推察された。

三　イリコ・イン・ニューヨーク――二〇〇六年八月

次に、二〇〇六年八月一日にニューヨークの中華街でおこなった調査をスケッチしておこう。以下は、すべてポンドあたりの米ドル価格である。当時の為替相場は一米ドルが一二〇円の円安期であった。必要に応じ、キログラムあたりの価格を括弧内に示すことにする。

フスクスは、一般に「南美刺参」として流通しており、ポンドあたり五〇～七〇米ドル（キログラムあたり一一〇～一五四米ドル）程度が相場のように見受けられた。六年前のサンフランシスコの相場と大差ない。香港に本店をもつばかりでなく香港各地に支店をもち、サンフランシスコにも出店していた「蟲草城参茸店」では、「梅花刺参」というラベルでフスクスを販売していた（この名称は、一般にはバイカナマコ、すなわち *T. ananas* に用いられる）。同店のフスクスは、大きなものからポンドあたり九八米ドル、八八米ドル、七八米ドルと三段階に分かれており、いずれも相場よりも若干高めに設定されていた。別の店では、「厄瓜多尓深海刺参」（「エクアドル産深海刺なまこ」、ポンドあたり六四・五〇米ドル）、「圭亜那深海刺参」（「ガイアナ産深海刺なまこ」、ポンドあたり六九・五〇米ドル）、「巴拿馬刺参皇」（「パナマ産特級刺なまこ」、ポンドあたり六九・五〇米ドル）というように産地ごとの銘柄で販売されていた。パナマのフスクスは、大きめの固体が特徴的であった。

産地偽装というと大げさにすぎようが、フスクスを「遼参」（遼東地域に産するナマコ）と称する店もあった。いずれも灰色っぽい製品であったが、なかには黒いものもあり、「南美黒刺参」として販売されていた（ポンドあたり六九米ドル）。ちなみにガイアナは大西洋に面した国であり、そこにフスクスが生息するとの情報には接していない以上、圭亜那深海刺参は、厳密にはフスクスとは異なる種のはずである。

注意すべきは、韓国で人気のタマナマコ（*S. horrens*）も「南美刺参」と称され、ポンドあたり四二～四八米ドルで販売されていたことである。ガラパゴスでもタマナマコが漁獲されているから[Toral-Granda 2008a, 2008b]、一概にまちがいとはいえまいが、フスクスと同じ「南美刺参」の名称で販売されているのは要注意である（もっとも、消費者は「刺」が大切なのであって、フスクスだろうと、タマナマコだろうと、種はどちらでもよいのかもしれない）。

日本産のマナマコも、同様に事情は複雑である。既出の蟲草城参茸店では、「日本関東遼参」

写真8-3　ニューヨークの中華街．近年に渡米してきた新移民も吸収し，隣接するイタリア人街まで侵蝕する勢いらしい．

写真8-4　ニューヨークで売られていたフスクス．英語では「南米産」と表記されているが，漢語には「エクアドルの深海で獲れた刺参」とある．

写真8–5　香港の小売店店頭の「日本遼参」．生物学的には北海道や青森産の刺の立ったものと同種であるが，瀬戸内海などを中心に生産される刺の少ないマナマコをさす．香港市場では前者を関東海参，後者を関西海参と区別し，関西海参の価格は関東海参の半値が相場である．隣の「沖子」はオキナマコのこと．

と称し、瀬戸内海産と思われる刺の目立たないマナマコ（いわゆる関西海参）がポンドあたり二三八米ドルで販売されていた。一個あたり一〇～一二グラムぐらいはある、大きなものであった（別の店でも、瀬戸内海産と思われるマナマコが、あろうことか、刺の際立ったことを意味する「日本関東刺参」と表記され、ポンドあたり一九八米ドルで販売されていた）。同じく瀬戸内海産風のマナマコで四～五グラム程度の小さなものは、二二八米ドルであった。こちらは、「日本関西遼参」と正しく表記されていた。香港の業者が「関西A」と称したり、関西ナマコと関東ナマコの中間という意味で「関中ナマコ」とよぶ、北陸あたりの、やや刺のあるものが、「日本関東遼参」と称され、一ポンドあたり二八八米ドルで販売されていた。こちらは、七～八グラム程度の大きさであった。刺の有無による価格差は別として、ニューヨークでは香港と異なり、大きなもののほうが高価であることに留意したい。なお、「特選大遼参」と称し、山東省や遼寧省あたりで養殖されたと思われる中国産の乾燥ナマコがポンドあたり七八米ドルで売られていたのには驚いた。というのも、中国市場自体が圧倒的な供給不足に悩まされており、よもや輸出されているなど考えてもみなかったからである。しかも、日本産のマナマコにくらべ、かなり廉価である。

わたしが興味深く感じたのは、「日本刺参」と称し、山陰地方や北陸地方などで生産されるオキナマコ（*P. nigripunctatus*）が販売されていたことである。たしかに体側に刺があるので刺参とよんでまちがいはない。しかし、「瀬戸内海産の関西海参でさえ、大連では刺のなさを指摘されているというのに、オキナマコを刺参あつかいするのか！」というのが、その時の偽らざる気持ちであった。ある店では、大きいものの順にポンドあたり一三八米ドル（キログラムあたり三〇四米ドル）、一一八米ドル（同二六〇米ドル）、一〇五米ドル（同二三一米ドル）、九三米ドル（同二〇五米ドル）の四種類に分けられていた。その一方で、大手ともいえる蟲草城では、丁寧にも「日本関西遼参」と称し、オキナマコの乾燥品が、ポンドあたり一八八米ドル（同四一四米ドル）と高価で販売されていた。

シンガポールでよくみかける表皮を剥いだ半透明状のチブサナマコ（去皮猪婆参）は、ポンドあたり四三米ドルであったし、禿参（ハネジナマコ）は大きいものの形の悪いものがポンドあたり四八米ドルであった。ニューヨークでもサンフランシスコ同様に、猪婆参にくらべ、禿参の存在感が薄いように感じられた。ちなみに、形はよいが小さな禿参は、ポンドあたり四五米ドルであった。

写真8-6　オキナマコ（新潟，2006年6月）．生産量は少ないものの，北陸地方や山陰地方で乾燥オキナマコが生産されている．韓国でも需要が高い．

びっくりしたのは、「特大日本禿参」（日本産特大ハネジナマコ）と称して、白っぽく、かつ透き通ったイリコも売られていたことである。ポンドあたり九八米ドルのところを八八米ドルでセール中という。同じく日本禿参が七六米ドルのところを六八米ドルだという（同じ種であるものの、沙禿参と称した小さなものが六五米ドルのところを五八米ドルであった）。日本における禿参（＝ハネジナマコ）の生息地は沖縄に限定されるが、沖縄で生産されている話は耳にしたことがない。むしろ、これは二〇〇〇年にサンフランシスコでみかけた「南美柱参」と似ている印象をもった。同様に名称には禿参をつけながらも、ハネジナマコと似ても似つかぬ「南美禿参」は一八米ドルであった。

このほかにも、「南美海参」というヒョロヒョロしたナマコが、ポンドあたり二八〜二九・五〇米ドルで販売されていた。また、「中黒皮参」は二ミリ程度の幅に切っているいわゆる海参絲で、ポンドあたりの価格は二八米ドルであった。南アメリカ産ということであった。これまでにみたことのない、「小黒参」なるイリコが一八米ドル／ポンドであった。

エクアドルのガラパゴスを中心に中南米のナマコの生態学的研究に従事しているベロニカ・トラル＝グランダによると、現在の中南米では、フスクスをはじめ合計一四種のナマコが商業的に利用されているということであるが［Toral-Granda 2008a:214］、それらと東南アジアや南太平洋と共通するナマコはクロナマコ（*H. atra*）とタマナマコ（*S. horrens*）の二種のみである。(5) 本報告で記した日本禿参をはじめ、南美禿参、南美海参、中黒皮参、小黒参などのナマコは、トラル＝グランダが指摘するナマコのいずれかであるにちがいないが、現物をいじった経験が圧倒的に少ないため、これ以上の言及は避け、種の同定は今後の課題としたい。

四　アメリカ大陸産の「刺参」――フスクスの存在感

これまでに香港やシンガポールの市場とインドネシアやフィリピンなど東南アジア各地の生産現場を往復してきた経験から、わたしは、サンフランシスコやニューヨークの中華街においても、香港経由で熱帯産ナマコが流通しているのだろう、と勝手に想像していた。ところが、前記のように実態はかなり異なっていた。たしかに、東南アジアで見慣れた熱帯産ナマコも流通してはいたものの、アメリカ大陸産の各種の「刺参」の存在感が非常に大きなものであったのである。

考えてみれば、サンフランシスコを訪れた二〇〇〇年当時、第5章で紹介したヌーベル・シノワーゼは、まだ香港でもそれほど意識されたものではなく、「広東料理」=「光参料理」というイメージでとらえても、それほどまちがってはいなかったはずである。なのに、なぜ、アメリカ大陸で刺参が、しかもアメリカ大陸産の刺参が目立ったのであろうか?

荒っぽい推論でしかありえないが、香港を中心とする干ナマコの流通ネットワークとは異なり、アメリカ大陸に産するナマコを中心とした独自の流通ネットワークが、米国在住の華人によって構築されている、と現段階では推定せざるをえない。アメリカ大陸には一九世紀半ばから華人移民がいたのだし、米国だけでも現在、二〇〇万人の華人が生活しているのだから、かれらが独自の干ナマコ市場を形成してきたとしても不思議はない。とはいえ、その一方でサンフランシスコでもニューヨークでも、香港で有名な乾燥海産物店「蟲草城」の支店が複数存在していたように、アメリカ大陸に発達した干ナマコの商業ネットワークは、香港を中心に交差する「アジア・コネクション」〔秋道 2000:23〕とも、関係を保っていることも事実である。

もっとも、サンフランシスコにしろニューヨークにしろ、アドホックな短期間の概査ゆえ、見当ちがいもあるだろう。第一、東南アジアから南太平洋に産するナマコならともかく、アメリカ大陸のナマコは、乾燥品も生鮮品もわたしにはなじみのないものばかりであった。また、ことば

写真8–7
ニューヨークで売られていた戻したフスクス.

の問題もある。さいわいにもニューヨークの調査では香港中文大学のシドニー・チャン准教授（現・教授、人類学科主任）に同行していただき、普通話（北京語）と広東語の通訳をお願いすることができた（ニューヨークの中華街には広東人が多いといわれているなか、ことばの問題のみならず、人懐っこいチャン先生の存在により、先方にも疑心を抱かせずにすんだ）。他方、サンフランシスコでは英語で調査せざるをえなかったし、調査目的もあいまいなまま、思いつくままに質問を発したわけであるから、相手が警戒したことは当然である（この時点ですでに、サメはワシントン条約の議題となっていたのだから、フカヒレも同時にあつかう乾燥海産物店が身構えたとしても不思議ではない）。しかも、サンフランシスコとニューヨークでの調査は六年も間隔があいている。この間に大連のナマコ熱が急騰し、ナマコがワシントン条約の議題となったし、日本の生産地もナマコ・バブルの波にあらわれたことを考慮すると、六年とはいえ、このギャップは小さくないはずである。

したがって、偶然訪問したふたつの中華街を比較することに積極的な意味はみいだせないかもしれない。しかし、本章の執筆にあたり、あらためてフィールドノートをおこし、当時の写真を整理しながら印象づけられたことは、サンフランシスコでもニューヨークでも、刺参、とりわけフスクスの存在感の大きさであったことは強調しておきたい。とくにニューヨークの店頭で販売されているもどしナマコは、ほぼ例外なくフスクスであったことは重要である（フスクスの戻したものはポンドあたり一〇～一二米ドルであった。フスクス以外では七・九九米ドルというものをみかけたが、種名は特定できなかった)。わたしの経験から、バンコクならイシナマコ(*H. nobilis*)、上海ならトゲクリイロナマコ(*A. echinites*)といったように、その土地で人気あるナマコがもどしナマコとしても販売されているのが普通だからである。

このことは、第2章で述べたフスクスをめぐる「ナマコ戦争」の議論とも無関係ではありえない。本章の冒頭で自省したように、もはやイリコ食文化の消費者が華人オンリーではありえないのと同様に、イリコ食文化の地理的な広がりも、けっして「アジア市場」という漠然としたステレオタイプな想定では、問題解決の糸口さえもみいだせないにちがいない。他方、地理的空間の重層性にも注意が必要である。中国の遼寧省・瀋陽からの留学生の姜洋君によると、冬季の八一日間、両親が毎朝食べるのは、ニューヨークに住む親戚が送ってくるフスクスだという。中国産のマナマコにくらべ、廉価なわりには味も悪くないため、毎年、親戚が送ってくれるらしい。おそらく、このような事例は、姜君の家族にかぎったことではないだろう。ニューヨークで売られているからといって、米国内で消費されているとはかぎらない点が、グローバルに展開する今日のイリコ食文化の本質をついている。そして、そのナマコが、これまたワシントン条約のきっかけとなったフスクスである点も象徴的にすぎる。

五　むすび——干ナマコ市場の拡大と産地間競争

グローバルに展開するナマコ市場の変貌ぶりを論じてきた第Ⅲ部のまとめとして、最後に、ナ

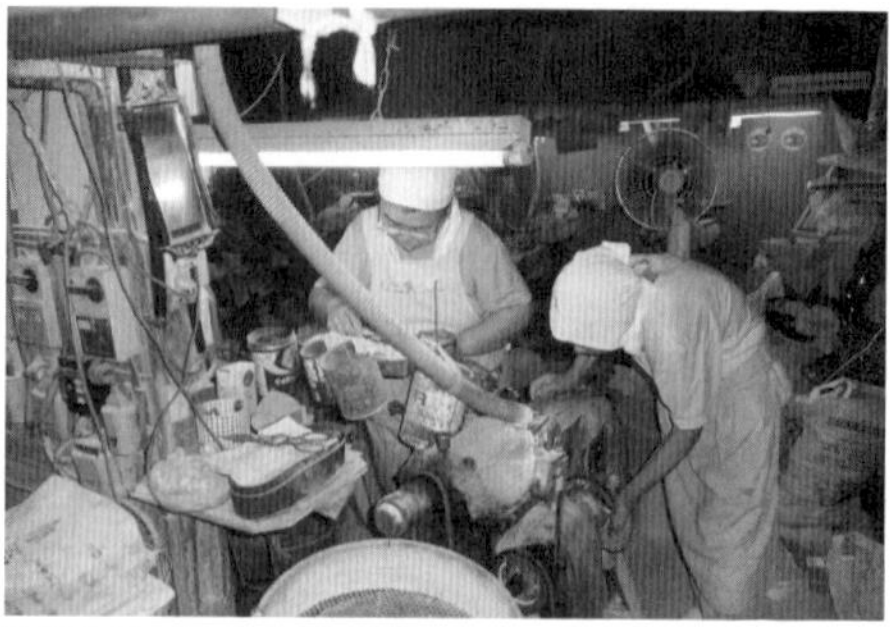

写真8-8　タカセガイのボタン加工
（奈良県磯城郡川西町）．明治末期に農閑期の副業として
はじまったという貝釦（ボタン）の加工は，
家内工業ながらも同町の主要産業に成長した．

マコ市場のグローバル化を推進してきた当事者について、南太平洋諸島の事例をもとに概略を述べておきたい。ＳＰＣ（太平洋共同体事務局）は、ナマコを島嶼国家における資源として位置づけ、海洋生物学者のシャンタル・コナン（Chantal Conand）を中心に一九七〇年代半ばから干ナマコ産業の開発を推進してきた。

おりしも中国が改革開放政策に方向転換をおこない、段階的な経済の自由化に踏みきった時期に相当する。その後の経済発展にともない、中国の干ナマコ需要が拡大したため、南太平洋地域におけるナマコの資源開発は時宜を得たものとなった［van Eys and Philipson 1989:208］。しかも、中国市場の開放は、従来から需要の高かったチブサナマコやハネジナマコなどの数種にとどまらず、それ以外のナマコにもあらたな商品価値を付加することとなった。とくに低価格種のナマコは中国で需要が高く［McElroy 1990:4; Holland 1994:3］、近年にいたるまで流通種の数は増えつづけている［Akamine 2001, 2002］。このように、中国における市場の拡大と流通種の増大が相乗的に作用しあいながら、南太平洋地域の干ナマコの生産を刺激したのであった。

だが、南太平洋地域におけるナマコ資源の開発は、中国市場からの「プル」要因だけで説明できるものではない。一九七〇年代の生産地の社会経済状況を「プッシュ」要因として考察する必要もあろう。たとえば、パプア・ニューギニアで干ナマコ産業が受容されたのは、それまでの主要

図8-1　フィリピンの乾燥ナマコ輸出量と平均単価(1970〜2004年)

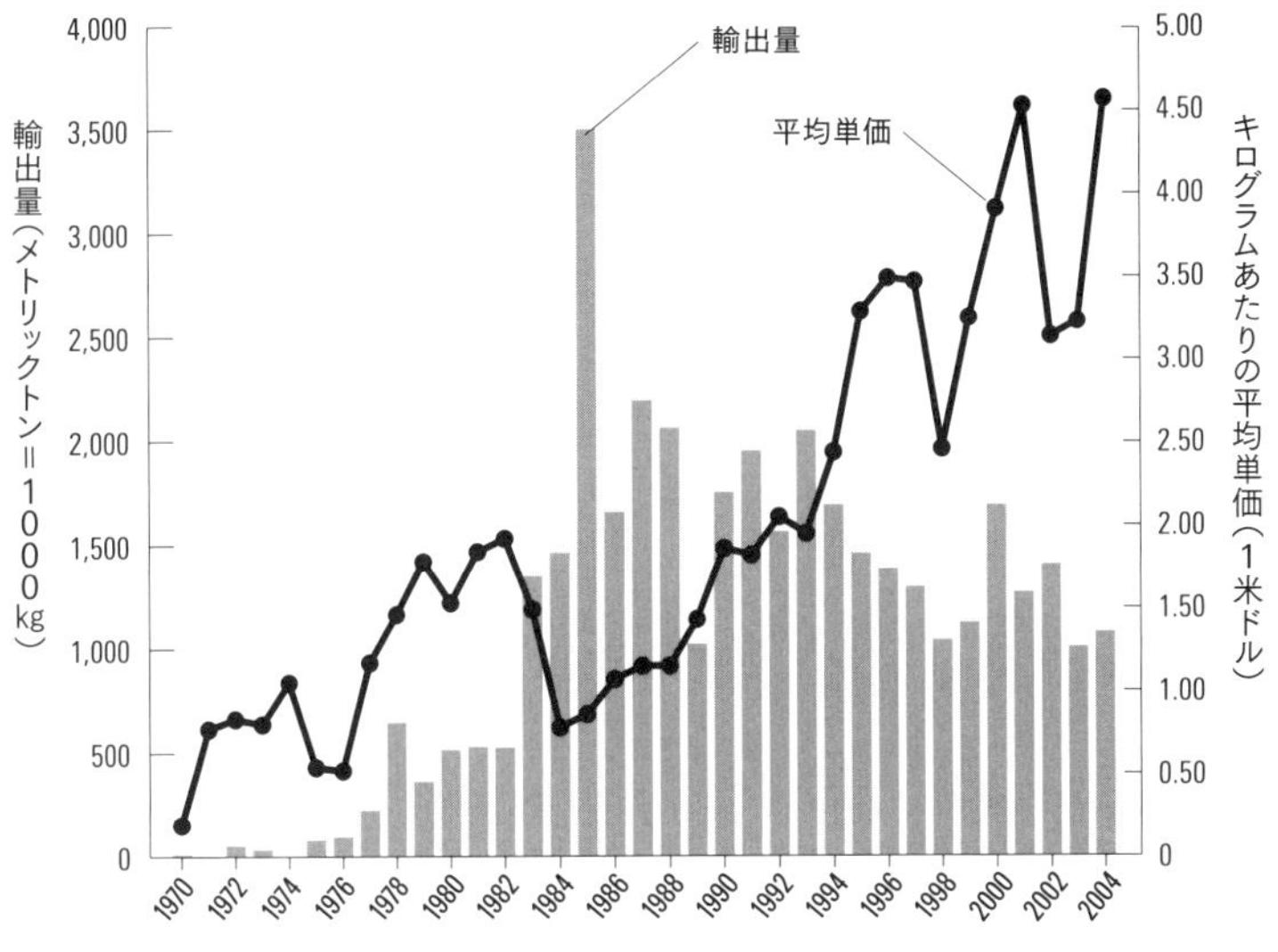

出所:*Foreign Trade Statistics of the Philippines* より筆者作成.

な輸出商品であったコプラの価格が低下したという背景があったためである[Lokani 1990:8]。ニューカレドニアは、ニッケルなどの鉱業が下火になったため、その代替産業を模索していたし[Conand 1990:26]、ソロモン諸島では、コプラ価格の低迷と釦《ボタン》材に使用されるタカセガイ資源の減少により、あらたな資源の開発が必要とされていた。そこに、干ナマコの輸出業者が生産地を訪れ、人びとの生産意欲を刺激したのであった[Holland 1994:6]。

おそらく、この傾向はフィリピンでも同様であろう。第二次世界大戦後にフィリピンの輸出統計にナマコが出てくるのは一九七〇年のことで、わずか一二トンであった(図8-1)。それが、一九七七年に一気に三桁台の二三六トンに伸長し、中国が開放経済に転換した翌七八年には、六四五トンもの乾燥ナマコを輸出するまでに成長している。そのわずか五年後の一九八三年には一三四九トンと、千トンの大台にのせ、一九八五年には三四九九トンと脅威的な拡大をみている。

この大躍進の根底には、中国市場の拡大があることはいうまでもない。くわえて、フィリピンがそんな爆発的な需要に呼応しえたのは、資本力もあり、かつ人的ネットワーク網を張りめぐらせた大手の海産物商たちが、以前から各地に存在した仲買人たちを組織化し、競って買い付け競争を展開した結果でもある［赤嶺 2003］。パラワン島周辺海域で操業していたマンシ島漁民たちが、「水深わずか数メートルのところにも、足の踏み場もないほどにたくさんのナマコがいたもんだ」と回想する頃の話である。一九七五年からプエルト・プリンセサ市でナマコの買い付けをおこなってきた仲買人は、「一九八〇年代には、毎週五トン前後の干ナマコをマニラに送っていた」というほどに活況を呈していたとも回顧する。

ナマコ市場の拡大の理由は、ひとり中国市場の開放にかぎらない。一九八〇年代にはカナダや米国、オーストラリアなどにおける華人人口の増加にともなって、これまでの伝統的な市場以外でも干ナマコ市場の形成をみている［Preston 1993:371; Malaval 1994:14］。先に、一九七一年時点ですでにワシントン州で *P. californicus* が漁獲されていたことを報告した。報告者は消費地について言及していないが、それらはアメリカ大陸内で消費されたものとわたしは考えている。細々とアメリカ大陸内で形成されつつあったイリコ市場が、一九八〇年代に顕著となった中国大陸での市場拡大と歩調をあわせるようにアメリカ大陸内でも確固たるものとなり、拡大していったのではないだろうか。一九八〇年代半ば以降にフスクスをはじめとした南アメリカ大陸のナマコ資源の開発を刺激したのは、中国大陸とアメリカ大陸で同時多発的に共鳴しあっていたナマコ需要であったのである（フスクス開発史については、終章で再度あとづけたい）。

本書の随所で示してきたように、世界の干ナマコ市場は、けっして一様ではない。その嗜好は、香港にしろ、シンガポールにしろ、大連にしろ、サンフランシスコにしろ、ニューヨークにしろ、独自の歴史のなかで、固有の好みを培ってきた結果なのである。このような地域の個性と歴史性は、たんに統計を用いた経済学的分析ではとらえることができないし、たんにモノ・資本・情報の「グローバルな移動」といった、ありきたりの視角ではあつかいきれない問題である。やや好事家的にすぎるかもしれないが、やはり、現場を歩き、自分の眼で現実を確認する作業の積み重ねこそが必要なのである。

註

（1） 太平洋共同体事務局は、かつての南太平洋委員会（South Pacific Commission）が一九九八年二月に改組した組織である。前身の南太平洋委員会は、一九四七年に南太平洋に植民地をもつイギリス、アメリカ、フランス、オランダ、オーストラリア、ニュージーランドの六カ国が、「植民地の経済開発と福祉向上」を目的として創設し、本部をフランス領ニューカレドニア島のヌーメア（Noumea）とした。なお、『ナマコ事情』の創刊号から二七号までの編集長は、ナマコを含む棘皮動物学の世界的権威であるChantal Conandが務めたが、健康上の理由により、二〇〇八年一〇月刊行の二八号からはIgor Eeckhautに交代した。『ナマコ事情』は、http://www.spc.int/coastfish/news/bdm/bdm.htm にて全文閲覧が可能である。また、『ナマコ事情』に掲載された論考のデータベース

http://www.spc.int/coastfish/news/search_bdm.asp も、便利である。

（2）バハ・カリフォルニアにおけるナマコ漁の開始時期については異論もある。ペレス＝プラセシアは、一九八八年頃にフスクス漁がはじまり、翌八九年には *P. parvimensis* の生産が太平洋側で開始されたと報告している［Perez-Plascecia 1996:15］。

（3）フスクス漁に従事したエクアドルの漁民たちは、三人一組で一日数百米ドル稼げたことを第2章で紹介したが［Nicholls 2006＝2007］、ガラパゴス諸島産のフスクスの乾燥品は、一九九二年にエクアドルではキログラムあたり三〇米ドルで取引されたという［Sonnenholzner 1997:12］。

（4）水産業振興を目的にアジア・太平洋諸国一四カ国によって一九八七年に設立された政府間機関INFOFISHによると、二〇〇〇年一〇月一六日のシンガポールでの猪婆参の卸売相場は、三五米ドルであった［INFOFISH 2000］。

（5）トラル＝グランダによると、中南米で商業的に利用されているナマコは、*Actinopyga agassizi*、*Holothuria mexicana*、*H. impatiens*、*H. theelii*、*H. atra*、*H. kefersteini*、*H. inornata*、*H. arenicola*、*Isostichopus bandionotus*、*I. fuscus*、*S. horrens*、*Astchopus mulitifidus*、*Athyonidium chilensis*、*Pattalus mollis* の一四種である［Toral-Granda 2008a:214］。分類学に通じていないわたしには、*Astchopus* や *Athyonidium*、*Pattalus* などの属名もはじめて耳にするものであり、実物を目にしたことがない以上、想像もむずかしい。

IV

ナマコで考える

サマ人の船団（フィリピン，シタンカイ島）．
写真提供：門田修

第9章 同時代をみつめる眼

鶴見良行のアジア学とナマコ学

一 島国根性――「鎖国」というフィクション

大学に勤めて早くも一〇年がたつ。この間、わたしは「東南アジア地域研究」や「海域世界論」なる科目を担当してきた。この講義では大胆にすぎることは承知のうえで、日本語の「島国根性」が閉鎖的・保守的といった否定的なニュアンスで語られるのに対して、同じ島嶼《とうしょ》国家であるフィリピンやインドネシアでは、島国という特性がむしろ積極的・開放的というイメージを喚起し、肯定されているのはなぜなのかを問いつづけてきた。

その理由は、大きく二つある。第一に、「フロンティア社会」とも形容されるような、領土に固執せず、人口移動の激しい世界が存在することを学生に紹介し、日本社会を相対化することである〔田中 1999 参照〕。教壇での経験では、途上国に関心がある学生を除き、たいていは東南アジアを「遅れた社会」ととらえ、それをストレートに軽蔑するか、逆にあわれむ場合のいずれかである（もっとも、無関心な学生も少なからずいるが……）。ひとえにそれは、学生に埋め込まれているものさしが日本社会の価値観のみを基準とする貧弱さに由来する。そこで講義においては、それとは異なるものさしを提示することを狙っているのである。

なにも昨今の学生の無知をあげつらいたいのではなく、わたし自身も二十数年前はまったく同じだったわけで、そんなわたしがまがりなりにも異文化理解について講義できているのは、この間、東南アジアを歩きながら、さまざまな経験をつんできたから、というだけのことである。その経験の延長線上に目的の二点目がある。

いまだ試行錯誤の過程にあるが、わたしが最終的におこないたいことは、東南アジア社会を鏡として、日本社会の将来を批判的に構想することである。グローバル化時代といわれる今日、負の遺産ともいうべき過去の「鎖国」制度を自慢していてもはじまらない。少子化を憂い、「日本」人の出生率の増加策を論じるばかりでなく、廉価な労働力としてのみとらえられている外国人を、日本社会の一員として迎え入れるには、どのような社会的合意が必要なのか。

近年の日本史研究が教えるところでは、そもそも「鎖国」は明治期以降につくられたフィクションである。さらには小学館の『日本国語大辞典』によると、島国根性ということばが使用されるようになったのも、一九一〇年代後半以降であることにも興味をそそられる。(1) このように「鎖国」に起因する、日本を閉鎖的な農耕民社会としてとらえるイメージは、どのようにして形成されてきたのか？　この問いは、日本列島史の再構築を課してきた故網野善彦氏が提起して久しいが、わたしも東南アジア研究を通じて、このディベートに参加したいと考えている。

そもそも、わたしが関心を寄せる干ナマコは、第4章で述べたように、江戸時代に日本から中国（清国）へ幕府公認で、というよりも幕府直轄事業として輸出されていた商品である。同時期、東南アジアからも干ナマコが中国へと輸出されていた。ナマコという商品に着目して、過去四〇〇年ほどのアジア史のダイナミクスをとらえなおすことが、わたしの目下の研究課題であり、本書も、その作業の一環である。

みずからの方法論に慎重であることは理解しているが、わたしが読んだかぎりでは、日本史の研究者は日本列島と中国大陸間の貿易しか論じないし、東南アジア史家は、東南アジアと中国大陸間の事象しか俎上にのせていないように思われる。唯一例外は、同じくナマコを主題に『ナマコの眼』［鶴見 1990］という奇妙な書物を残した鶴見良行のみであろう。

鶴見は、オーストラリア北岸からスラウェシ島西岸を北上し、中国大陸にいたる海道をマカッサル海道とよび（図0-1参照）、ナマコ貿易を通じて形成されたひとつの文化圏を想定した［鶴見 1987］。同様に蝦夷地を含む日本列島から中国大陸にいたった海道に着目し、オーストラリア北岸から蝦夷地にいたるまでの「ナマコ海道」圏とも表現すべき海域の歴史を再構築してみせたのである。

もちろん、わたしのナマコ論も鶴見の研究の延長上にある。本章では、鶴見が『ナマコの眼』を上梓するにいたった過程と鶴見のナマコ観について、『鶴見良行著作集』（全一二巻、みすず書房）を参照しつつふりかえってみたい。

二　鶴見良行という人物

鶴見良行は一九二六年、ロスアンゼルスに生まれた。父の憲は当時のロスアンゼルス領事であったし、父方のいとこにあたる鶴見和子、俊輔両氏とともに、戦後に「思想の科学研究会」の運営に携わったり、国際文化会館の企画部長を務めたりしたことにも明らかなように、鶴見はいわゆるリベラルな知米派知識人のひとりである。

そんな鶴見がアジアに眼を向けるようになったのは、一九六五年のことである。南ベトナムでベトコンの公開処刑を眼にしたことが、その直接的な契機だったという[鶴見 1995:6]。この時、鶴見は、ハーバード大学が開催する国際セミナーに参加するため、米国に渡る途中であった。セミナーの先輩には中曾根康弘が、同期生に大江健三郎がいたというように、同セミナーは日本と米国の知識人たちが、高級ワインを片手に(リアリティに欠ける)国際情勢を議論する雰囲気をただよわせていた。鶴見は、セミナーに黒人や少数民族がいないことを不思議に感じ、エリート同士の交流に反発を感じたという[鶴見 1995:7]。くわえて、アメリカ人の大半が、中国共産党封じ込めのためにはベトナム戦争やむなしとしている風潮に嫌悪感を覚えた鶴見は、米国との距離をとりはじめることとなった。同時に、アジアを自分の足で歩きはじめるのである。

一九六七年生まれのわたしは、ベトナム戦争と同時代を生きていたにもかかわらず、ベトナム戦争や当時の日本はおろか、アジアをとりまく社会状況についての鮮明な記憶をもちあわせていない。大学に入学した一九八六年は、前年九月のプラザ合意を受けて急激な円高が進んでいたし、運輸省(当時)が個人旅行用の格安航空券の販売を許可したことにより、個人旅行が学生にも可能になった時期であった。現在では死語に等しい「国際化」なることばがマスコミで取り上げられるなか、いまさら欧米でもあるまいと、なんとなく東南アジアを旅行しはじめたのである。

わずか二十数年前の話であるが、東南アジアは、まだ身近な存在ではなかった。たとえば、今日でこそ、ちょっとした都市なら、タイ料理屋の一軒や二軒はすぐにみつけることができるだろう。しかし、当時は東京でさえ、六本木と新宿に一軒ずつしかなかった。それくらいに東南アジアは縁遠い存在であった。そして、専門書は別として、大学生が手にすることのできる書物はというと、これまた少なかった。そんな貧弱な知的環境のなかで、いつも眼にする著者名が鶴見良行であった。

その鶴見が、上智大学で教えていることを知ったわたしは、ずうずうしくも教室まで鶴見を訪ねていった。一九八七年一〇月のことだ。その後、一九八九年九月に鶴見が東京を離れるまでの四学期間、水曜日の午後は鶴見の講義を欠かさず聴講した。

もう時効であろう。鶴見は大学生協でかならず三五〇ミリリットルの缶ビールを二本購入し、いわゆるブラウン・バッグとよばれる茶色の紙袋に缶ビールを入れて登壇した。教室に入るやいなや、黒板を背にして机に座り、プシュっとあける。それをチビチビと舐めながら、太くて渋い声を発するのだった。そして、一本目があくとそれを灰皿とし、タバコを吸った。みずから著した『海道の社会史』［鶴見 1987］を教科書に指定していたものの、脱稿後に明らかになったことや最近読んだ文献の紹介など、熱意あふれる刺激的な授業であった。バブル経済を背景としてわたしが東南アジアの貧乏旅行にのめり込んだのも、鶴見が講じる世界を追体験したかったからである。

三　海域世界研究への道のり——アジアの多様性

『海道の社会史——東南アジア多島海の人びと』は、題名に明らかなように、東南アジアの海を題材としたものである。わたしは、『マングローブの沼地で』［鶴見 1984］と『ナマコの眼』に『海道の社会史』とをあわせて「海を主題とした三部作」とよんだことがある［赤嶺 2002b］。わたしは鶴見の著述活動を、その主題や手法、文体などから三期に分類しているが、海を主題とする三部作は、いずれも第三期の作品に分類できる。

第一期は、おもに日本社会についての評論を発表していた時期のことである。それが、ベトナム戦争とハーバード大学の国際セミナーを契機としてアジアを歩きはじめるようになったことは先述した。セミナーから八年たった一九七三年には、「日本人」としてアジアと関わる姿勢を覚悟するにいたる。

ベトナム反戦運動にかかわることで、私は、アメリカ、日本、アジアの相関関係をより深く認識するようになった。アメリカ、日本、アジアの相関関係とは、とりもなおさず、私が今生きている日本の現代ということだ(「私の関心」一九七三年)[鶴見 2002:59]。

この自覚のもと、鶴見は、東南アジアと日本との不平等な関係を論じつつ、そのような不平等な関係を是正すべく、日本の変革を展望する文章をつづっていった。これらが、鶴見の第二期の作品である。水爆を用いてマレー半島に運河をつくろうとする計画に端を発した『マラッカ物語』[鶴見 1981]や多国籍企業によるミンダナオ島の開発をあつかった名著『バナナと日本人』[鶴見 1982]が、その代表作である。

鶴見によると、一九三〇年代の軍国主義が膨張していた頃の日本人は、だれひとりとして中国大陸における戦争と関わりなく生活できなかったように、一九七〇年代の日本は東南アジアでの経済活動と無関係に暮らしていけない時代状況にあった。

今や日本は経済大国として、私たち自身の想像を超えるほどに、アジアの人びとの日常のくらしを左右する力を持つことになった(「アジア報道の方法」一九七三年)[鶴見 2002:66]。

まず、この事実を自覚しようというのが、鶴見が東南アジアと関わる際の基本スタンスであった[鶴見 1995:90–91]。そのうえで、両者が平等な関係を築くにあたっては、「風がふけば桶屋が儲かる」的な連鎖を脱却すべきであることはもちろん、日本社会だけが一方的に変化していくのではなく、その変革は東南アジア社会の変革と歩調をともにするべきであるとし、その方策を模索していた。

ロッキード事件みたいなものが今起っているわけですけれども、私たちはこういう社会はいやなわけです。そうではない社会につくり変えていく作業と、第三世界の民衆とつなげていく作業というものが、一つの作業としてつながってこないといけないいんじゃないか」(「われらの地図を描く――日本とアジアのしくみをかえる」一九七六年)〔鶴見 2002:247〕。

ところが、ベトナム反戦運動のデモに参加していた鶴見は、五〇歳をむかえる頃から、運動における自分の役割を意識するようになる。一九七六年に『思想の科学』に執筆した「新左翼再考」という評論のなかで、鶴見はみずからを「運動的ジャーナリスト」と位置づけ、その使命を次のように述べている。

運動にかかわる物書きとして、私はこれまでに運動論めいたものをかなり書いてきた。以後この種のものはなるべく禁欲していきたい。物書きであることをやめて、運動にかかわることが、私自身の指摘に応える一番の本道なのであろう。しかしそれは、自分の年齢、経験、資質などの条件から、もはや可能ではない。/運動にたいして事実を報告する調査報告書。それが私にとって唯一の運動にたいするかかわり方だろう。運動的ジャーナリストは、組織者としてではなく、事実通報の補助的役割をもって運動にかかわる(「新左翼再考」一九七六年)〔鶴見2002:275]。

興味深いのは、運動的ジャーナリストを意識しはじめた時期に、後進の指導をも意識していたことである。「新左翼再考」を著した翌一九七七年に着手したバナナ研究も、日本側とフィリピン側との共同研究であったように、研究と運動との連携を意識したものであった。また、一九七三年の時点で、NGO的な活動のはしりともいえるアジア太平洋資料センター(PARC)の立ち上げに参加している。このような市井の研究者を育てたい、という鶴見の意志は、「はだしの研究者募集中」という文章に顕著である。

雑誌『AMPO』を出しながらいろいろのことを考えましたが、その中でもっとも痛感しているのは、〈知識人として行動する人間〉の不足ということです。知識人というコトバが嫌味なら職能人といってもよろしい。自分の知的職能をテコにして、この社会を分析し具体的な批判の行動に移してゆく人間のことです。/文化隆盛のお蔭でコトバで食べている人間は腐るほどいますし、逆に勉強はしないが行動だけはするという人間も少なくはありません。しかし両者を兼ねる人間が今の教育制度から自動的に生れてくると思うのは、ほとんど絶望的であるようです(「はだしの研究者募集中」一九七七年)[鶴見2002:281]。

この問題の解決策として組織された「アジア勉強会」の目標として、鶴見は以下の三点をあげている。①教養としての知識の習得ではなく、民衆の場に立って本質的にものを考え、行動する「はだしの研究者」の創造を主とする。②今日の日本と世界の現実をとらえうる理論をつくりだす基礎として、社会科学の諸古典の摂取を通じて体系的かつ具体的に思考する習慣を養う。③第三世界、とくにアジアと日本との関わりにおいて、日本近現代史を位置づける［鶴見 2002:281］。

三点目は、とくに重要である。アジア学をたんにアジアについての学習に終わらせるのではなく、『ナマコの眼』に通じる、アジアの近現代史を日本とのつながりで理解しようとする姿勢が、すでに提出されているからである。今日でも、学問が精緻化をたどるなか、こうした東南アジアを日本との関係でとらえようとする試みは稀といっていい。

とまれ、この勉強会の成果について、鶴見はアジアの多様性をあらためて認識し、今後の構想をたてなおすことができたと総括している。

> アジアは多様だとよくいわれる。これは確かに事実であるが、この事実の強調は、反面でアジアの多様性と日本の一様性（一民族、一言語、一宗教）という対比を生みやすい。だが日本社会は、それほどに一様であったのだろうか。……第二の発見は、植民地化の多様性を手掛かりとする将来の想定である。植民地主義が東南アジア諸社会の内陸部を世界資本主義市場社会に組み込んでゆく一九世紀以降の過程を、私は商品の歴史（フィリピンの砂糖、マラヤのゴムと錫《すず》、ビルマの米）で比較した。この過程もまた一様ではない。その相違は、商品の性格、本国の事情にもよるが、住民の対応の仕方にもちがいがあった（「新しいアジア学の試み」一九七八年）［鶴見

2002:337］。

つまり、東南アジアの多様性を認識するにつれ、日本はいわれているほど均質な社会なのか、という疑問を強くすることとなったのである。同時に、それは植民地主義の再検討の動機づけとなった。このふたつの問題意識は、コインの両面として一体化し、第三期の、海を主題とする研究活動にも継承されていく。それは端的に表現すれば、農本主義的な陸中心の世界観ではなく、海から陸をみつめなおしてみよう、という歴史認識の逆転を模索したものだといえる。その端緒が、陸でもなく海でもない汽水帯における人間の活動に着目した『マングローブの沼地で』での学問批判にあらわれることとなる。

四　新しいアジア学の構想——辺境学とモノ研究

バナナの研究を終えた鶴見は、アジア太平洋資料センター（PARC）を中心として一九八一年末に村井吉敬らとエビ研究会を開催する。この研究を契機として、鶴見は東インドネシアを精力的に歩きはじめる。

この第三期に鶴見は、「新しいアジア学」を標榜するようになる(2)（「新しい東南アジア学の発想」）［鶴見 2000:177］。はだしの研究者を募集してから一〇年後のことである。

なにが新しかったのか。この時期の著作を読むかぎりでは、アジア勉強会以来もちつづけていた日本社会への批判的精神、既成の学問体制への反感、そこに由来する自前の研究者養成への意志は一貫している。

従来と異なる点は、鶴見が自覚的に東南アジアの辺境へ足を向けていたことである。鶴見のいう辺境とは、植民地主義に見捨てられた地域のことをさし［鶴見 1995:151］、なにも絶海の孤島を意味するものではない。

それらの島嶼に暮らした人びとは、中国市場という世界市場とつながり、ナマコやツバメの巣といった中国市場向けの産物を採取しながら生計をたてていた。つまりは、中国市場向けの産物は、植民者たちが管理しえなかったために、結果として植民地経営者たちに見捨てられてしまったのである。したがって皮肉なことに、植民地主義を批判した研究からも、辺境の人びとについての関心はこぼれてしまった。だからこそ、東南アジアを公正に理解するには、辺境の島じまから歴史を再構築しなくてはならないのである。このように鶴見のいう辺境には、政治経済的にも学問史的にも二重に見落とされたという自虐的な意味が込められている。

写真9-1　ピニシ.
インドネシアの代表的な木造機帆船である.

さらには、そうした辺境で採取されるナマコは、幾重にも周縁化された生物であった。鶴見は、ナマコ研究をはじめた経緯について、没後に編集された講演集の『東南アジアを知る』のなかで、「〔宮廷料理として〕ゼラチン料理の材料となるナマコは、高級ですが、生物としてのナマコは、じつにとりとめなき見落とされた存在であることは知っていました。だから、ナマコを見つめていけば、少数者の存在や差別の問題が浮かび上がってくるかもしれない」と述べている［鶴見 1995:145］。

中国には「参鮑翅肚《サンパオチードゥ》」という四字成句がある。参は乾燥ナマコ（海参）、鮑は干アワビ（鮑魚《パオユイ》）、翅はフカヒレ（魚翅《ユイチー》）、肚は魚の浮き袋（魚肚《ユイドゥ》）をさす。いずれも滋養に富んだ海産性の高級乾燥食材であるが、中国でこれら乾燥海産物が普及したのは、一七～一八世紀頃のことと新しい。いずれも中国で生産されてはいたものの、当初から大部分を東南アジアや日本など近隣諸国からの輸入に依存していた。第4章でも述べたように、当時、長崎を窓口に中国産の絹織物や生糸を輸入していた日本は、その見返りとして中国から日本産の銀と銅を求められた。しかし、銀・銅の産出量が減少してきたため、徳川幕府は一七世紀末に乾燥ナマコや干アワビ、フカヒレを対中国貿易の主要輸出品と定め、増産体制をしいた（フカヒレは一七六四年から）。その結果、乾燥ナマコの生産に動員されたのは、日本国内の漁民だけでなく、日本の版図外であった蝦夷地に暮らしたアイヌであった。つまり、漁民やアイヌは、武士や町人用であり、自身が着用することのなかった絹製品を輸入するために、ナマコ生産に使役されたのであった。

『ナマコの眼』の舞台は、南太平洋、東南アジア、日本にまたがるが、オーストラリア北部におけるマカッサーン[3]（Macassan）とアボリジニ（Aborigine, オーストラリア先住民）のナマコをめぐる交流や、東南アジアの漂海民とよばれるサマ人たちのナマコ生産も、このような図式のなかで活きてくる。米国の独立を受け、英国による植民地建設が本格化したオーストラリアでは、白人到来以前からインドネシアのマカッサーンとアボリジニたちが北部の沿岸でナマコ生産をおこなっていた。二〇世紀初頭に掲げられた白豪主義の一環として有色人の移入が拒否されるまで、マカッサーンたちはオーストラリア北部でアボリジニと協働して乾燥ナマコを生産していた。近代国家を相対化しようと努めた鶴見は、国境を意に介さず、ナマコを求めて越境するマカッサーンたちに共感を覚えたにちがいない。また、陸地に家屋をもたず、家船《えぶね》（レパ）とよばれる船で生活し、漁場を移動しながらナマコを採取するサマ人との邂逅は、これまた脱農本主義的歴史観を模索していた鶴見には衝撃的であったであろう。

写真9-2　家船の船たで（luhu）．サマ人たちはかつて家船（lepa）に住み，漁場を移動しながら生活していたが，大潮の際には特定の島に集まり，儀礼や船底の掃除をおこなっていた（マレーシア，サバ州，1992年9月）．

　このように、アイヌとサマ、アボリジニを一冊の書物に並置した意図はどこにあるのだろうか。それは、一国史におさまらないグローバル・ヒストリー、あるいは「多重地域研究」ともいえる世界認識法の提示である。つまり、目のないナマコに「眼《まなこ》」を仮定して、オーストラリア北岸から東南アジアの島じまを経て蝦夷地にいたる海の世界——「ナマコ海道」——の歴史を鶴見は描いてみせたのである。

　鶴見自身がどうよんだかは定かではないものの、この時期の鶴見の学風は、一般に「鶴見アジア学」あるいは「辺境学」などとして知られている〔鶴見・山口1986〕。ちょうどわたしが東南アジアに関心を抱きはじめた頃に、よく耳にしたフレーズである。『海道の社会史』は、そんな鶴見の学風を確立した書物であった。その後、鶴見の研究上の問題意識と方法論的な工夫は、『ナマコの眼』に凝縮される。

では、その特徴や方法論はどんなものであったか。以下に三点にまとめよう。まず、手法としては「モノ研究」があげられる。生産から流通、消費を一貫して研究するというバナナやエビの調査から開発した手法である。ある商品に着目して、生産から消費までの連鎖がもつ歴史性を追求する過程で、たんに好事家的なモノの研究に終わらせず、「ナマコ」をとおして社会の矛盾を見事に描きだしたのである。この「モノ研究」と「「モノ」の研究」の差異について吉見俊哉は、「モノへの眼差しではなく、モノからの眼差し」と端的に表現している〔吉見2005:219〕。鶴見のモノ研究への志は、今日の学問的なフレームでいえば、世界システム論的関心を文化人類学的に実践した多重地域民族誌研究(multi-sited ethnography)といえるであろう〔Marcus 1998:91–92〕。また、ナマコ研究を通じて、世界市場はヨーロッパにだけ成立したのではないことを立証した点で、アンドレ・G・フランクの『リオリエント』〔Frank 1998＝2000〕を先取りしていた点でも評価されるべきである。

『ナマコの眼』の特徴の二点目として、第三期の鶴見が植民地主義の再考を意識していたことが指摘できる。一般的には、ポルトガル人が一五一一年にマラッカにやってきた時点をもって東南アジアは植民地主義にからめとられたと考えられている。しかし、実際にはそうではなかった。東南アジアは、そんなヤワな存在ではなかったのである。

植民地主義は、その統治の形態から前期と後期に二分できる。前期は一六世紀初頭から一九世紀初頭までのおよそ三〇〇年間で、香料などの奢侈品の交易支配を目的としていた。他方、一九世紀中葉に本格化する後期植民地主義は、西洋人たちが直接的に土地支配をおこなった。いわゆる世界市場に原材料を供給するための麻やゴム、砂糖、タバコ、藍などの作物を単一に栽培したプランテーションの浸透である。

鶴見は、植民地主義を二分したうえで、まず、前期植民地主義期は、面の支配ではなく点の支配であったことを強調する。また、後期植民地主義においても、東南アジアの全域でプランテーションが経営されたわけではない。東インドネシアのいわゆる多島海には、プランテーションが拓かれなかった島も少なくないからである。くわえて、流通の複雑さから西洋人たちが手を出せない貿易もあった。それが中国市場向けに生産されていたナマコであった。つまり、ナマコに眼をつけることにより、植民地万能主義ともいえる、西洋中心主義におちいった歴史理解を打破しようとしたのである。

第三に、脱国家主義を指摘できる。『ナマコの眼』があつかう地域は、南はオーストラリア北岸や南太平洋から北はロシア沿海州におよんでいる。つまり、鶴見は東南アジア史を含む東洋史と日本史、西洋史を包摂したアジア史を構想していたことになる。昨今の学術用語でいえば、グローバル・ヒストリーへの展望と換言できよう。同時に、日本列島史を列島外にひらくという意味において、網野善彦らに通じる日本社会への批判的視座を一貫してもちつづけていた(「海を歩く思想」)[鶴見 2000:196]。

五　日本をとらえなおす眼

東南アジア体験のない学生に東南アジアの話をすると、ややもすると植民地主義の弊害のみが印象づけられ、貧困あるいは未開というかたちで学生の記憶に残ることとなる。そのような歴史観からは東南アジアの主体性が失われてしまい、かえって植民地主義が万能であったことを認めるようなものである。鶴見が意図したように——もしくは世界システム論的に——東南アジアの貧困は、わたしたち日本社会の繁栄の裏がえしなのだ、という自覚を学生と共有するには、どのような仕掛けが必要なのであろうか。ベトナム戦争が他人ごとではなく、東南アジアの貧困がよそごとではなく、自分の問題として理解できるような想像力はいかにしたら獲得できるのか。

ややや飛躍するかもしれないが、そのような歴史観と日本社会を相対化できる想像力とは、わたしは根ではつながっていると考えている。授業での一例をあげて説明しよう。これまでわたしは、講義でたびたび稲作論をあつかってきた。アジアの広がりを実感できる題材であるし、考古学から民俗学、生態学までを含む学際的なアプローチが可能であるからである。

講義には、二〇〇一年にＮＨＫが五回シリーズで放送した『日本人はるかな旅』を部分的に用いることが多い。同番組は、遺伝子学や考古学、民族学のみならず、さまざまな分野の最先端を駆使して、日本列島住民の祖先がどこから来たのかを考察したものである。七世紀中葉といわれる日本国成立以前の人びとを「日本人」よばわりするのは抵抗を感じるものの、それ以外は狭窄なナショナリズムにおちいることなく、日本列島住民がもつ北方要素や南方要素にも目配りした良作といってよい。コンピューターで制作した画像を多用している点も特徴的である。

しかし、なぜだか、第四集「イネ、知られざる一万年の旅」(二〇〇一年一一月一一日放送)だけが、わたしには違和感の強い作品に仕上がっている。全体的には、稲作の起源を中国に求め、それが日本列島に移入された経過を説明するシナリオである。ラオスで焼畑の取材をし、なにも水田耕作が稲作のすべてではないことも示されている。ところが、番組の随所に「稲の民・日本人」という表現がすり込まれているばかりか、品種改良を重ねた結果、熱帯性の植物であったイネが二〇世紀初頭に北緯四四度四三分の亜寒帯にまで栽培されるようになったことをたたえて幕を閉じる構成となっている。番組全体が、まるで日本人はみなが「稲の民」というアイデンティティをもっているかの前提で進められ、しかもそれを美談に仕立てあげているとの印象さえ受ける。

たしかに東南アジアは、現在の日本とくらべようのないくらいに、米食がさかんな地域である。若干のおかずに平皿いっぱいの白米を食べるのが調査地での食事である。不漁がつづくと、醬油かけごはんだけのことも珍しくない。一九六〇年代後半の「緑の革命」以降、在来種が減少したものの、東南アジアには、多様なイネの品種とそれらに適応した栽培法が多岐にわたって根づいている。

とはいえ、東南アジアの全域で稲作がなされているわけではない。とくに東インドネシア地域では、サゴヤシとよばれるヤシ科の植物の髄にたまる澱粉を主食としている。また、バナナや日本のサトイモにあたるタロイモ、南米起源のキャッサバイモを主食とする地域も少なくない。

写真9-3　サゴヤシ
（インドネシア，中スラウェシ州）．

写真9-4　サゴヤシの加工
（中スラウェシ州）．幹から髄を
掻きだし，水でさらせば
サゴ澱粉が抽出される．

写真9-5　サゴヤシの筏（マレーシア，サラワク州ムカ，1991年3月）．
上流で切り出したサゴヤシを河で運んでくる．
ムカにはサゴヤシ澱粉を精製する工場もある．

『海道の社会史』でそれらの記述に触れ、主食といえば稲か小麦しか思いつかなかったわたしは、単純に驚き、サゴヤシを食べてみたいと思った。実際に葛状にお湯に溶いたサゴ澱粉を食べた時の感動は、いまでも覚えている。一九九一年二月、マレーシアのサラワク州ムカでのことだった。

なにが、そんなにうれしかったのか？　それまでの自分が無批判に受けいれていた常識を、みずから破壊している行為に酔っていただけの話かもしれない。たしかにそれもあった。だが、それだけではなく、アジア勉強会の成果として鶴見があげるように、東南アジアを鏡としながら、日本の多様性を掘り起こす視点を獲得できたよろこびであったことも、まちがいない。事実、日本におけるイモ食文化論を研究し、稲作史観を批判する民俗学者、坪井洋文を知ったのは、鶴見の講義であった。

二〇〇五年度の講義では、わたし自身が獲得してきた脱稲作イデオロギーの体験談をしゃべった後に学生にビデオを観てもらい、「「稲の民・日本人」というアイデンティティは、幻想にすぎない。なぜNHKは、このようなアイデンティティを創出しようとするのか。その意図を論じなさい」との課題を出した。

すると、ある学生が、「北海道と沖縄を除けば、NHKによる表現は、なんら問題はないのではないか」と答えたのである。もちろん、この学生には悪気はない。ただ、濃尾平野で育ったみずからの生活環境とは異なる「日本人」への想像力が欠如しているだけのことなのである。なにもわたしは、この学生に国民国家としての日本像を強要しようとしているのではない。しかし、『日本人はるかな旅』が意図するところの「日本人」は、北は北海道から南は沖縄までを含んでいなくてはならないはずである。NHKが意図するように、わたしたちが、北海道を開拓した人びとやウチナンチューも含めた意味で「日本人」を発展的に語れるようになるためには、まず、この学生のような無邪気なヤマトンチューの想像力を鍛えることからはじめねばならないのが現状なのである。

わたしは、この学生のコメントを耳にした時、琉球史家の安里進が批判していた「遅れた歴史的出発論」を思い出した[安里 2002]。安里によれば、「遅れた歴史的出発論」とは、一九六〇年代初頭に琉球史研究に大きな影響力をもった歴史観で、中国や朝鮮の史書への登場、文字の伝来と使用、仏教の伝来、中央集権国家の確立、文学書や史書の編集などを勘案すると、本土にくらべて沖縄は八〇〇年も遅れており、その後進性をいかに克服すべきかを論じたものだという。一時はみずからも「遅れた歴史的出発論」に影響を受けたという安里は、「沖縄学——交易を軸に発展したサンゴ礁の島々」という短文のなかで、歴史観の転換をせまっている。

私は「遅れた歴史的出発論」は、農業生産を基礎に社会発展をとげた本土の歴史をモノサシにして沖縄の歴史を計るという方法論の産物だと見ている。沖縄と本土を歴史的に不可分一体の存在と見る観点からすれば、本土という中央のモノサシで地方としての沖縄を計ることになる。農業社会の成立が遅れ、近世に至っても農業生産力が低い琉球社会を、本土のモノサシで計れば遅れた社会としか見えないだろう。……〔沖縄の古代社会は〕「弥生農耕文化が到達しない遅れた社会」とみるのではなく、「交易という経済活動を主軸に発展してきた社会」として評価し直すべきだと私は考えている。本土とは異なり、交易社会というベクトルで発達する社会という理解だ〔安里 2002:143〕。

六　未完のアジア学を継ぐ——海域世界研究の実践

安里の主張は、東南アジアの島嶼社会についても、そのままあてはまる。世界地図に眼を転じてみよう。東南アジア海域が、世界有数の多島海であることに気づくはずだ。とくに、インドネシアのロンボク島以東のウォーラセア（Wallacea）海域における島の多さはきわだっている。ウォーラセアとは、ウォーレス（Wallace）の島じまという意味である。一九世紀半ばにこの海域を

図9-1 ウォーラセア海域

＊ここでのウォーラセアは，西側のハクスレー線（1868年）と東側のライデッカー線（1896年）で囲まれた海域をさす．
出所：筆者作成．

探検し、この海域に生息する動物の種類が、アジア大陸のものとは異なることを発見した英国人博物学者アルフレッド・ウォーレス(Alfred R. Wallace)にちなんだ名称である。

ウォーラセアは、インドシナ半島からスマトラ島、ジャワ島、カリマンタン(ボルネオ)島を包摂するスンダ大陸棚と、オーストラリア大陸からニューギニア島周辺を覆うサフル大陸棚とに挟まれた海域をさす(図9-1)。

今から一八〇万年前にはじまる更新世に、地球は、しばしば寒冷気候にみまわれた。寒冷期（氷期）には海面が後退（海退）したし、温暖期（間氷期）には海面が上昇する海進が起こった。いちばん最近の海退期は、三万〜一万五千年前のことだと考えられている。これまでの数度にわたった海退期にも、スンダとサフルの両大陸が陸つづきになることはなかった。いいかえれば、それほどまでにウォーラセアの島じまは、深い海に抱かれているのである。

深く、澄んだ海水には、サンゴも豊かに育つ。大陸棚上の海が、水深が浅く、泥性の海であるのとは対照的である。サンゴ礁は、「海の熱帯林」とよばれるように、生物の多様性に富んでいる。たとえば、今日の市場で需要の高いカニやエビ、ハタ、イカのほかに、カツオ、マグロ、トビウオなどの回遊魚も豊富である。また、ナマコ、サメ、真珠貝、高瀬貝、玳瑁《タイマイ》など、長期間にわたって利用されてきた資源にも恵まれている。

鶴見が晩年に積極的に歩いたのは、このウォーラセアであった。ここは一部を除き、植民者たちがプランテーションを開発することはなかった。しかも、中国市場向けの海産物貿易は、西洋人の管理下におかれることがなかったことは、先述したとおりである。鶴見の唱えた「新しいアジア学」の特徴は、陸ではなく、海から思想を組みなおそう、という点にあった。同時にそれは、ジャカルタやマニラなどの中央ではなく、辺境地帯から中央を照射しなおそうとする中央主義史観批判でもあった。そして、その射程は、東南アジア社会の理解のみに終わらせるのではなく、調査者であるわたしたち自身の眼はもとより、調査成果を消費する日本社会をひらいていこう、との強い思いにつらぬかれていた。

新しいアジア学が新しい日本学と手をたずさえてゆく。／私は今後もそんな試みをぼちぼちと進めたい（「新しいアジア学の試み」）［鶴見 2002：338］。

鶴見が構想したアジア学は、いまだ完成していない。それどころか、アジアについての知識を蓄積していくことはもちろんのこと、その知識を統合して日本社会をとらえなおし、その先に日本社会の変革を期待する以上、永遠に終わりのない作業だといわざるをえない。しかし、このダイナミクスこそが、鶴見がナマコに「眼」を仮定してとらえようとした社会変革の可能性なのであろうし、「海域世界」研究の存在意義でもあろう。

わたしが、東南アジア研究の一環としてナマコ研究をはじめて、もう一三年になる。この間、『ナマコの眼』はまさに座右の書であった。ちくま学芸文庫版（一九九三年）はハンディーなため、国内外を問わず調査に携行し、くりかえし読んだ。

もちろん、細部においては修正すべき記述もあるし、階級性だけでは、ナマコ海道の社会史すべてを叙述しきれるものではない。しかし、ナマコ・ブームに沸く東南アジアの島じまはもちろん、北海道や沖縄の漁村を歩きながら、鶴見が意図したアジア研究——東南アジアと日本とを同時代史的にみる多重地域研究——の枠組みが、正鵠を得たものであったことをかみしめると同時に、その壮大な試みを実践することの困難さを痛感するばかりである。どこまで可能となるかは別として、本書は「グローバル化時代のナマコの利用と管理」という視点から、鶴見の放った問題提起に少しでも答えたいと願っている。

註

（1）『日本国語大辞典』は、「島国根性」が使用されはじめた初期の用例として、田山花袋が一九一七年（大正六）につづった「東京の三〇年」のなかの「三〇〇〇年来の島国根性」をあげている。

（2）たとえば、「新しい東南アジア学の構想」（一九八七年）以外にも、「海を歩く思想――漁業からみた日本と東南アジア」（一九八九年）や「河海からみた大地――東南アジア文化への試論」（一九九一年）、「島は思想を鍛える」（一九九二年）などに、鶴見の意図した東南アジア学の構想は明らかである。なお、ここにあげた小論は、いずれも『海の道』と題した『鶴見良行著作集』第八巻［鶴見 2000］に収録されている。

（3）東インドネシアの玄関口スラウェシ島のマカッサル（Makassar）周辺から、オーストラリア北部にナマコ採取にやってきマカッサル人やブギス人などは、マカッサーン（Macassan）と総称された。

第10章 サマ研究とモノ研究

一　「漂海民」サマ

サマ（Sama）とは、フィリピン南西部のスル諸島からマレーシアのボルネオ島東岸、インドネシア東部にまたがるサンゴ礁海域に暮らす人びとの自称である。他称としてバジャウ（Bajau）あるいはバジョ（Bajo）としても知られるサマ人は、一般的には家船（レパ）で移動しながら漁撈生活を営む「漂海民」と考えられている。

とはいえ、船上生活の歴史が明らかではなく、海浜部に定住するサマ人も少なくない。かれらは陸上に住むこともあるが、だいたいは、浅瀬に杭をたてた杭上家屋に居住している。海上居住を好むのは、マラリアを媒介する蚊を回避するためである。

写真10-1　杭上家屋（中スラウェシ州）．
干しているのはアガル・アガル（海藻）．
台風の心配がない海域では，
マラリアを回避するために杭上家屋が発達した．
海上に張り出した家屋はすずしくて快適である．

サマは、言語学的には、アバクノン（Abaknon）、バラギンギ（Balangingi）、中央サマ（Central Sinama）、パグタラン（Pangutaran）、南サマ（Southern Sinama）、ヤカン（Yakan）、マプン（Mapun）、西海岸バジャウ（West Coast Bajau）、インドネシア・バジャウ（Indonesian Bajau）の九言語集団に分類され（図10-1）、二〇〇〇年時点の話者人口はおよそ一〇〇万人と推定される［長津 2008］。

米や芋など炭水化物をみずから生産しない狩猟採集民の宿命ともいえるが、サマ人の営む漁業は、余剰を売るといった消極的なものではありえず、市場に直結したものしか採らない商業性の強いものである。そんな漁業の特徴は、みずからは消費しない——鶴見良行が特殊海産物とよぶ——干ナマコやフカヒレといった中国食文化圏を消費地とする海産物の採取に特化してきたことに顕著である。たとえば、一八世紀半ばから一九世紀末にかけてスル諸島にはタウスグ（Tausug）人の王族を頂点にサマ人などの周辺民族を従えたスル王国が隆盛したが、同王国の繁栄を支えたのは、サマ人らが採取した対中国貿易用の特殊海産物であった。

商業への指向性は、今日のサマにも受けつがれている。商品になることがわかるやいなや、かれらはゴールドラッシュさながらにその魚種に殺到する。第1章で紹介したダイナマイト漁や、「密貿易」と記述したマレーシアとの国境を越えた跨境貿易も、そうした商業性の高さと無関係ではありえない。そして、市場や経済環境の変化に柔軟に対応しながら、漁獲対象や貿易品を変更

図10-1　サマ諸語の分布図

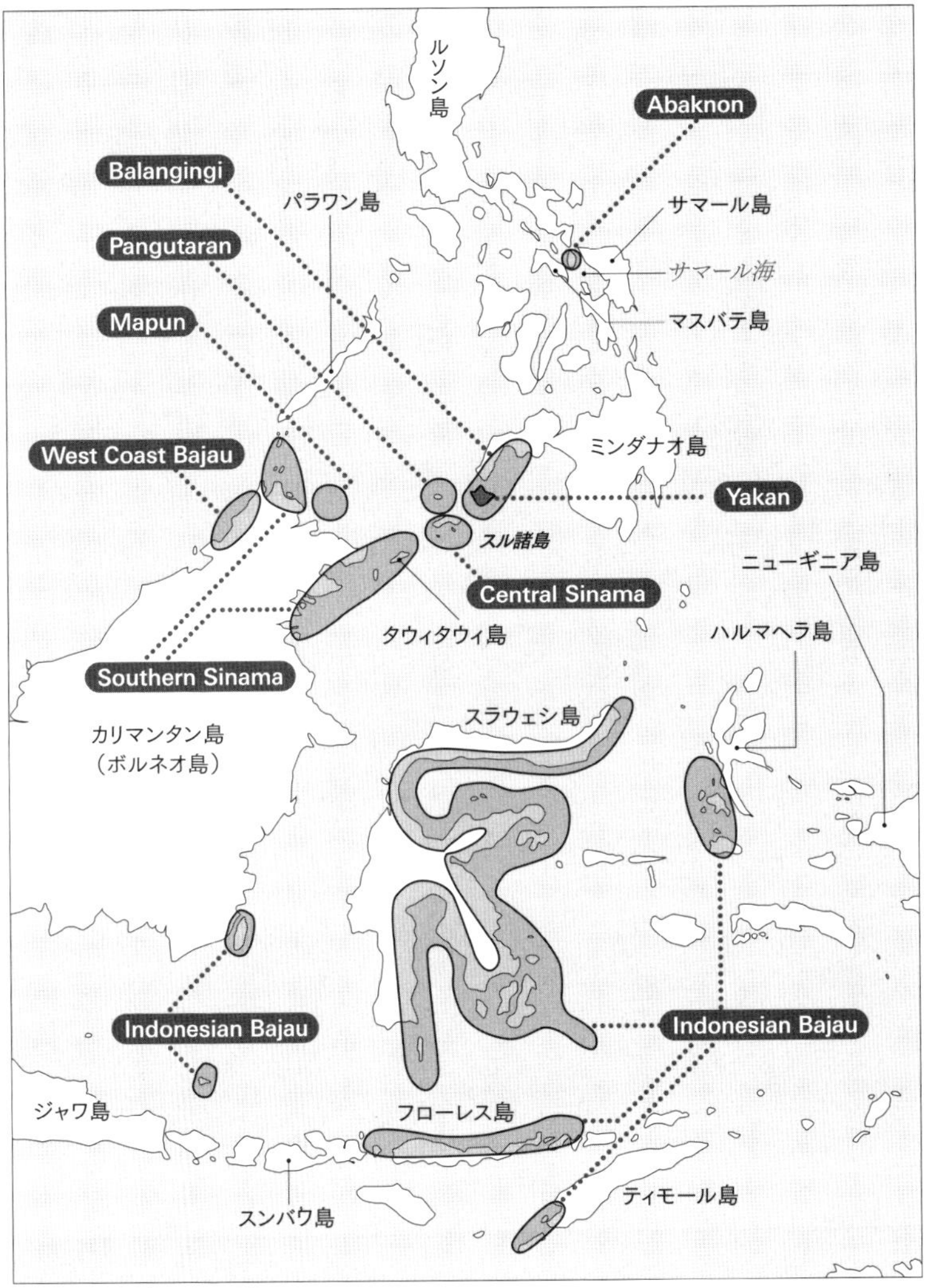

出所：Akamine［2003：145］.

していくのである。

いうまでもなく、本書が採用した方法論は、鶴見良行が開発した「モノ研究」を意識している。モノ研究を推進する人のなかには、「モノ研究」と「「モノ」の研究」を区別する考えもある。たとえば、ナマコを媒介としてなんらかの問題点を明らかにし、社会批判をくわえていくのが「モノ研究」であり、ナマコそのものを研究する立場は「「ナマコ」の研究」であって、「ナマコ研究」ではない、という理解である〔藤林 2001〕。

わたし自身も、「「ナマコ」の研究」の延長線上に「ナマコ研究」を位置づけ、ナマコをとりまく経済環境や社会制度について研究してきたつもりである。しかし、これは、あくまでも現時点からこれまでの研究をふりかえった結果論にすぎない。事実、これまでに発表してきた論文について、「ナマコのことはよくわかったが、問題意識が希薄である」との批判を少なからず受けてきた。いまから考えてみると、やはりモノを通して何をみていきたいのか、というわたし自身の視点が定まっていなかったことは否めない。本章では、まだ作業仮説の段階にあるが、モノ研究の事例としてナマコに着目することによって、何が明らかとなりうるのか、その可能性を模索してみたい。

二　ムカデナマコの謎

ナマコの英語表記は、学術的には holothuria であるが、一般的には sea cucumber（海のキュウリ）の呼称でとおっている。しかし、ちょっとした英語辞書には、トレパン（trepang）というマレー語

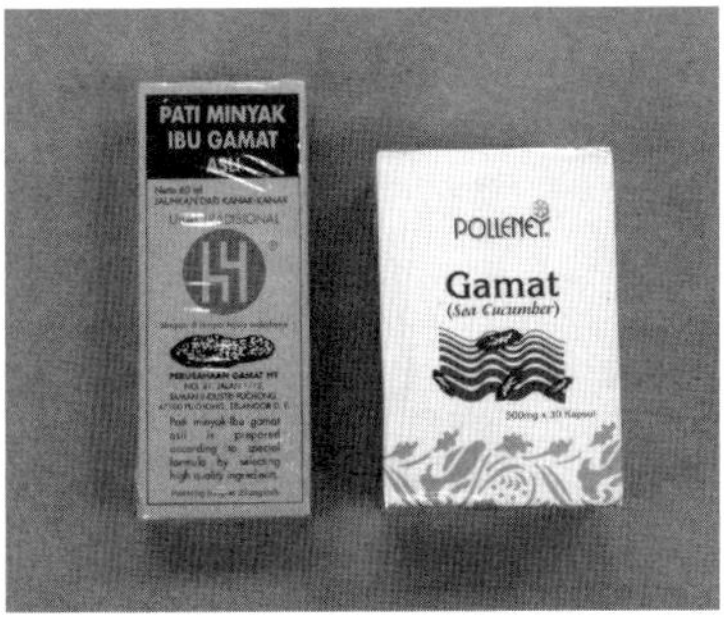

写真10-2　ガマット製品.
マレーシア，とくに半島部では，
多様なガマット製品が開発されている.
左は傷口にぬるローション，右はサプリメント.

に起源する単語も、ナマコとして記載されている。

ここでのマレー語とは、現代のマレーシアとインドネシアで話されている両国語の基礎となった言語である。もともとはマレー半島（マレーシア領）からマラッカ海峡対岸のスマトラ島（インドネシア領）の一部で話されていたムラユ（Melayu）語が交易などを通じて伝播したものである。しかし、わたしが調べたかぎりでは、一般にマレー半島ではナマコはガマット（gamat）とよばれているのに対して、トレパンとよぶのはインドネシアに限定されるようである（スマトラ島での調査はおこなっていないので、スマトラ島周辺における名称は確認できていない）。

興味深いことにガマットは、マレーシアでも、インドネシアでも、またフィリピン（の一部）でも、第7章で紹介した韓国で人気のタマナマコ（*Stichopus horrens*）やヨコスジナマコ（*S. hermanni*）を示す単語として流通していることである。つまり、マレー半島では、個別のナマコをさす単語であるガマットがナマコの総称としても流布していることになる。

ちなみに、フィリピン諸島では、ナマコは一般にバラット（balat）、バラタン（balatan）、バット（bat）などとよばれている。**balat** を基本形とし、集合名詞をつくる接尾辞の **-an** がついたのがバラタン（balat-an）で、母音の **a** にはさまれた子音 **l**（-ala-）が省略された形が **bat** である。バラットとは、もともとは「動物の表皮」や「果物の皮」であるようだ［Zorc 1983：35］。

東南アジアにおけるナマコの総称の見取り図を図10-2に掲げて

図10-2　島嶼部東南アジアにおけるナマコの総称

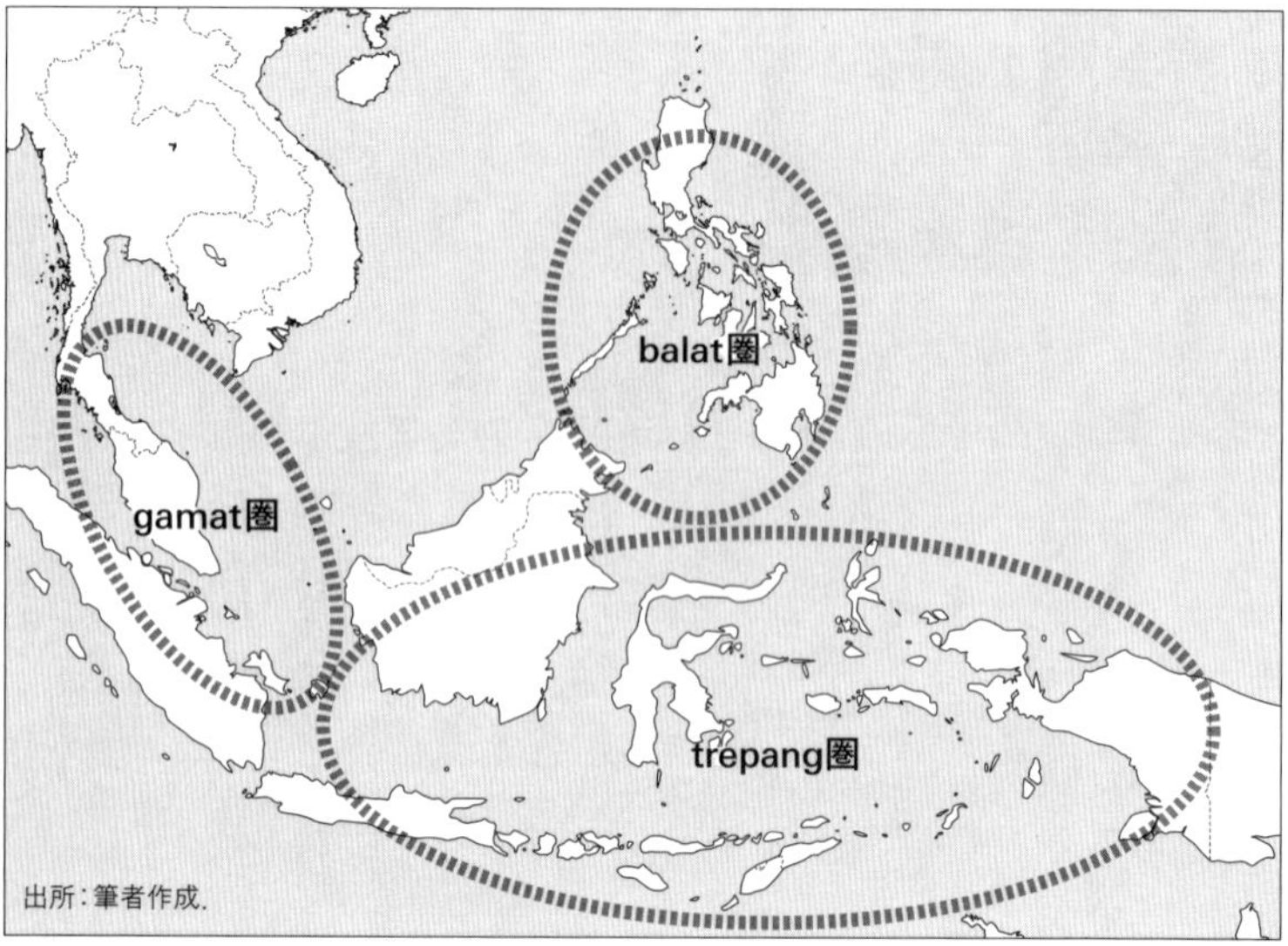

出所：筆者作成.

おく。一般にはマレー語起源として知られるトレパンも、実はインドネシア諸島に限定されていることに注意してほしい。

ＯＥＤ（『オックスフォード英語辞典』）は、トレパンという外来語が英語に入ってきた年代を一七八三年としている。しかし、その説明は、「セレベス島〔現スラウェシ島〕あたりの産物で、黒い、スポンジ状のマッシュルームのような植物」と記述するように不正確なものである。同辞典によるかぎりでは、伝聞情報によらず実際にナマコを観察した文書は、英海軍が一八〇二年に記した「ポルトガル人がよぶところの beach de mar は、マレー人がよぶところの trepang」とする報告であるようだ。

ＯＥＤは、膨大な文献から、語句の初出例を拾いだすという丹念な作業の結晶であるが、印欧語族以外から借用された単語の語源についての考察は不十分である。わたしは、トレパンの語源はＯＥＤがいうようにマレー語ではなく、サマ語のムカデ(lalipan)だと確信している。

第3章でみたように、一般にフィリピン諸島では、バイカナマコ(*Thelenota ananas*)は刺を意味するティニック(tinik)から派生したティニカン(tinikan)としてよばれているが、これは、フィリピンでも有力な輸出商チェーンで採用されている名称である(表3-3~3-6参照)。他方、フィリピン諸島南部を中心にタリパン(talipan, taripan)やダリパン(dalipan)など、いずれもよく似た音でよばれてもいる[1](表5-1参照)。

ティニカンは、フィリピン諸語、とりわけタガログ語を知っていれば、実物を知らずとも刺の多いナマコであることは想像できる。しかし、タリパン／ダリパンは、そうはいかない。実際、フィリピン南部の島じまで、それらの言語の話者に意味を訊ねてみても、「ナマコの名称」と答えるだけであり、その語源を説明できる人は皆無である。

写真10-3(上)
乾バイカナマコ(*T. ananas*).
かつて，伊良部島の漁民たちは
「唐人の食べるナマコ」とよんだが，
今日，日本では生産されていない．
「苦味がある」という評価をよく耳にするが，
わたしが試食したかぎりでは鳥の軟骨のような
コリコリした食感がきわだっていた．
写真10-4(下)　鮮バイカナマコ(石垣島).

写真10-4をみてほしい(本書のカバー袖に、茶褐色をカラーで再現した)。このムカデのようなナマコこそが、サマ語でムカデナマコ(bat lalipan)と形容されるバイカナマコであり、その「ムカデ」の部分だけが個別の名称としてフィリピ

ン諸島各地に伝播したと推察できる。

ちなみにフィリピン諸語でムカデをあらわす単語は、それぞれウラヒパン(ulahipan, タガログ語)、アラヒパン(alahipan, ヒリガイノン語)、ウヒパン(uhipan, セブ語)、ウララヒパン(ulalahipan, ワライ語)、ラヒパン(lahipan, タウスグ語)といったように個別に存在していることからも、フィリピン諸島におけるバイカナマコの名称としてのタリパン/ダリパン系の単語はサマ語からの借用である蓋然性が高い。

では、スル諸島から南方への伝播はなかったのか? つまり、現在のフィリピン、マレーシア、インドネシアといった国家が成立する以前において、ムカデナマコという名称がフィリピン諸島だけに定着したと考える積極的な動機づけはなく、当然、サマ人たちの生活圏でもあった今日のインドネシアの島じまにも膾炙したことが想定される(まわりくどい表現で恐縮であるが、第1章で論じたように東南アジアの国家建設は植民地主義を契機としており、現在の国家の枠組みで語るのは危険である)。

インドネシア語でナマコの総称は、OEDにもあるようにトレパン(trepang)である。そして、くだんのバイカナマコは、インドネシアではトレパン・ナナス(trepang nanas)とよばれている。ナナスはパイナップルである(ちなみにインドネシア語のムカデはリパン(lipan)である)。

いつ頃から、「パイナップル・ナマコ」との名称がインドネシア諸島に普及したのだろうか。また、パイナップルという形容は、どの地方語に由来したのであろうか。

それを説明するだけの資料を持ちあわせていないが、パイナップル・ナマコとは、現在のインドネシア共通語における名称であって、地方語には別の呼称が存在している点に注意したい。たとえば、中部スラウェシのサマ人たちは、このナマコを、バラ・タリパン(balaq talipang)とよんでいる。バラはナマコ、タリパンはムカデの意である。つまり、ナマコもムカデも、音は多少変化しているものの、フィリピンのサマ語と同様の表現となっている。

このことから、わたしは、スル諸島のサマ語がマレー語に直接的に影響を与えたということではなく、インドネシアのサマ語でムカデをさすtalipangがナマコの総称として借用され、*talipang > *taripang > *təripang > *tərepang > trepang と変化したと推定するにいたったのである[2]。

そもそも、なぜ、このナマコが代名詞的に用いられるようになったのであろうか。トートロジーな説明でしかないが、バイカナマコが、トゲトゲした「ナマコらしいナマコ」であるからだ。ナマコらしさは、なにもサマ人が決めたものではなく、消費者である漢人のセンスによっている。つまり、バイカナマコは、第5章で論じた刺参／光参の区別のうち、熱帯で刺参に分類される希少なナマコなのである。このようなナマコっぽいナマコが、一八世紀の東南アジア東部海域でも珍重されたことは想像にかたくない。なお、漢人はムカデではさすがに色気がないと考えたのか、刺を梅の花に見立て、梅花参《メイファシエン》とよんでいる(和名のバイカも漢語からの翻訳借用である)。

三　「日本なまこ」の謎

第5章において刺参と光参の差異を紹介し、一般に北京料理では温帯産の刺参が、広東料理では熱帯産の光参が好まれる傾向があることを指摘した。

このことに関連して、日清貿易史家の松浦章による傾聴に値する指摘を検討してみたい。鎖国政策を敷いた清代においては、長崎より輸出された干ナマコは浙江省の乍浦《ザープー》と寧波《ニンポー》に、東南アジア各国から輸出された干ナマコは広東省の広州に水揚げされていた。この事実をふまえ、松浦は、「日本産干ナマコが浙江周辺から華北地方にかけて消費され、東南アジア産ナマコは華南地方で消費されていた」可能性を示唆している［松浦 1972:24］。この記述は、ナマコの形態に着目すると、「華北地方では刺参がおもに消費され、華南地方では光参が好まれていた」と読みかえることが可能である。ヌーベル・シノワーゼの影響はあるにしろ、基本的に現在の中国でも北方と南方でナマコ料理に差異がみられることは、黄棟和さんのコメントとともにすでに述べたことである。

そうだとすると、同時期に琉球から輸出され、福州に水揚げされていた干ナマコは［真栄平 1998］、中国のどの地域で消費されていたのだろうか。亜熱帯の琉球列島に生息するナマコは、フィリピンなどに生息するものと大差ない［農商務省水産局 1935:50–64］、光参である。松浦は触れていないが、琉球列島に産したナマコも東南アジア産ナマコも、福建省と広東省を中心とした華南地方で消費された蓋然性が高いと考えられないだろうか。

わたしがナマコの「刺」にこだわる理由は、以下の二点にある。ひとつは、アジア史のなかにおける琉球王国の位置づけに関することである。熱帯産ナマコと温帯産ナマコの差異、光参と刺参の差異、あるいは黒色と白色の差異を意識することによって、琉球王国が冊封使などの清国使節を、どのようにもてなしたのか、といった外交政策の裏側が透けてみえてくるはずである。わたしの仮説によれば、琉球王国側が北京を意識していたとすると、長崎より回漕した刺参を北京風に調理したはずだし、たんに出先機関である福州を意識していただけならば、自前の亜熱帯産ナマコ（光参）を福建風・広東風に調理すればよかった、ということになるからである。

この問題を、たんなる嗜好性ですませてはならない。生活の基本である「衣食住」の変化を取り上げる場合、柳田国男が名著『木綿以前の事』[柳田 1979]でこだわったように、色鮮やかに染められた木綿を着た時の人びとの喜びが、麻から木綿への作物転換の大きな動機となったという仮説は、ナマコ食文化の変遷を考えるにあたり、方法論的に学ぶものがあるはずである。

たとえば、異郷の地で人をもてなす場合、「故地で食べなれたものを食べさせてあげたい」と考えるのは、人情として自然ではないだろうか。しかも、それが外交使節団の接待だとしたら、なおさらのことであろう。この点で、薩摩藩が琉球使節を接待した際の次の事例は意味深長である。一般に琉球に対して高圧的に接していたと考えられている薩摩藩が、琉球使節を招いた宴会で、わざわざ八重山諸島産の熱帯産イリコを使用するほどに[江後 2002:140]、細かな気づかいをみせたという。このことは、薩摩藩が、薩摩（あるいはヤマト）と琉球のイリコの差異を知りぬいたうえでの気配りであったはずである。その傍証として、将軍にもわざわざ琉球産のイリコを、たびたび琉球産の珍宝とともに献上していた点[田島 1994a:312; 江後 2002:82]を指摘しておこう。

関心事の二点目は、第9章で提起したように、より大胆に海からみたアジア史（海域アジア史）を再構築する視座に関することである。そのために現在、わたしが関心を寄せているのは、インドネシア東部で「日本なまこ」(trepang jepang / jappong)とよばれるナマコである。*Stichopus chloronotus*

との学名をもつこのナマコは、和名をシカクナマコというように四角ばっており、疣足《いぼあし》をもつ。砂地や藻場の浅瀬を好むナマコで、沖縄以南の熱帯域に生息する。英語では greenfish といい、沖縄ではクロミジキリなどというように、深緑がかった色をしている。生の場合はそうでもないが、干した製品は、大きさといい、形状といい、わたしたちになじみのマナマコ（*S. japonicus*）にそっくりである（写真4―11）。

江戸時代のみならず、今日でもマナマコの乾燥品は最高級品である。たとえば、二〇〇九年一二月二〇日現在、北海道産のものは、六〇〇グラムあたり四八三三香港ドル（およそ五万八千円）もする（二〇〇八年秋のリーマン・ショック以前は、バブル経済の影響を受け、キログラムあたり一〇万円を超えることも珍しくなかった。ただし、刺の少ない「関西海参」は、北海道産のほぼ半値となっている）。他方、熱帯産乾燥ナマコの最高級種であるハネジナマコ（*Holothuria scabra*）は、六〇〇グラムあたり一五〇〇香港ドル（およそ一万八千円）と、北海道産マナマコの三割強程度の価格である［On Kee n.d.］。シカクナマコにいたっては、六〇〇グラムあたり一万四千円程度が相場である。だから、シカクナマコがマナマコの代用品として「日本なまこ」とよばれていることは、十分理解できる。わたしは、現在の乾燥ナマコ問屋や小売店の観察から、単純にそう考えていた。

「日本なまこ」という名称がマカッサルで定着していることは、二〇世紀初頭に農商務省から派遣されてマカッサルの市場調査をおこなった技師、高山伊太郎も、「日本参」という名称を採録していることに明らかである［高山 1914:215］。高山は華人商から聞き取ったものと思われ、「日本参」との漢語名を記載しているが、わたしは、この頃からすでに「日本なまこ」という名称があったことを興味深く感じていた(表10-1)。

ところが、この「日本なまこ」という名称が、一八一〇年代にマカッサルで記録されていることを知り[Crawfurd〔1820〕1968:443]、わたしは愕然とした。同時期にマカッサル市場で取引された干ナマコについて、英国東インド会社の幹部であったジョン・クロウフォード(John Crawfurd)が記録を残していたのである(表10-2)。著書『東インド諸島の歴史』のなかでクロウフォードは、「干ナマコはもっとも取引額が大きな海産物で、少なくとも三〇種類に分類されている。価格の安いものでピクル(六〇キログラム)あたり五スペイン・ドル、最高種

表10-1　1911年に高山伊太郎がマカッサルで記録した乾燥ナマコ

現地名	学名
白石参	*H. fuscogilova*
荊参	?
烏参	*Actinopyga* spp.
禿参	*H. scabra*
馬鍚参	?
大肉参	*S. horrens, S. hermanni*
日本参	*S. chloronotus*
赤参	*Bohadschia* spp.
舊参	?
苦虫参	?
搭力参	?
花茧参	?

出所：高山[1914]より筆者作成.

表10-2　1810年代のマカッサルで流通していた乾燥ナマコの名称と価格

	方　名	規格	価格*1	学名(推定)
1	tacheritang		68	?
2	batu	basar	54	*H. fuscogilva/nobilis*
		tangah	22	
		kachil	14	
3	itam	basar	30	*Actinopyga* spp.
		tangah	15	
		kachil	8	
4	kayu-jawa		26	*H. fuscogilva/nobilis*
5	tundang		24	?
6	bankuli		20	*H. scabra*
7	mareje (New Holland)		19	*H. fuscogilva/nobilis*
8	tai kongkong		13.5	*S. horrens/hermanni*
9	gama		12.5	*S. horrens/hermanni*
10	japon		12	*S. chloronotus*
11	kunyit		9	*H. fuscopunctata* *2
12	mosi		9	?
13	donga		7	*B. graeffei*
14	kawasa		5	*Bohadschia* spp.
15	pachang-goreng		5	?

＊1　価格はピクル(60キログラム)あたりのスペイン・ドル.
＊2　Cannon et al.[1994]は，*H. axiologa*としている.
出所：Crawfurd[〔1820〕1968]より筆者作成.

はその一四倍にもなった」と商社マンらしくナマコ貿易の有望性に着目している。(3) しかし、実際には「ナマコの商業的分類は、奇妙かつ細かいため、門外漢は干ナマコの取引に参入できない」と嘆き、一九組の名称と価格を記録し、みずからの参入はあきらめた模様である〔Crawfurd〔1820〕1968:442–443〕。

たしかに門外漢を自認するだけあって、クロウフォードは大（basar）、中（tangah）、小（kachil）など大きさによる分類も、マレゲ（mareje）やカユジャワ（kayu jawa）などオーストラリア北部の産地にちなむ銘柄ともいうべき商品名も個別種と考えている。(4) マレゲやカユジャワは、英人航海士マシューズ・フリンダース（Mathews Flinders）がコロ（koro）やバトゥ（baatoo）と記したナマコ〔Flinders 1814:231〕であった可能性が高い(5)〔村井 1985:70〕。

そこで、クロウフォードが記載した名称を検討するため、今日の東インドネシア地域における干ナマコ流通の実態をみてみよう（表10−3）。現在のところ、tacheritang、tundang、mosi、pachang-gorengを同定する資料はない。これらのすべてが別種だと仮定し、一九世紀初頭にマカッサル港では、少なくとも以下の一二種が流通していたと推測するにとどめておこう。価格の高い順に、①タチェリタン tacheritang、②*H. fuscogilva* もしくは*H. nobilis*（バトゥ batu, マレゲ mareje, カユジャワ kayu jawa）、③*Actinopyga* spp.（イタム itam）、④トゥンダン tundang、⑤*H. scabra*（バンクリット bankulit）、⑥*S. horrens* / *hermanni*（ガマ gama, タイコンコン tai kongkong）、⑦*S. chloronotus*（ジャポン japon）、⑧*H. fuscopunctata*（クニット kunyit）、⑨モシ mosi、⑩*B. graeffei*（ドガ donga）、⑪*Bohadschia* spp.（カワサ kawasa）、⑫パチャンゴレン pachang-goreng である。

表10-3　インドネシア東部におけるナマコの名称＊1

学名	ボネ・タンブン	パギマナ	カバルタン	ティラムタ	クパン
A. echinites	pandang donga	raja	?	alalang	?
A. lecanora	**?**	**?**	**timpulu**	**timpuluh**	**?**
A. mauritiana	ballang ulu	sapatu	?	balumbe	sepatu
A. miliaris	**kassi**	**hitam**	**loqong**	**loqong**	**kapok**
B. argus	bintiq	bintiq	karido pangaqang	karidow pangaqang	bintik
B. graeffei	**?**	**donga**	**donga**	**dongaq**	**?**
B. similis	gattaq	?	bintik	alolo	?
B. vitiensis	**polos**	**karidow**	**karido**	**karidow**	**polos**
Bohadschia sp.	?	alolo heli	?	?	?
***Bohadschia* sp.**	**?**	**alolo kawasa**	**?**	**?**	**kawasa**
H. atra	ceraq ceraq	cera hitam	buta buta	bubuta	cera hitam
H. coluber	**lengko**	**?**	**talengkoq panjang**	**tareq tareq**	**?**
H. edulis	ladaq ladaq	?	buta buta merah	bubuta merah	?
H. fuscogilva	**koro**	**koro puti**	**koro susu**	**koro**	**koro puti**
H. fuscopunctata	kuniq	kuning	kuneh	?	kunit
H. nobilis	**batu**	**koro batu**	**batu**	**batu**	**koro batu**
H. scabra	biqbaq	buwang kulit	balaq putiq	balaq poteh	buwang kulit
***Holothuria* sp.**	**?**	**cera cokolat** ＊2	**?**	**?**	**cokolat**
S. chloronotus	jappong	juppong	juppong	juppong	juppong
S. hermanni	**tai kongkong**	**gamaq lanaq**	**gamaq lanaq**	**gamaq bangkaw**	**gamat**
S. horrens	gamaq	gamaq batu	gamaq batu	koqkoq	gamat
***Stichopus* sp.**	**?**	**gamaq kasur**	**?**	**?**	**gamat**
T. ananas	pandang	?	talipang	talipang	?
T. anax	**?**	**duyung**	**duyung**	**diyoq**	**?**
不明	?	cera halus	?	?	?
不明	**?**	**mejeng**	**?**	**?**	**?**

＊1　調査日は，ボネ・タンブル：2005年8月6日，パギマナ：1997年10月2日，カバルタン：2008年8月25日，ティラムタ：2008年8月27日，クパン：1997年10月10日．
＊2　フィリピンではbrown beautyとよばれるナマコである．
出所：筆者作成．

このことは、なにを意味するのであろうか？　一八一〇年代というと、倒幕・開国気運が高まりつつあったとはいえ、いまだ貿易統制下にあった、いわゆる「鎖国」時代の話である。そんな時代になぜ、「日本」を冠したナマコの名称がインドネシア東部で流布していたのだろうか。しかも、東インドネシア海域における対中国貿易を研究するサザーランドによれば、「日本なまこ」の名称は、一七八〇年代のオランダの記録に出てくるらしい［Sutherland 2000: 465］。

あくまでも類推の域を出ないが、中国市場で高い評価を得ていた日本産マナマコに酷似したナマコだったから、この名称がついたものと考えてよいだろう。そうだとしたら、そのような情報が、どうやってマカッサルまで伝播したのだろうか。日本経済史や日清貿易史における乾燥ナマコは、俵物として日本列島から乍浦へ輸出された商品にすぎず［荒居 1975; 松浦 2002］、東南アジア史における乾燥ナマコは、東南アジア多島海から広東や厦《ア》門《モイ》へ輸出された商品という理解である［Warren 1981; Dai 2002］。両者の研究からは、あたかも、それぞれのネットワークが独立して存在していたかの印象を受け、ふたつのネットワークが、東シナ海あるいは南シナ海で交差していたなどとは想像できない。しかし、「日本なまこ」という名称が示すように、実際には、環東シナ海ネットワークと環南シナ海ネットワークは連携していたものと推測できる。

しかも、おもしろいことに、シカクナマコの名称については、フィリピン側の記録では、漢語名の方参（fang shen）の福建方言と思われる hong che と記載されていたり、四方参の翻訳借用と思われる katro-kantos などとよばれていたりして、「日本なまこ」との接点をみいだすことができない。このことも、スル諸島とマカッサルを中心とする東インドネシア海域が隣接しながらも、それほど頻繁な交流がなかったことを想起させる。東洋史家の濱下武志が提唱するような海域ネットワーク論（図10–3参照）は、植民地期における境界がなかったことやグローバル化時代を先取りしてきたような海域世界のダイナミズムを展望する点で魅力的に感じられるが［濱下 1997］、その一方で理念としてのネットワークと実態としてのネットワークの乖離があることも事実である。

このことを確認したうえで、「日本なまこ」に関して、スル海域とスラウェシ海域をつなげうる事例を一点だけあげよう。現在のフィリピンでローカル・タームとして「日本なまこ」の呼称をもっているのは、実は南サマ語話者だけなのである。とはいえ、ナマコの名称は、仲買人らが用いる名称を採用する傾向にあり、南サマ語圏の全域で流通している名称ではないようである。わたしが「日本なまこ」の名称を採集したのは、タウィタウィ州東部の南ウビアン島でのことであった。わたしは、「日本なまこ」が古い名称で、現在では、流通チェーンが使用するkatro-kantosが流布するようになったと考えている。

図10-3　アジアにおける海域ネットワークとナマコ海道

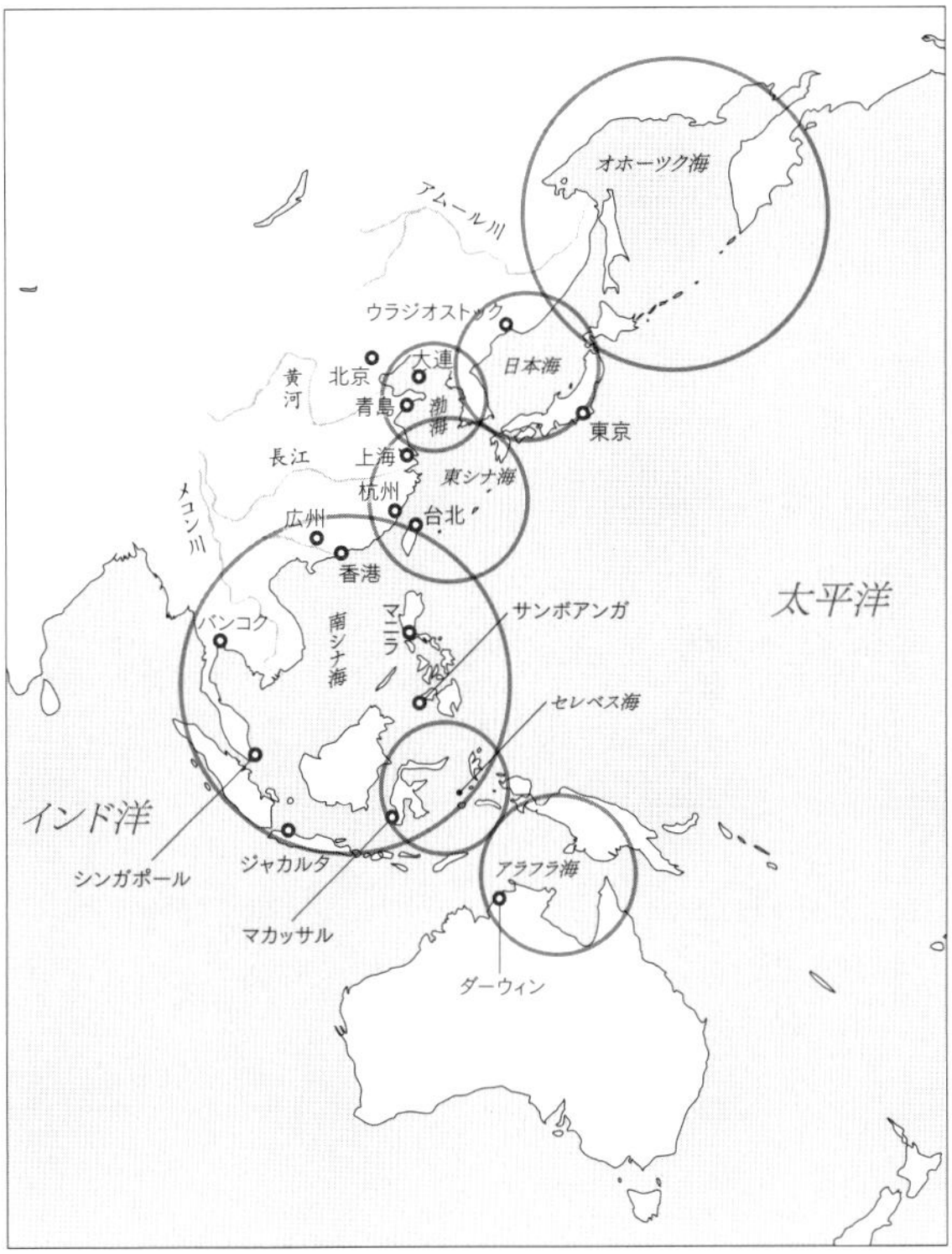

＊○はナマコ海道における主要都市をさす．
出所：濱下［1997：33］をもとに筆者作成．

　だとすると、ムカデナマコ同様に「日本なまこ」の謎も、サマ人がにぎっていることになる。否、「日本なまこ」分布圏の中心にサマ人がいる

図10-4　「日本なまこ」圏を包摂するトレパン世界

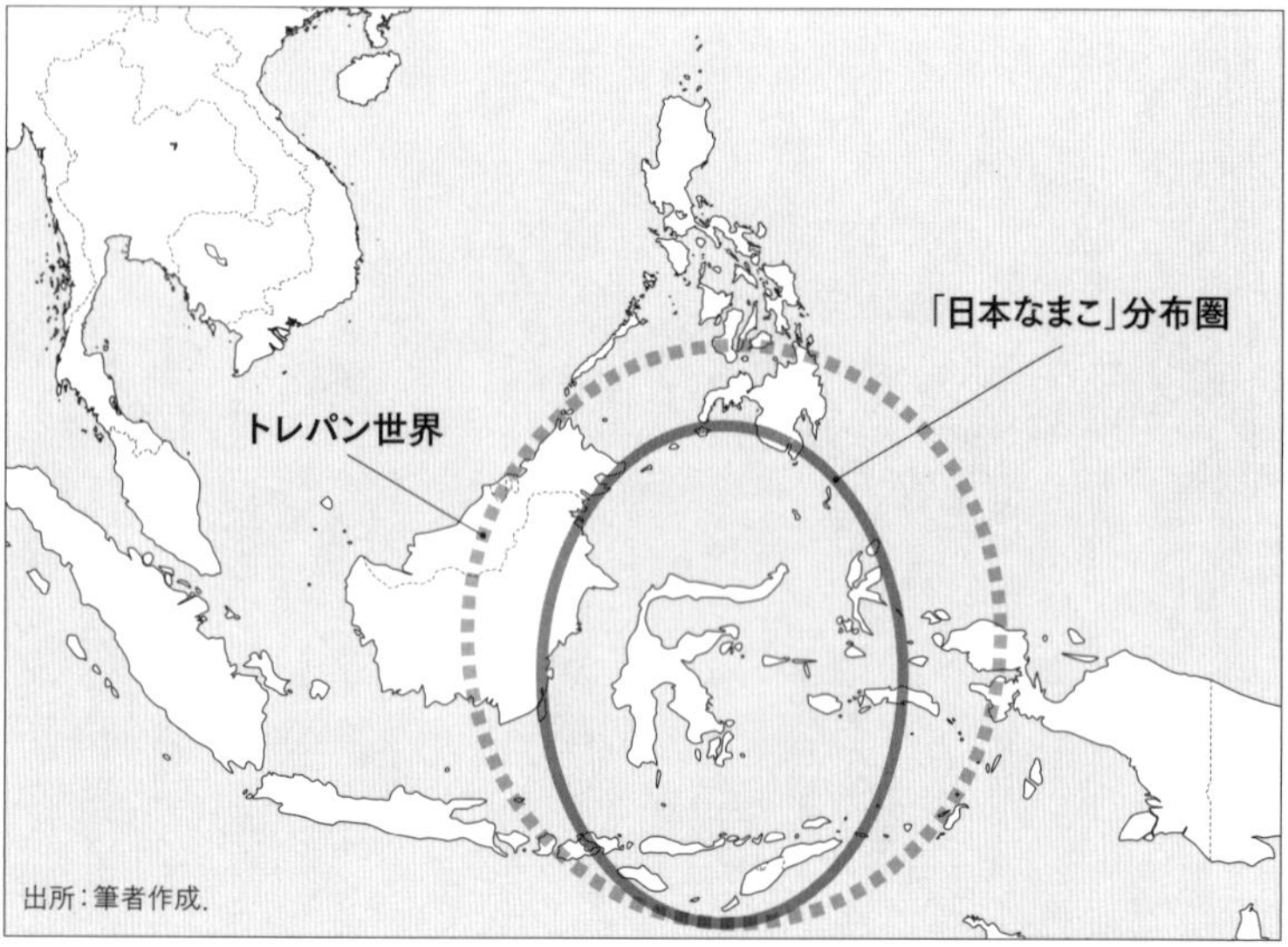

といってもよい。

以上のように、本章ではわたしが採集した断片的な史資料から、OEDがマレー語起源とするトレパンがサマ語の「ムカデナマコ」に由来すると仮定したり、インドネシア東部海域で流布する「日本なまこ」たる名称が江戸時代に成立していた環シナ海ネットワークを仮定する一資料となりうることを提出した。これらの仮定から、どのような展望がひらけるだろうか。

まったくの絵空事と一蹴されかねないが、図10-4をみてほしい。ムカデナマコの意味が明らかな海域をトレパン世界とよぶとする。そして、「日本なまこ」の名称をもつ海域を「日本なまこ」圏とするとする。トレパン世界がやや広域に広がってはいるものの、両者はほぼ同一の世界であることがわかるであろう。これこそが、晩年の鶴見良行が歩いたサンゴ礁世界――ウォーラセア海域――なのである。

そして、トレパン世界といい、「日本なまこ」圏といい、サマ人が関与している現実をどう考えるべきなのか。

これまでに語られてきた「船棲み」という特異な生活様式をもつ零細な漁民イメージとは異なり、一九世紀以前から中国市場をターゲットにしたナマコ産業の中心にサマ人が位置し、東南アジア東部海域を縦横無尽に活躍したことを喚起させてくれはしないだろうか。

もとより右記のシナリオは、今日、断片的に使用されている語彙からの推察の域を出るものではないし、海域史の再構築には、ベッコウなどのように古くから採られてきた海産物にも注目すべきである。くわえて、トレパンの英語への借用経路については、机上の歴史言語学的操作に満足せず、スペイン語やオランダ語で記された軍人や商人の航海記録などを丹念に読み込み、どのような文脈で使われているのかを調べるとともに、周辺言語でのフィールドワークも必要となる。「日本なまこ」の謎解きも同様である。いずれも、はてしない作業になるだろうが、「「ナマコ」の研究」を超え、「ナマコ研究」を確立させることを夢見て、一歩ずつ進めていきたい。

註

(1) 言語学的に子音は、肺から送りだされる空気の流れが妨害されることによって生じる音だと説明される。したがって子音は、空気抵抗が生起する場所(調音点)とその種類(調音方法)の二点から記述できる。たとえば、dとtは、歯茎で空気の流れが妨害される歯茎閉鎖音である。両者のちがいは、声帯をふるわせて発音する有声音(d)もしくは、声帯振動をともなわない無声音(t)かにある。

つまり、タリパンとダリパンのタとダは、言語学的にはきわめて類似した音ということになる。lとrも、歯茎音であることは共通しており、調音方法が側音(l)であるか、ふるえ音(r)であるかのちがいである。他方、nとngは、鼻音という調音方法は共通しているものの、nが歯茎音、ngが軟口蓋音という差異に帰することができる。ちなみにフィリピン諸語の語尾のnは、スラウェシ島周辺の言語ではngに変化する傾向にあるようである。

(2) スル諸島南端のシタンカイ島で家船生活を経験し、すぐれた民族誌を残した門田修は、シタンカイ周辺でのナマコ利用を述べるなかで、「マレー語、インドネシア語ではナマコはタリパンだが、ここにはバッツ・タリパンという赤い大きなナマコもいる」との観察を記しているが［門田 1986：18］、それ以上の分析はおこなっていない。

(3) 一八一〇年代初頭、マカッサル港から年間四二〇トン(七千ピクル)の干ナマコが広州へ輸出された［Crawfurd〔1820〕1968：443］。同じく一八一〇年(文化七)に長崎から中国へ輸出された干ナマコは一三〇トン(二二万二千斤)であった［永積編 1987：310–311］。他方、琉球王国から福州へ輸出された干ナマコは、最盛期の一八三六年でも一三・八トン(二万三千斤)にすぎなかった［真栄平 1998：231］。長崎と琉球の事例と比較すると、一九世紀初頭のマカッサルやスル王国から、いかに大量の干ナマコが輸出されていたかが理解できよう。

(4) basar, tangah, kachil は、現在のインドネシア語では besar, tengah, kecil となるが、原文の綴りを記した。前章で記述したマカッサーンたちは、メルヴィル島以東、カーペンタリア湾西岸をマレゲ(Marege')、ダーウィン以西のキンバリー(Kimberley)周辺をカユジャワ(Kayu Jawa)とよび、両者を区別した(図1–1参照)。マカッサーンはおもにマレゲに出漁し、カユジャワやヨーク岬半島、トレス海峡、オーストラリア東海岸にまで出向くことは少なかった［村井 1985：66–68］。

(5) フリンダースの引用は、King［1827：137］によった。

終章

生物多様性の危機と文化多様性の保全

本書を終えるにあたり、グローバル経済と環境保護、地域開発の問題について考えてみたい。まず、ナマコ戦争の引き金となったフスクス・ナマコ開発史をグローバル経済の文脈で考察する。そして、ナマコには直接的な関係はないが、広く環境問題を議論するにあたり、関連する問題提起としてオランウータン保護とインドネシアのマッコウクジラ猟が抱える問題点を紹介し、環境問題に関わるわたしのスタンスを明確にしておきたい。

一　フスクス・ナマコ開発史――中南米のナマコ漁と「アジア人」

すでに述べてきたように、ナマコは温帯から熱帯にかけた広大な海域で産出されながらも、産地で消費される習慣は少なく、おもに中国食文化圏という限定市場で消費されてきた。したがって、いつ、だれが、どのようにして資源開発をもちかけたのかは、資源管理を考えるうえでの重要なポイントである。一九九〇年代初頭にはじまったとされるガラパゴスのフスクス・ナマコ(*Isostichopus fuscus*)開発において、「アジア人」が関与していると指摘されるように[Bremner and Perez 2002:309]、生産と流通は切っても切れない関係にある。

では、この「アジア人」とは、いったいだれなのか? この記述を眼にした時、「「アジア人」とは、なんと大きなくくりだろうか」といらだったことを覚えている。第8章で論じたように、これまでの調査の結果、フスクスの主要な市場は、サンフランシスコやニューヨークなどの北米の中華街であり、俗にいわれる「アジア市場」ではない、と認識していたからである[赤嶺 2003, 2008]。

そんな矢先、偶然にも、フスクス開発史を知る人物と出会う機会を得た。二〇〇七年一〇月、北海道でのことである。同年度から三年計画ではじまった乾燥ナマコの輸出促進のための共同研究で、北海道の研究者らと道内の漁協や加工業者にインタビューを計画し、道内でも老舗との定評がある加工業者、某社を訪問した時のことである。ここ数年は思うところもあって、調査では調査協力者から一方的に情報を提供してもらうのではなく、わたしからも漁業者や業者にとって有益となる情報を提供するように心がけてきた。とくに近年は、意図的にワシントン条約の動向を説明し、資源管理の方策について意見交換をおこなってきた。

雑談をはさんでワシントン条約に話が移ったところで、「あぁ、そのナマコ(フスクス)ですか。あれは、(一九一六年生まれの)親父が最初に手を出したんですよ」とこともなげな表情で告げたのである。当時、お父さん（以下、便宜的に乙とする）の会社を手伝っていた甲さんの話を総合すると次のようなことになる。

一九八五年九月のプラザ合意によって円高が決定的となった。それを受けて乙さんは他社にさきがけて北米大陸でウニの買い付けをおこなった。すでに乙さんの工場では、北海道じゅうからウニを買い付けていたが、女工さんらを通年で雇用するにはおよばなかった。周年操業させる方策を考えあぐねていた際に入ってきた円高ニュースに飛びついた、というのである。北米でビジネスを開始するにあたり、乙さんは台湾系のビジネスマンと協働することにした。先見の明もあって、ウニの輸入ビジネスは順調に進んだ。そうこうするうちに、現地パートナーがメキシコ産のナマコの加工を依頼してきた。実は、乙さんの会社はナマコも手がけていたのである。正確にいうと、戦前はナマコが中心であったが、諸般の事情でナマコ事業を縮小し、一九八〇年代半ばはウニを中心とするビジネスに転換していた。しかし、乙さんは、みずからが創業した当初からの主力商品であった乾燥ナマコ事業の再興の夢を捨ててはいなかった。メキシコ産というナマコには中国北部市場で好まれる疣《いぼ》があったため、乙さんは「いける」と直感。ナマコを冷凍して輸入し、自社工場で加工し、自分の販売ルートを通じて台湾に輸出してみた。ウニにくわえ、自社工場の周年操業に役立つと踏んだ乙さんは、アメリカ大陸からのナマコの輸入を本格化することを決意した。しかし、さまざまな理由からナマコ事業はパートナーだった台湾人にゆずってしまった。

中南米におけるナマコ漁についての研究蓄積は少なく、それらの歴史をあとづけることはむずかしい［Toral-Granda 2008a］。しかし、メキシコでのフスクス漁の開始を一九八〇年代半ば以降とする報告が少なくないことも［Castro 1997; Aguilar-Ibarra and Ramirez-Soberon 2002; Perezrul 2006］、甲さんの話を裏づけてくれる。事実、この一、二年は香港の小売店でもフスクスをみかけるようにはなったものの、わたしが知るかぎりでは、それ以前にフスクスが店頭販売されていたのは、台湾と米国の中華街に限定されていた。第8章で紹介したとおり、とくに二〇〇六年に訪れたニューヨークの中華街では、ナマコといえばフスクスといってよいほどにフスクスは広く流通していた。そのことは、戻したナマコを販売する場合、すでに十中八九がフスクスであったことからもうかがわれる。

それにしても、メキシコからエクアドルにほぼリアルタイムに伝播し、またたく間にエクアドルの本土側のナマコを獲り尽くしたという、フスクス熱の猛威には驚かされる。たしかに乙さんは直接的に手を出したわけではないし、当初からフスクスの資源開発を意図していたわけではない。しかし、乙さんにフスクスの加工を依頼した華人パートナーは、第8章で論じたような北米大陸におけるナマコ需要を肌で感じていたはずだ。そんな華人商人たちが、「われ先に」と同時多発的に中南米のフスクス生息地で事業を開始したことが想像される。

この時点ではだれも、将来的にワシントン条約で問題となり、みずからの首をしめかねない状況に追い込まれることになろうとは、考えていなかったにちがいない。そのことは、乙さんにしてもしかりであろう。しかし、視点をフスクスからそらし、国際政治経済というマクロなレンズでながめてみると、どうなるであろうか。

一九八〇年代の米国は、財政赤字と貿易赤字という、いわゆる「双子の赤字」を抱えており、巨額な対日貿易赤字の解消が政治課題となっていた。「輸入品を買って、文化的な生活を送る」ことを目的に、「米国製品を国民ひとりあたり一〇〇ドル程度、購入しよう」と当時の中曾根首相が呼びかけたほどである。馬鹿げた政策にも映るが、笑うに笑えないのは、当時の米国製品は、まさに舶来品としてかがやいていたことを、わたしも身をもって体験しているからである。まだ高校生だった当時、コンバースの赤いハイカットのバスケットシューズが流行っていた。同じモデルであっても、日本製だと三千円台で買えたのに米国製はその二倍はした。「米国製だぜ！」と足元を自慢する友人の姿をいまでも覚えているほどである。

そんな状況が一変する契機となったのがプラザ合意であった。同合意によって、貿易不均衡を是正するために円高・ドル安が誘導された結果、日本企業が海外に進出し、現地生産をおこなうという今日のビジネスモデルが誕生した。

プラザ合意以後、工業製品のみならず、わたしたちは円高にまかせて世界中からさまざまな食料品を買いあさるようにもなった。このことに関して、『エビと日本人』〔村井 1988〕の著者である村井吉敬は興味深い指摘をおこなっている。同書が刊行された一九八八年からほぼ二〇年を経て出版された『エビと日本人Ⅱ』〔村井 2007〕において、南米原産のバナメイが病気に強いことから、世界中で養殖されるようになった現状を紹介したうえで、その先鞭をつけたのは日本企業と組んだ台湾系資本であったとしているのである。

フスクスの場合も、エビのケースも、日本企業のパートナーとして活躍したのが台湾系資本であったことは偶然かもしれない。しかし、円高と同時期に切り上げられた台湾ドルを武器に海外に進出した台湾資本の水産物流通における役割については、今後も複数の魚種で検討していくべきであろう。

それは、なにも台湾の責任問題を指摘したいからではない。一九八〇年代後半にマレーシアのボルネオ島からの熱帯材の輸入をめぐり、日本が問題視されていたことがある。その時、台湾から正式に輸入していることを強調し、「問題があるとしたら、それはむしろ台湾の商社であろう」といった説明をしていた商社も少なからずあったことを思い出す。戦後、中国と国交がなかった頃、乙さんが製造した乾燥海産物のすべてを台湾がひきとってくれていた。だから、乙さんにとって台湾は、とても恩義を感じる国なのだ、という。このように日本と台湾の経済関係は緊密なものであったし、プラザ合意後に日本企業の海外進出を陰で支援していたのが、台湾系の華人資本であったという事実を、わたしたちは自覚すべきではないだろうか。

二　オランウータンとクジラ

円高・ドル安といった日米間の為替問題のみならず、いずれ、プラザ合意の世界史的意味が明らかにされるであろう。現段階では、グローバル経済が加速され、フスクスのような生物資源の流通を活発化させたという意味において、プラザ合意が環境主義への脅威となったものと理解している。もちろん、「ナマコ戦争」と異なり、いまだ不可視なものもある。

二〇〇七年六月にハーグで開催されたワシントン条約第一四回締約国会議（ＣｏＰ14）に参加した時のことである。オランウータン保護の必要性を訴えるＵＮＥＰ（国連環境計画）のサイドイベントに出席してみた。サイドイベントとは、休会中の昼休みや夕方に本会議に関係なく開催されるもので、関連議題について賛否両論の立場からなされるものである。たとえばＷＷＦ（世界自然保護基金）らが中心となって、会議五日目の昼には中国を念頭においたトラの違法貿易を糾弾するイベントが大々的に開催された［赤嶺 2009］。

　ＵＮＥＰは、オランウータンの生息地である熱帯多雨林の消失の原因として違法伐採とアブラヤシ園の造林をあげ、オランウータン保護のためには熱帯多雨林の保全が肝要と主張した。それはそのとおりである。しかし、このＵＮＥＰのプレゼンテーションに、わたしは終始、居心地の悪さを

写真11–1
UNEPによる“The Last Stand of the Orangutan”（オランウータンの最後）なるキャンペーン（2007年6月）．同年1月にUNEPがまとめた報告書の説明がなされた．

写真11–2
CoP14でのトラ保護キャンペーン．WWFなどが中心となり，35の環境NGOが協働して国際トラ同盟（International Tiger Coalition）を結成し，虎貿易に反対する人びとの顔写真2万5千余枚を用いて2階建て建造物に相当するモザイクを制作し，多数のマスメディアの関心をひいた．

写真11–3
アブラヤシ製品（インドネシア）．アブラヤシ製品は，インドネシアやマレーシアでももちろん使用されている．近年，中国での使用量も急増中である．

感じていた。

違法伐採は別として、アブラヤシ・プランテーションの開発をやめることなど非現実的だと感じるからである。アブラヤシを搾って精油したパーム油は、もっとも安価な植物油である。[1] 二〇〇六年のアブラヤシの年間収穫量は三六九〇トンで、植物油原料で第一位の生産量を誇っている（第二位は大豆の三五一九トンで、このふたつで世界の植物油の七割を占めている）。廉価で日もちのよいパーム油はインスタント麺やファーストフード、ポテトチップスの揚げ油、マーガリンなど、お菓子やレトルト食品に使用されることが多く、植物油と食品表示があるものはほとんどがパーム油だと考えてよい［加治佐 1996］。非食用として石鹸・洗剤、化粧品の原料となるほか、ビールや清涼飲料用の缶の製造過程にもパーム油が使用されている［サラヤ n.d.］。近年では、石油エネルギー

写真11–4　アブラヤシ・プランテーション（マレーシア，パハン州，2008年12月）.

写真11–5　造成中のアブラヤシ・プランテーション（マレーシア，サバ州，2002年2月）.

写真11–6　搾油工場にアブラヤシの実を運び込むトラックの列（サバ州，1992年4月）.

への依存度を少なくするためのバイオ燃料の原料としても期待が集まっている。

アブラヤシの果実には、油脂を腐らせるリパーゼという酵素が含まれている。そのため、果実が傷つけられたり、押しつぶされたりすると油脂とリパーゼが反応して油脂の分解が急速に進み、腐ってしまう。したがって、果実の収穫から集荷・搾油までの工程を二四時間以内におこなう必要がある。これが、アブラヤシのプランテーションと搾油工場がセットで建設されるゆえんである。採算ラインは最低でも三千ヘクタールとされるが［サラヤ n.d.］、日産一二〇トンを搾油する平均的な工場では、一万〜一万五千ヘクタールの作付面積を必要とする［石川 1996］。

生物多様性の豊かな熱帯地域では、単位面積あたりの種数は多いものの、単一種の量は少ないのが特徴である。通常、商業材として伐採されるフタバガキ科の樹種は一ヘクタールあたりに四〜五本しか存在しない［渡辺 1989］。したがって、それらの有用樹種を切り出したあとの森は、伐採道路の茶色が目立つものの、素人眼にはジャングルそのものにみえる。しかし、エコ・ツーリズムでも起こらないかぎり、伐採跡地の商業価値はゼロである。そこで、大規模開発に適したアブラヤシ園に注目が集まるのである。

事実、世界のアブラヤシの約八七パーセントがマレーシアとインドネシアで生産されており、なかでも、この二国に属するボルネオ島（インドネシア名カリマンタン島）とインドネシアのスマトラ島が二大生産地となっている［サラヤ n.d.］。それは、両島を席捲した熱帯多雨林の伐採跡地をアブラヤシ園に転換することが容易だったからである。

アブラヤシが脚光を浴びるようになったのは、一九七〇年代以降のことである。食生活の変化や油脂加工技術の進歩により、油脂の消費量自体が格段に増加しているため、単純に比較できないものの、現在のパーム油が代替した油脂原料は大豆油と鯨油であった［石川 1996］。鯨油がより安価な石油や植物油に代替されるようになったのは、一九六〇年代半ば以降のことであり、七〇年代に二度も生じた石油ショックを契機として、資源としての植物油に注目が集中した。

どのスケールまで視点を開放することが許されるのかわからないが、プラザ合意後の世界で生じていることは、すべてがつながっているように思えてならないし、それがグローバル化時代なのだ、ということなのかもしれない。

北海道の乙さんがアメリカ大陸に渡ったのも、米国の「双子の赤字」に端を発した円高・ドル安があったからである。対日貿易赤字を減少させるために、米国が牛肉やオレンジの市場開放をせまってきたことは記憶に新しいはずだ。くわえて、一九八二年にＩＷＣ（国際捕鯨委員会）で採択された商業捕鯨の一時停止（モラトリアム）に異議を申し立て、南氷洋での商業捕鯨を継続していた日本が、留保を取り下げたのは、日米貿易摩擦を回避したかった中曾根康弘首相の政治決断であった。また、鯨油の代替資源として注目されたのは、熱帯多雨林の伐採跡地利用に適したアブラヤシであった。第一、パーム油が石鹼や洗剤の材料として注目されたのは、その廉価な価格もさることながら、鉱物系のオイルよりも、天然素材の油脂のほうが分解にすぐれており、「環境とからだにやさしい」からでもあった［石川 1996］。そして、環境にやさしいはずのアブラヤシ園開発に追われたオランウータンたちが絶滅の危機をさまよっている……。

このシナリオが正しいとするならば、残念ながら、オランウータンの保全はむずかしいといわざるをえない。ことは、けっして環境保護を主張する者だけの問題ではない。過度の環境主義には懐疑的なわたしも、アブラヤシの恩恵にさずかるひとりである。環境問題を語る時、わたしたちは、自身もこのような広義の政治環境のなかにいることを自覚しなければならないはずだ。いくら雄弁に違法伐採とアブラヤシ園の造林を批判しても、この現実を直視しないかぎり、環境保護論者も足をすくわれてしまう。わたしが、UNEPの議論を聞きながら居心地の悪さを感じたのは、まさにこの点にあった。

生産と消費とが高度に分業した結果、好むと好まざるとを問わず、わたしたちは生産の現場をみることなく生活を送れるようになった。毎日の生活から出るゴミも、分別さえしておけば、なにか地球のためによいことをしているかのような錯覚におちいりがちである。いくぶんかは過度な包装を固辞したり、レジ袋をもらわないためエコ・バッグを持ち歩いたりするようになったかもしれないが、依然としてゴミの排出量は微増状態にあり、激減するにはいたっていない。あのガラパゴスでさえも、エコ・ツーリズムに使役される客船が持ち込む大量のゴミの処理に辟易していると聞く(2)。

環境倫理学者の鬼頭秀一は、「切り身」と「生身」という概念を用いて、自然の搾取も過度な環境保護も、自然と切れた関係にある点では同一であるとし、こうした自然と人間の関係を「切り身」の関係とよび、批判している[鬼頭 1996]。他方、部分的であろうとも、都会人が「自然とつながりを求める」姿勢を奨励し、それを「生身」の関係とよび、評価している。

オランウータンをはじめさまざまな希少種が生息し、今後も人類の病気を救ってくれること

写真11-7　サバ州サンダカン周辺，
キナバタガン河（Kinabatangan）で楽しむ
エコ・ツーリストたち（2009年3月）．
ここの目玉は，ボルネオ島固有種で絶滅危惧種の
テングザル（*Nasalis larvatus*）．夕方，
群れが樹木から河へ飛びこむ光景が壮観である．

になるであろう微生物の存在が期待される熱帯雨林を守ることは、まさに人類のために必要な行動である。大げさに「人類の課題」などと表現せずとも、うっそうと生い繁った熱帯雨林そのものの美的存在に圧倒されれば、だれしも保護を訴えたくなるというものである。

もっとも、わたしたちのだれもが、熱帯雨林に足を踏み入れる機会に恵まれているわけではない。映像では身近な存在かもしれないが、現実の熱帯雨林は、それほど縁遠いものなのである。研究者や商社マンでもないかぎり、ごくまれにエコ・ツーリズムに参加して、はじめて触れることができるものである。とはいえ、日本でも近年、オランウータンの生息するボルネオ島サバ州のエコ・ツーリズムが人気で、日本語による専門のガイドブックも複数出ているくらいだから、相当数がすでに、その栄誉ある感動に接しているものと思われる。

わたしは、鬼頭がいう、「切り身」ではなく「生身」の関係を評価する立場にある。その点からしても、エコ・ツーリズムの発展を見守っていきたい。飽和状態すれすれの湿気に包まれた熱帯雨林で汗じとじとになり、ヒルをおそれながら歩いた経験から、熱帯雨林理解ははじまるのである。たとえ刹那的な観光であろうとも、そんな体験の有無が環境問題を論じる際には大切だ。

しかし、エコ・ツーリズムも、現状ではまだまだ問題なしとはいかないようだ。日本で発売されているガイドブックには、オランウータンやテングザル、サイチョウをはじめとした野生動物

やラフレシアに代表される野生植物は、実にきれいな写真入りで丁寧に説明されている。しかし、なにか大切な事実が忘れられている。

ツーリストたちが訪れる森には、商業伐採が入ってくる以前から、エコ・ツーリズムがさかんになる以前から、「森の民」や「河の民」とよばれる人びとが生活してきた、という事実である。実際にエコ・ツーリズムのガイドは、森や動物の生態を知り尽くしたこれらの人びとなくして成立しないといってよい。オランウータンには好んで営巣する木があり、かれらはそれらの木がどこにあるかを熟知し、そこにわたしたちを連れて行ってくれる。暗闇のなか、ヤマネコやヘビをみつけてもくれる。「木を見て森を見ず」ではないが、木も森も見ると同時に、そこに暮らす人びとと交流し、かれらの生活をとおしてエコロジカルな問題を切りとることは不可能であろうか。当然、その視点とは、わたしたち消費者と現地の人びととを結んだものとなるであろう。たとえば、こういう問題である。

これまで述べてきたように、保護区の周囲は日々刻々とアブラヤシのプランテーションに転換されている。見方をかえると、サバ州のエコ・ツーリズムが成立するのは、生息地を奪われた動物たちが、残り少ない保護区に逃げ込んだ結果だともいえる。第一、広大な熱帯雨林内を野生動物をさがして彷徨するなど、通常の旅行者にできることではない。もちろん、現存するボルネオの保護区の自然が雄大であることにちがいはない。しかし、そこでエコ・ツーリズムという産業が成立するのは、逆説的ではあるが、プランテーションで囲まれた保護区に動物が逃げ込んでいるから、という事実も知っておく必要があるのではないか。なによりも、そんな森には、森を

写真11-8　開発途中の湿地.
人間が住めない湿地の利用といえば，10年前までは
エビ養殖と決まっていたが，現在ではアブラヤシの植林が
進んでいる（サンダカン周辺，2009年3月）.

写真11-9　湿地に出現したアブラヤシ・プランテーション
（キナバタガン河支流，2009年3月）.

利用してきた人びとも生活してきたことを認識し、その人たちが、開発なり保護なりをどのようにとらえているのかに耳を傾けることが必要ではないだろうか。シニカルではあるが、みずからの生活に直結する部分を直視せずにエコ・ツーリズムに参加しても、「ボルネオの自然は豊かだな」とナイーブに感じ入り、「オランウータンの森を守れ」というスローガンを無批判に受容してしまうことになり、せっかく現地まで足を運んだ経験が活かされずに終わってしまう、というものだ。

三　文化の多様性を守る——資源管理は地域から

二〇〇八年八月末、わたしは同僚の福武慎太郎さん（現在、上智大学）が企画したインドネシアのスラウェシ島に学生を連れて行くフィールドワーク実習に参加した。それは、東南アジア経験のない学生たちが、現場でどのような反応をみせるかを観察するためでもあったし、せっかく足を運ぶ学生たちの実りが少しでも多くなるように適宜アドバイスを与えることができれば、との思いからであった。

帰国すると、学生時代から研究活動の苦楽をともにしてきた文化人類学者の長津一史さんからメールが届いていた。「"Nusantara Platform"というNGOをインドネシアの研究者たちと作ろうではないか」との誘いかけであった。nusantara（ヌサンタラ）とは、nusa（島）とantara（あいだ）を意味するサンスクリット語起源のインドネシア語による造語で、インドネシア諸島を示すものだ。プラットフォームは、土台や基盤といった英語である。

このNGOを立ち上げる長津さんの意図は、どこにあるのか？ まずは、かれが設立を決意するきっかけとなった、「揺れる捕鯨の村：インドネシア・ラマレラから(上)観光化説くNGO――「援助」で誘う「文化」の断絶」と題された『毎日新聞』（二〇〇八年八月二六日）の記事を引用しよう［井田 2008］。

「船が帰ってくるよ」。夕刻、黄金色に染まる浜に子供の声が弾み、笑顔の女性たちが集まる。体長三メートルを超すカジキやイトマキエイを積んだ船が近づいてくる。次の船にイルカも見え、浜は活気に沸いた。「クジラが揚がればもっとにぎやかだ」と元漁師の老人が笑う。

インドネシア東ヌサトゥンガラ州レンバタ島南岸にある、人口約二〇〇〇人の村ラマレラ。木造帆船を使い、マッコウクジラやイルカを手銛《てもり》で突く漁法が一六世紀からつづく。

七月、その村を、英国などを拠点とする環境団体「クジラ・イルカ保護協会」上席研究員のエリック・ホイット氏らが訪れ、村職員らと説明会を開いた。漁民らに「クジラ保護」とホエールウオッチングによる観光振興の受けいれを説き、代替漁業への援助を提示。「国際法・国内法にのっとり、海洋生物の保護計画に従う」などと記された文書に署名を求めた。漁師のブランさん(三七)は「この先捕鯨ができなくなると、その時にわかった」と怒りをにじませる。

日本鯨類研究所によると、マッコウクジラは北西太平洋だけで約一〇万頭が生息、絶滅の危険性はない。しかし、ホイット氏は「生息数は計画に関係ない」とし、「目的は住民の生活水準向上だ」と計画続行を主張する。同氏によると、村での活動は「グリーンピース」関連の基金など国際的NGOの資金提供を受けている。

「クジラと少年の海」などラマレラの捕鯨についての著作を持つ作家、小島曠太郎さんは「村人が築いてきた捕鯨文化を何も理解しない外国人が破壊することは許されない」と、計画意図に疑問を示す。

クジラは、村にとって単なる食料ではない。油は燃料に、干し肉は他の村との物々交換で貨幣代わりに使われ、トウモロコシなど主食を得る糧になってきた。ラマレラ文化を研究するウィディヤマンディラ大講師、マイケル・バタオナさんは言う。「村の伝承では、クジラは祖先の生まれ変わりで、村を支えるために回遊してくる。だから、銛を撃つ時には祖先への敬称をつぶやく」

七〇年代、国連の食糧農業機関は、機械式の銛と魚群探知機を備えた捕鯨船を村に贈った。しかし、村は最終的にこの船を返し、従来の漁に戻った。漁師のムリンさん(六五)は振り返る。「毎日何頭もクジラが捕れる日がつづき、逆に自分たちの欲に際限がないことを悟った。村全体で貴重なクジラを分かち合うしきたりもおかしくなった。結局、昔からの方法が一番と気づいたんだ」

いうまでもないであろう。長津さんは、ここで報道されている環境団体の一方的な行動に怒っているのである。わたしも同感だ。第一、インドネシアはIWC(国際捕鯨委員会)に加盟していない以上、インドネシア国内で捕鯨をすることは、ワシントン条約に加盟する第三国に輸出しないかぎりにおいて、なんら国際法の違反とはならない。ホイット氏の提案は、内政干渉にほかならない。また、同島のマッコウクジラ猟を調査した江上幹幸と(記事にも出てくる)小島曠太郎によると、記事にもあるように鯨肉は、漁民みずからが自家消費するよりも、むしろ山地に産するトウモロコシや陸稲といった穀物と交換するための貨幣としての性格が強いという。さらには、鯨肉の分配は、捕鯨に関与したすべての住民になされるといい、なかには船の出し入れを手伝うだけの老人や、手作りパンを差し入れするだけの寡婦もおり、それらの人にも応分の分配がなされている点に注意が必要である[江上・小島 2000]。ホイット氏らが、どのような代替漁業を提案したのか知りえないが、海浜部の住民にとっての相互扶助的性格、さらには山地社会への蛋白源として機能してきた鯨肉にかわり、なにをどのように代替させようとしているのだろうか。

長津さんのメールの要点は、「インドネシアの漁民たちが、みずからの文化を自分たちの判断で継承することができるようなNGOを設立しよう。そのためにも、国籍を問わず、インドネシアの漁村の調査に関わってきた研究者たちに声をかけ、地域の人びとと一緒に漁業文化の継承に尽くそうではないか」という点にある。

その手はじめとして、わたしたちは東インドネシアの拠点大学でもあるハサヌッディン大学のアンディ・アムリ先生に協力してもらいながら、インドネシアに暮らすサマ人たちのネットワークづくりに着手したところである。ゆくゆくは、インドネシアのみならず、マレーシアやフィリピンに暮らすサマ人たちをつなぐネットワーク、さらには東南アジアの漁業文化を継承してきた人びとのネットワーク化に発展させてゆきたいと考えている。楽観的にすぎるかもしれないが、こうしたネットワークを整備していくなかで、現在の漁業地域が抱える問題について当事者の漁民が議論し、みずからの手で問題解決を模索できるような環境が創出できればいい、と考えている。

四 「生身」の関係を求めて——「世間師」としてのフィールドワーカー

一九九七年に東南アジアの島じまでナマコ調査を開始した時、同じ太平洋の東端のガラパゴスで勃発していたナマコ戦争など知るよしもなかったし、この紛争がめぐりめぐって自分の研究に影響を与えることになるなど、まったく予見できていなかった。好事家的な事象ばかりに眼を向け、グローバルな視野をもとうとしなかった自分の研究姿勢を、いまさらながら恥ずかしく感じている。ナマコ調査の際に漁業者や加工業者から一方的に情報を得るだけではなく、わたしが手持ちの情報を意識的に提供し、調査を情報交換の場としてきたことは、この反省のうえにある。

わたしが学んできた地域研究は、それぞれに専門化し、細くなりすぎた学問体系を、もう一度、「地域」という視点からたばねなおし、有機栽培で育てた野菜のように太い学問をめざしている。文理融合の総合的研究である、などと説明されることもある。融合できているか、総合的な視点となっているかどうかは別として、いわゆる文系のわたしも、これまでに農学や水産学の人びととの共同調査に従事してきながら、かれら（いわゆる理系の人びと）のものの見方や考え方などを学ばせてもらってきた。

そのひとつが、研究成果の応用に対する態度である。ある研究会で「文系の研究発表は、なるほどなぁ、と問題の分析視角に驚かされるし、勉強にもなる。しかし、そのような分析をもとに、どのような助言を漁業者におこなえばよいのでしょうか」と地方自治体で水産行政にたずさわる方から質問されたことがある。なにひとつ技術をもたないわたしが漁業者に助言するなど、おこがましいかぎりである。しかし、現実に漁業者はさまざまな問題に直面している。どうしたらよいのか？

わたしにかぎらず、フィールドワークに従事する者のだれもが尊敬するであろう先達に宮本常一がいる。七三年間の生涯に合計一六万キロメートル、地球四周分にあたる距離を自分の足で歩いた民俗学者である。そんな宮本が、晩年に編纂した故郷の郷土史『東和町誌』（山口県周防大島）のなかで外祖父の放浪生活を引き合いに出しながら、次のように書いている。

「旅から旅をわたりあるく人たちを「世間師《しょけんし》」といった。「あの人は世間師だから物知りだ」というように評価されていた」[宮本・岡本 1982:615]。また、別の個所では、「村には文字を解し、世間を知る者がいた。とくに方々へ出稼ぎに行き、世間のことをよく知っている人を、村では世間師といった」とも説明している[宮本・岡本 1982:538]。

宮本常一の人生を追いながら、高度経済成長期以降の日本の姿を追求するルポルタージュ作家の佐野眞一は、「世間師」を「世間というものを広く歩き、そこで得た豊富な知識や見識を、ほかの地域で暮らす人びとの生きていくうえで役立たせようとした」人と解釈し、宮本自身を世間師であったと再評価している[佐野 2001:17]。

先の質問に対するわたしの回答は、宮本のいう「世間師」をめざすことだ、に尽きる。といっても、わたしに可能なことといえば、ワシントン条約の動向や他地域で実践されている資源管理の事例を紹介すること、方々で仕込んできた商品知識を提供することぐらいである。しかも、実際には現場で教えてもらうことのほうが圧倒的に多い。だからこそ、直接的な還元はできなくとも、あえて漁業者のみならず、流通業者や環境保護団体など、異なる関係者間を往還しながら、おたがいに分業された関係をつなぐことに活路を求めたい。「ヌサンタラ・プラットフォーム」を長津さんと一緒に立ち上げようとするのは、こうしたわたし自身につきつけられた課題の解決策の一環でもある。

五　生物多様性と文化多様性——歴史の多様性の再評価

最後に、本書の副題に掲げた生物多様性と文化多様性の関係性について、私見を述べておきたい。科学技術史研究者のデイヴィッド・タカーチによると、生物多様性（biodiversity）ということばは、一九八六年九月に米国のスミソニアン研究所（Smithsonian Institute）と米国科学アカデミー（National Academy of Sciences）が主催した「生物多様性に関するナショナル・フォーラム」（National Forum on BioDiversity）で誕生したものだという。当初、「生物学的多様性」（biological diversity）という術語で調整されていたものの、学界のみならず、より一般にアピールできそうなコピーとして、最終的に「生物多様性」におちついたのだそうだ[3]［Takacs 1996＝2006：53–54］。

では、それまで使用されてきた自然（nature）や野生生物（wildlife）に満足しなかった科学者たちが創造した「生物多様性」という概念には、どのような期待が込められていたのだろうか。

生物多様性の定義としては、生物多様性条約の第二条（用語）にある「種内、種間、生態系の多様性」（diversity within species, between species and of ecosystems）、つまり、「遺伝子、種、生態系の多様性」が一般的である。しかし、遺伝子や種の多様性は理解しやすくとも、「生態系の多様性」ともなると、容易にイメージできそうにない。

この概念は、単に風光明媚といった自然景観の多様性を意味しているわけではない。このことを理解するにあたっては、地球上の森林という森林をフィールドワークしてきた生態学者の山田勇が提唱する「生態資源」(eco-resources)という概念が参考となる[山田 1999]。マングローブの保全を事例に、「生物資源」との差異を考えてみよう。従来は、生物資源としてのオヒルギやコヒルギといった個別の植物(つまり、遺伝子もしくは種)が保全対象とされてきた。これに対して山田は、その生息地である干潮帯のすべてを含めた、ある一定空間全体を生態資源とよび、その保全を説くのである。なぜならば、マングローブ林にはさまざまな魚介類も生息しているし、それらを捕食する多様な動物——もちろん、人間も含まれる——も生活しているからである。当然、それらの豊かな生態系は、エコ・ツーリズムの対象ともなりえよう。くわえて、生物資源という遺伝子単位・種単位の発想からは、人間は生物資源を利用(あるいは搾取)する主体として位置づけられるが、生態資源観からすれば、「人間もマングローブ林という生態空間形成に関与する生物の一部」に定位できることが魅力的である[山田 2000, 2006]。

この、「場」や「空間」を重視する山田の姿勢は、いうまでもなく、個別の「地域」を細かにみつめ、人びとが自然にはたらきかけてきた、多様な関係性の歴史を再評価するという作業を意味している。この視点に立脚すれば、生物多様性条約の前文において、①「先住民社会が生物資源に緊密かつ伝統的に依存している」こと、つまり、先住民による利用権が確認され、②「生物多様性の保全とその構成要素の持続可能な利用に関して、(先住民が継承してきた)伝統的知識や慣行(を評価するとともに、その)の利用によってもたらされる利益を(先住民社会に)衡平に配分する」ことが締約国に要求されていることにも合点がいくであろう。米国の科学者たちが、自然や野生生物ではなく、わざわざ「生物多様性」なる術語を創造し、それを保全対象にすえた背景には、純粋無垢な存在だと信じ、人間の活動を排除してきた原生自然(wilderness)観から離別し、人間を生態系の一部として認識していこう、という発想の転換があったのである。つまり、生物多様性条約のいう「生態系の多様性」には、人間の介在(時には攪乱も)を前提とした「生態系」が含意されているのである。

タカーチは労作『生物多様性という名の革命』を執筆するにあたり、米国で生物多様性の保全活動に奔走する著名な保全生物学者二三名にインタビューしている。それらを通読してわかることは、生物多様性という概念が、多義的かつ曖昧であるということである。このことは、分析対象を厳密に定義することから始まる自然科学の研究手法を逸脱していることを意味している。しかし、生物学者や生態学者にとって、みずからの学問手法から解放されることが、「生物多様性」に込められた願望ではなかったか、とわたしは思量している。というのも、米国のナショナル・フォーラムに参加した権威ある科学者たちは、みずからが生物多様性の保全を唱導することにより、進化論の提出で宗教界と決別したダーウィンを父とする近代科学の誕生以来、科学者たちが封印してきた「価値」への関与が解禁されることを見通していたにちがいないからである。

この意味において、『生物多様性という思想』(The idea of biodiversity)とすべき原題を『生物多様性という名の革命』(傍点引用者)と訳出したのは、翻訳者の慧眼である。こうした科学史上のパラダイムシフトを前提としたうえで、わたしは、生物多様性の基本を「遺伝子と種、種と種、種と生態系、遺伝子と人間、種と人間、生態系と人間といったさまざまな関係性」とし、進化プロセスを含む、それらの諸関係、とくに生態系と人間の関係性を育んできた「歴史性」を重視する視点こそが「生物多様性革命」の精神だと理解している。このことは、「文化多様性」という概念の受容にくわえ、鬼頭の提唱した、自然と人間との「生身」の関係を評価する姿勢にも通じている。

一九九九年から二〇〇九年までユネスコの第八代事務局長を務めた松浦晃一郎によると、教育から科学、文化まで多岐にわたるユネスコの諸活動には、「文化多様性の保護」が通底しているという［松浦 2008］。事実、松浦が事務局長に就任して初めてのユネスコ総会となった二〇〇一年の第三一回総会において、「文化多様性に関するユネスコ世界宣言」(the UNESCO Universal Declaration on Cultural Diversity)が採択されている。一二条からなる本宣言の第一条では、文化多様性が「人類共通の遺産」であることが、第四条においては、人権、とくに少数民族や先住民の人権が文化多様性の擁護によって担保されるべきことが宣言されている。

「文化多様性に関するユネスコ世界宣言」の精神によって、レンバタ島のマッコウクジラ猟が擁護されうることは、議論の余地がないはずである。同様に、わたしたちが里山保全に夢中になるのは、都会のオアシスという緑地の存在だけではないことにも気づかされるはずだ。地域社会が育んできた里山という生態系には、柴刈りや山菜摘みにはじまる、人びとが長年にわたって関わりつづけてきた歴史が刻まれていることを、わたしたちが無意識ながらも感じているからなのである。人間の営為を再評価することにより、圧倒的な存在感を誇る熱帯雨林も、都会の片隅に追いやられている里山も、貴賤なく、平等に人類の遺産となりうるのである。

六　むすび——地球環境主義と地域環境主義

地球環境問題は、さまざまな要因が複雑にからみあっていて、単一の原因を特定することはむずかしい。「専門家」といわれる人びとの意見も、時として百花繚乱となりがちである。大学で環境問題について講義していると、かつてのわたしもそうだったように、学生たちは加害者と被害者の二極に色分けしたがる傾向にあるようだ。

しかし、ことはそう単純ではない。たとえば、地球温暖化の主因とされる二酸化炭素を排出せずして、わたしたちは生きてはいけない。友人からは絶滅危惧種だと揶揄されるが、わたしは自動車を運転することができない。その分、二酸化炭素の排出が少ないかというと、そうでもない。ワシントン条約に関係するようになってからというもの、さまざまな会議で年間、地球を二周するほど飛行機に乗っているからである。旅行先から宅配便で荷物を運んでもらうことも少なくない。また、アブラヤシとオランウータンの関係をみればわかるように、クリーンでグリーンなはずのアブラヤシに依存することが、オランウータンの生息環境を圧迫している。このように、なかなか一筋縄にいかない点が地球環境問題の悩ましいところである。本書の意図は説教をたれることにはない。大なり小なり、わたしたちは地球に負担をかけながら暮らしている、という事実を認識したうえで、環境問題について前向きに議論していきましょう、との主張に尽きる。

だからこそ、一方的な視点で解決策を求めることなく、さまざまな立場からみた多面的な議論の必要性を提起したい。本書でダイナマイト漁の問題を冒頭に論じた意図は、そこにある。マンシ島漁民の周縁的位置づけは、近代以降の世界史の流れのなかで生じたものである。そのことを無視して、わたしたちはかれらの行為を容易に批判できるものではない。そうした大きな歴史の流れとは別に、サマ人社会のなかで発達してきた興味深い実践も存在する。まだ事例数が足りず、わたし自身よく理解できていないが、かれらがbelle（べッレ）とよぶ慣行にわたしは注目している。

第1章で論じたように、ダイナマイト漁民は南沙諸島に出漁するにあたり、操業費の応分の負担を求められるし、その負担の見返りとして漁獲の分配もおこなわれる。そして、この分担金を支払うために借金する島民も少なくない。しかし、なかには、それらの負担を負わずに出漁できる者も見受けられるのである。通常は、そうした人びとは、若年の見習い的身分の者である。操業費を負担していない以上、当然、漁獲の分け前にあずかることはできない。しかも、飯炊きや船上のこまごました仕事をこなさねばならないそうであるが、出漁中に自分で獲った分は、自分で自由に処理してもよい、という了解が共有されている。はじめて南沙諸島での操業から帰島した少年に、島の人びとが「べッレしたのか？　どうだった？」と問いかける光景をわたしは幾度となく眼にしたものである。また、南シナ海のような長期にわたる操業ではなく、日帰り操業も可能な漁場でオカズ獲り的にダイナマイト漁をやる場合にも、「俺は、これから△△礁でダイナマイト漁をやるから、べッレしないか？」といった感じで親しい人びとによびかけることも少なくない。調査不足のため、現段階でべッレの解釈をくだすには早すぎるが、わたしはべッレとはある種の相互扶助の機能をもつ慣行であり、まさにコモンズ的な慣習であると考えている。

このように人類の共有財産であるサンゴ礁を破壊するダイナマイト漁ひとつをとってみても、漁民をとりまく政治社会環境はもとより、漁民社会内部における実践は複雑である。加害者と被害者、もしくは受益者と被損害者といった単純な構図を求めていては、問題の本質はみえてこない。

グローバル化は、単一な価値観の強要であってはならないはずだ。ナマコ戦争も捕鯨をめぐる紛争も、多様な価値観が混交しながら、あらたな社会的合意を形成していく過程だと考えたい。その意味においても、わたしが本書で批判してきた地球環境主義とわたしが理想とする地域主体・当事者主体の環境主義——地域環境主義——とは、相容れない存在ではない、と信じたい。

註

(1) 特定非営利活動法人アジア太平洋資料センター(PARC)が二〇〇九年に制作したDVD『パームオイル　近くて遠い油のはなし』は、アブラヤシをめぐる今日のエコ・ポリティクスをよくあらわしている。

(2) ガラパゴスは、本書にとって実に象徴的な場所である。ガラパゴスは、ユネスコによる世界遺産条約の「自然遺産」第一号として一九七八年に指定されたものの、二〇〇七年には「危機遺産」に登録されてしまった。このことと「ナマコ戦争」は無関係ではありえないが、一九九〇年代以降に急速に進んだ観光地化と、それに付随した人口の流入による環境汚染や外来生物の繁殖が問題視されたためである。

(3) ちなみに、生物多様性条約の英語表記は、Convention on Biological Diversity である。

おわりに

「先生、ナマコは危険ですよ。とりつかれちゃいますよ」

北海道はオホーツク海に面した紋別の加工業者、目時巌さんが、インタビューの開口一番に切りだしたことばである。一九三二年生まれの目時さんは、一九七〇年頃から乾燥ナマコの製造をおこなってきた老舗のひとりである。ホッケ加工から工場をおこし、シロボシ(乾燥貝柱)、ナマコへと事業を拡大してきたかれは、なぜだか、ナマコに「はまって」しまったのだという。そんな目時さんは、ナマコを追って、アルゼンチン、チリ、ペルー、ロシア、米国などを歩いてきたといい、一九九〇年代初頭には内戦下にあったスリランカ北部のジャフナにもナマコの買い付けに行き、横浜にもってきて加工したこともあるそうである。二〇〇六年にもミャンマーに調査に行ってみたが、ナマコよりもウナギの可能性がありそうだ、と笑っていた。喜寿をむかえた方ながら、矍鑠《かくしゃく》とした大先輩である。

思えば、ナマコを研究テーマにすえた一三年間、ずいぶんと「ナマコ狂い」の人びとに出会ってきた。本書の第4章で紹介した吉田敏・静子さん夫婦、ふたりそろってナマコに狂ったカップルであった。昭和初期にキンコナマコの輸出に尽力された根室の先人の苦労を偲び、キンコナマコ再興を夢見る吉田勲さんも熱い方だ。第6章で紹介した香港の問屋さん、チャーリー・リムさんも同様である。世界中のナマコ屋さんと商売するかれは、文字どおり、休むまもなく仕事している。わずか三〇分のインタビュー中に、秘書が何度もインターフォン越しに指示をあおぎに来るし、二週間におよぶワシントン条約の会議中、二度も香港とオランダ（ハーグ）間を往復するほどに忙しくしていたが、なぜだか楽しそうでもある。本書では紹介しきれなかった、それらナマコに狂った人びとのライフストーリー（人生談・物語）は、いずれまとめてみたいと考えているが、残りの紙幅を使って、いまは故人となってしまったダリオの人生を紹介しておきたい。

*

享年四五歳。フィリピン中部のビサヤ諸島出身のダリオは、フィリピン諸島のみならず、マレーシア領ボルネオ島の港町を転々とし、フィリピン最西端のマンシという小さな島で人生の最後をむかえてしまった。

熱帯鑑賞魚や真珠貝を専門に潜っていたこともあるというが、マンシ島ではナマコ漁師として生活していた。かれとは一九九七年八月に一度、ことばを交わしただけである。白砂の照りかえしがきつい昼下がり、木陰でダイバーたちにインタビューをしていた輪に、突然、赤ら顔で割り込んできて、真偽の判断のつかない話を大声で一方的にしゃべって去っていったのである。四角ばった顔で骨太のゴツイおじさんだったが、どことなく愛敬のある人物だった。

ダリオは生生流転のさなか、マンシ島が「金のなる島」(Money Island)との異名をとる根拠となったナマコ・フィーバーの話を聞きつけ、同島にやってきた。一九九〇年代初頭のことである。第1章、第3章で紹介したように、ちょうどマンシ島民が、南シナ海の南沙諸島で操業をはじめたばかりの頃の話である。当時、約一カ月におよぶナマコ漁に参加したダイバーの報酬は、二〇万円にもなった。定年をひかえた国立フィリピン大学教授の月給の四倍に等しい大金である。

現在も、マンシ島をめざしてほかのフィリピン諸島からやってくるダイバーたちはあとを絶たないが、実際に成功することはむずかしい。高額な報酬が得られたのは九〇年代半ばまでのことで、二〇〇〇年では往時の五分の一に達すればよいほうであった。

しかも、潜水にともなう減圧症が顕在化している。一九九七年八月の調査当時、漁民らの操業深度は水深五〇メートルにも達していた。アマチュアのスキューバ・ダイバーは、水深三〇メートルが潜水の限界だと教えられる。そもそも水深三〇メートルを超えると、暗くなって視界が極端に悪くなり、ゴツゴツした岩場での操業は危険である。熱帯とはいえ水温も冷たく、かじかんだ指が思いどおりに動いてくれないことも珍しくない。わたし自身のそんな経験もあり、調査時点ではダリオをはじめとした漁民たちの話を半ば疑っていた。しかし、一年を経て島を再訪してみると、漁民たちの話を信じないわけにはいかなかった。

分厚い胸板を誇示しながら、「いくらでも深く潜ってみせる」と豪語したダリオは、一九九八年二月に亡くなっていた。同乗したダイバーたちの話によると、潜水を終えて一〇分ほどして意識がなくなり、翌日に力尽きたとのことだ。この一年間に、ダリオのほかにも少なくとも二名が死亡していたし、ひとりが下半身不随で歩行困難な状況にあった。

危険を承知で潜るのはなぜか。理由は簡単である。現金を得るにはもってこいだからだ。イスラーム教徒の船主が「親切」にも、生活費を貸してくれるからである。ダイバーたちが潜りつづけさえすれば、船主がダイバーに借金の返済をせまることもない。

*

わたしがナマコに関心をもったきっかけは、どことなく牧歌的なイメージのつきまとうナマコ漁からは想像もつかないほどに壮絶なマンシ島のナマコ漁を目にしたことにある。第1章で論じたように、三〇〇年以上にわたりスペインの植民地であったフィリピンは、人口の九割近くをキリスト教徒が占め、政治的にも経済的にも少数派のイスラーム教徒を圧倒している。ところが、マンシ島のナマコ潜水漁では、両者の力関係が逆転しており、イスラーム教徒のサマ人たちがキリスト教徒のビサヤ人たちを「搾取」しているといえなくもない状況に、わたしは圧倒されたのであった。

しかも、そのマンシ島は、わずか数十年前に開拓された社会だというではないか。フィリピン南部では、一九七〇年代を通じてイスラーム主義を掲げ、中央政府からの分離独立をめざす人びと政府軍とのあいだで内戦がくりかえされ、隣国のマレーシアなどへ逃れる一〇万とも二〇万ともいわれる難民を生みだした。マンシ島のサマ人たちも、この時期の内戦を避けて移住してきた人びとである。村を焼かれ、命からがら、着の身着のままで逃げてきたかれらは、無人島であったマンシ島を開拓し、住み着いた。インタビューの最中に開拓期当初の悲惨な生活をふりかえり、涙する人も少なくなかった。わたしのインタビューにつきあってくれた人びとのうち、わたしと同年代の場合、かれらが避難生活を余儀なくされた頃は、まだ、五、六歳の子どもにすぎなかったのだから……。

それ以来、わたしは、調査協力者らと同時代に生きているという自明なことを、あらためて自覚するようになった。かれらが語る経験を、自分が生きてきた社会の歴史と重ねあわせて理解するように努めてきた。それは、グローバル化時代といわれる社会で、いかにわたしたちが関係しあって生きているかを、具体的な糸に解きほぐしていく作業でもあった。

ナマコの生産現場をみていると、ナマコ食文化の存在自体が残酷なものに思えてくる。刺参文化圏の中核たる大連では、熱帯産の光参をゴミ扱いする人もいる一方で、韓国の三鮮料理のように、安いがゆえに熱帯産ナマコが大量に消費されるようにもなってきた。世界各地でナマコの需要が高まれば、ダイバーたちの負担は増すばかりである。

二十年近く前、マンシ島漁民は新天地を南沙諸島の漁場に求めた。しかし、広大な南沙諸島といえども、めぼしい漁場は開拓し尽くしてしまった。残る漁場は深海である。わたしが知るかぎりでは、深みへと進んだナマコ潜水漁の例は、南沙諸島だけのことである。とはいえ、これ以外の地域でも、深海でナマコ漁が展開されるようになる日は遠くないような気がしている。

考えてみれば、マンシ島が開拓された一九七〇年代以降は、環境主義の時代でもある。また、マンシ島がナマコ・フィーバーに沸いていた頃に、ちょうどガラパゴスでもナマコ・バブルが生じていたことになる。さらには、まさにその頃、地球環境主義のピークともいえる国連環境開発会議（地球サミット、一九九二年）がリオデジャネイロで開催され、生物多様性条約が誕生したことは皮肉といえば皮肉でもある。

＊

本書ではナマコを中心にあつかったが、ことはそう単純ではない。ナマコ需要の拡大は、アジア各国でみられたバブル経済とそれにともなうグルメブームの隆盛と無関係ではないからである。たとえば、香港におけるフカヒレ価格は一九八〇年代後半に高騰したというが、それは、同時期の東南アジアの主要都市でもみられた現象である。フカヒレ事情にくわしい鈴木隆史によると、インドネシアでは、一九八〇年代後半にジャカルタやスラバヤなどの大都市に高級ホテルや中国料理レストランが誕生し、それらのなかにはフカヒレ料理専門店も登場し、同国内におけるフカヒレ需要が増大したという［鈴木 1997:86］。わたしが記憶するかぎりでは、マニラでも一九九〇年代前半にフカヒレ料理専門店が登場している。また、一九九〇年代には、シンガポールや香港、中国南部などでハタ科の活魚需要が顕在化し、東南アジア各国でハタ類の漁獲がさかんとなった。マンシ島でも、九〇年代以降、こうした活魚需要に沸いた時期があったことはすでに述べたとおりである。フカヒレ用のサメ類については現在も議論がつづいているが、活魚貿易の象徴ともいえるナポレオンフィッシュは、二〇〇四年のワシントン条約第一三回締約国会議(CoP13)で附属書IIに掲載されるにいたっている。ナマコにかぎらず、グルメブームが東南アジアのみならず世界の漁業地域におよぼす影響と、その保全政策は、総合的に考察されねばならない問題である。

ナマコ戦争は、先進国に暮らすわたしたちからすれば、いずれも頼りない「国家」で生じている。しかし、その最前線で孤軍奮闘する人びとは、国家からの支援などあてにせず、自分の腕を頼りに自立していることは特筆すべきであろう。命がけで潜るという行為自体をダリオがどう考えていたのか、正直なところはわからない。怖かったにちがいないが、それでもかれは「自分には技術と経験がある」と強がっていた。

人道主義をもちだすまでもなく、人命を危険にさらしてまでナマコ食文化を守れ、と主張するつもりはない。同様に人びとが自立して暮らす権利をおかしてまで、ナマコなど保護する必要性も感じていない。

米国のサンゴ礁保全計画が変更されないかぎり、いずれナマコはワシントン条約の附属書に掲載されることになるだろう。その時には、マンシ島の人びとはまた別の資源をみいだし、それに群がるにちがいない。ナマコ戦争終結の日は訪れるであろうが、かれらが自立した生活を模索しつづけるかぎり、つまり、他者に依存せずに生きていこうとするかぎりにおいては、環境主義者との戦いは終わることがないであろう。この自主性を評価する仕組みをつくっていけるかどうかが、今後の国際社会の課題なのである。

＊

本書は、たびたび触れてきたように一九九七年から手がけてきたナマコ研究の成果である。これまでにも、その時々の目的や関心から、さまざまな文章を綴ってきた。それらの文章を、本書の主題である「生物多様性保全と文化多様性保全をめぐるエコ・ポリティクス」という視角から加筆修正し、たばねなおしたものが本書である。以下に、本書のもととなった文章の初出一覧を掲げる。

序章
　書きおろし
第1章
・「ダイナマイト漁の構図――ダイナマイト漁民とわたしたちの関係性」名古屋市立大学現代GP実行委員会編『環境問題への多面的アプローチ――持続可能な社会の実現に向けて』KTC中央出版、二〇〇八年、四一―五四頁
第2章
・「当事者はだれか――ナマコ資源利用から考える」宮内泰介編『コモンズをささえるしくみ――レジティマシーの環境社会学』新曜社、二〇〇六年、一七三―一九六頁
・「刺参ブームの多重地域研究――試論」岸上伸啓編『海洋資源の流通と管理の人類学』（みんぱく実践人類学シリーズ　三）、明石書店、二〇〇八年、一九五―二二〇頁
・「ナマコ保全とワシントン条約――経過報告」『白山人類学』第一一号、東洋大学白山人類学研究会、二〇〇八年、一六七―一七二頁

第3章
・「熱帯産ナマコ資源利用の多様化――フロンティア空間における特殊海産物利用の一事例」『国立民族学博物館研究報告』第二五巻第一号、国立民族学博物館、二〇〇〇年、五九―一一二頁
・「ダイナマイト漁民社会の行方――南シナ海サンゴ礁からの報告」 秋道智彌・岸上伸啓編『紛争の海――水産資源管理の人類学』人文書院、二〇〇二年、八四―一〇六頁
第4章
・「環境主義をこえて――利尻島にみるナマコの自主管理」 秋道智彌編『資源とコモンズ』(資源人類学 八)、弘文堂、二〇〇七年、二七九―三〇七頁
・「サンゴ礁海域の多面性――ナマコ利用の視点から」 山尾政博・島秀典編『日本の漁村・水産業の多面的機能』北斗書房、二〇〇九年、一八三―二〇一頁
第5章
・「熱帯産ナマコ資源利用の多様化――フロンティア空間における特殊海産物利用の一事例」『国立民族学博物館研究報告』第二五巻一号、国立民族学博物館、二〇〇〇年、五九―一一二頁
・「干ナマコ市場の個別性――海域アジア史再構築の可能性」 岸上伸啓編『先住民による海洋資源利用と管理』(国立民族学博物館調査報告 四六)、国立民族学博物館、二〇〇三年、二六五―二九七頁
第6章
書きおろし
第7章
・「大衆化する宮廷料理」『エコソフィア』第四号、民族自然誌研究会、一九九九年、五六―五九頁
第8章
・「干ナマコ市場の個別性――海域アジア史再構築の可能性」 岸上伸啓編『先住民による海洋資源利用と管理』(国立民族学博物館調査報告 四六)、国立民族学博物館、二〇〇三年、二六五―二九七頁
第9章

・「未完のアジア学を継ぐ――海域世界研究の実践」『貿易風』(中部大学国際関係学部論集)第二号、二〇〇七年、一三六―一四五頁

第10章

・「海域アジア史構築への展望――わたしの地域研究法」小泉潤二・栗本英世編『トランスナショナリティ研究――場を越える流れ』大阪大学、二〇〇三年、二二二―二三四頁

・「同時代をみつめる眼――鶴見良行の辺境学とナマコ学」『ビオストーリー』第六号、生き物文化誌学会、二〇〇六年、五〇―五九頁

・「サマ・地域資源の利用と環境問題」綾部恒雄編『失われる文化・失われるアイデンティティ』(講座 世界の先住民族――ファースト・ピープルズの現在 一〇)、明石書店、二〇〇七年、二八五―三〇五頁

・「サマ語」(私のフィールドノートから 二三)『月刊言語』二〇〇八年一一月号、大修館書店、九八―一〇三頁

終章

書きおろし

＊

この一三年間、方々でフィールドワークをおこない、研究に必要不可欠な文献の購読ができたのは、おもに日本学術振興会からの科学研究費補助金とわたしが勤務する名古屋市立大学からの特別研究奨励費助成のおかげである。また、以下に掲げる共同研究会では、発表の機会を頂戴し、そこでの議論から触発された部分も少なくない。ここに頂戴した助成の一覧を掲げ、感謝の意をあらわしたい。なお、重複を避けるため、これまでに発表した文章ですでに謝辞をあらわしたものについては割愛させていただいたことをおことわりしておく。

(1)研究代表を務めたもの

a　科学研究費補助金

・「フィリピン、スル海域におけるサマ社会の研究」(特別研究員奨励費、課題番号九七―八七〇二)一九九七―一九九九年
・「ナマコ生産・干ナマコ交易におけるエスノネットワーク形成史」(若手研究B、課題番号一四七一〇二二一)二〇〇二―二〇〇四年
・「定着性沿岸資源管理をめぐる政治性と当事者性の地域間比較研究」(萌芽研究、課題番号一七六五一一三三)二〇〇五―二〇〇六年
・「オープン・アクセスに関する地域間比較――アジア境域世界における資源利用の動態」(基盤研究C、課題番号一九五一〇二五七)二〇〇七―二〇〇九年

b　名古屋市立大学特別研究奨励費

・「言語資料と口承史料による地域史の再構築」二〇〇三年
・「多面的湿地保全の展開――湿地文化複合と生態資源の保全へむけて」二〇〇五年
・「バナナ学の構築――環境／開発問題の解決にむけた地域研究的対応」二〇〇七年
・「地域主導型エコツーリズムの開発――生物多様性保全と文化多様性保全の両立をめざして」二〇〇九年

(2)共同研究に参加させてもらったもの

・「ウォーラセア海域における生活世界と境界管理の動態的研究」(代表　パトリシオ・N・アビナレス、基盤研究A二、課題番号一三三七一〇〇七)二〇〇一―二〇〇三年
・「ボルネオ及びその周辺部における移民・出稼ぎに関する文化人類学的研究」(代表　宮崎恒二、基盤研究A一、課題番号一三三七一〇〇四)二〇〇一―二〇〇四年
・「インドネシア地方分権化に伴う資源管理・社会経済の変容――スラウェシ島を事例に」(代表　田中耕司、基盤研究A二、課題番号一六二五二〇〇三)二〇〇四―二〇〇六年

・「東南アジアにおける中国系住民の土着化・クレオール化についての人類学的研究」（代表　三尾裕子、基盤研究A一、課題番号一六二五一〇〇七）二〇〇四―二〇〇七年

・「東アジア巨大水産物市場圏の成立と「責任ある漁業」」（代表　山尾政博、基盤研究C、課題番号一七六三八〇〇五）二〇〇五年

・「半栽培（半自然）と社会的しくみについての環境社会学的研究」（代表　宮内泰介、基盤研究B一、課題番号一七三三〇一〇七）二〇〇五―二〇〇七年

・「アジア海域社会の復興と地域環境資源の持続的・多元的利用戦略」（代表　山尾政博、基盤研究C、課題番号一八六三八〇〇三）二〇〇六年

・「アジアにおける希少生態資源の攪乱動態と伝統的技術保全へのエコポリティクス」（代表　山田勇、基盤研究A一、課題番号一九二五一〇〇四）二〇〇七―二〇〇九年

・「乾燥ナマコの計画的生産技術の開発」（代表　町口裕二、農林水産技術会議・先端技術を活用した農林水産研究高度化事業・輸出促進・食品産業海外展開型、一九一五）二〇〇七―二〇〇九年

・「アダプティブ・ガバナンスと市民調査に関する環境社会学的研究」（代表　宮内泰介、基盤研究A一、課題番号二〇二四三〇二八）二〇〇八―二〇〇九年

・「海域東南アジアにおけるグローバル・アクターと周縁社会――開発過程の国家間比較」（代表　長津一史、基盤研究C、課題番号二一五一〇二七一）二〇〇九年

・「東アジア水産業の競争構造と分業のダイナミズムに関する研究」（代表　山尾正博、基盤研究B、課題番号二一四〇五〇二六）二〇〇九年

＊

本書の執筆にいたるまでには、実にさまざまな人びとに研究活動を支えていただいた。調査地でお世話してくださった方々はもちろんのこと、日本学術振興会特別研究員時代の研修先であっ

た国立民族学博物館・地域研究企画交流センターと現在勤務する名古屋市立大学人文社会学部をはじめ、右記の研究助成による研究活動を支援くださった方々にお礼申しあげたい。また、妻・晶子とふたりの息子・渉と陸には、感謝の気持ちでいっぱいである。

そして、企画から二年にわたり、よき相談相手となってくれた新泉社編集部の安喜健人さん、いろいろと無理をきいていただいたブックデザイナーの藤田美咲さん、索引づくりを手伝ってくれたゼミ生の中浦愛美さんにもお礼申しあげたい。

出版にあたっては、村井吉敬先生から推薦のことばを頂戴し、門田修さん(海工房)から貴重な作品をお借りすることができたのも、鶴見良行さんを介したナマコ・ネットワークのおかげである。

「なんやねん。あいかわらず、アホなことやってんなぁ〜」とお叱りを受けそうな気もするが、わたしをフィールドワークの世界へといざなってくれた吉田集而先生と江口一久先生、歩くことの大切さを教えてくれた小川徹太郎さんのご冥福をお祈りするとともに、本書をささげたい。

人名索引

A–Z

Acheson, J. M.（エイチソン, J. M.） 14
Aguilar-Ibarra, A.（アギラー=イバラ, A.） 320
秋道智彌 14, 54, 110, 247, 263
網野善彦 11, 161, 274, 287
Amri, Andi（アムリ, アンディ） 334
安藤百福 226
荒居英次 312
安里進 291–292

Bain, Mark（ベイン, マーク） 72, 225
Barsky, Kristine（バースキー, クリスティン） 252–253
Bataona, Mickel（バタオナ, マイケル） 332
Bradbury, Alex（ブラッドベリー, アレックス） 253
Bremner, Jason（ブレムナー, ジェイソン） 54, 57, 318
Brown, Janet Welsh（ブラウン, ジャネット・ウェルシュ） 12
Bruckner, Andrew（ブルックナー, アンドリュー） 85, 158, *71*
Buck, Susan（バック, スーザン） 15

Camhi, Merry（カムヒ, メリー） 57
Cannon, L. R. G.（キャンノン, L. R. G.） *101, 104, 184–185, 309*
Castro, Lily（カストロ, リリー） 56, 253–254, 320
Caulfield, Richard（カールフィールド, リチャード） 78
Cheung, Sidney（チャン, シドニー） 264
Choo, Poh Sze（チュー, ポージー） 225
Clinton, Bill（クリントン大統領） 67
Conand, Chantal（コナン, シャンタル） 253, 266–267, 269
Crawfurd, John（クロウフォード, ジョン） 309–310, 316, *309*

戴一峰（Dai, Yifeng） 167, 312
Dario（ダリオ） 345–347, 350
Darwin, Charles（ダーウィン, チャールズ） 51, 339
→事項［チャールズ・ダーウィン研究所］
Daves, Nancy（デイビス, ナンシー） 76
堂本暁子 13

Eeckhaut, Igor（エックハウト, イゴー） 269
江上幹幸 333
江後迪子 307
Erdmann, M. V.（アードマン, M. V.） 28, 48
van Eys, S.（アイ, S.） 186, 266

Feeny, David（フィーニイ, デイヴィッド） 14
Flinders, Mathews（フリンダース, マシューズ） 310, 316
Fox, H. E.（フォックス, H. E.） 48
Frank, Andre Gunder（フランク, アンドレ・グンダー） 286
Freeman, Milton（フリーマン, ミルトン） 77, 85
藤林泰 300
福武慎太郎 330
傅培梅（Fu, Pei Mei） 177
古川彰 15

耿瑞（Geng, Rui） 202

McElroy, Seamus（マックエルロイ，アレキサンドラ） 266, *184*
McManus, J. W.（マックマヌス，J. W.） 47
Mercier, Annie（メルシー，アニー） 184, 254
目時巌 344
Meyer, Walter G.（メイヤー，ウォルター） 253–254
宮本常一 11, 335–336
宮澤京子 47, *33, 36, 87, 180*
門田修 47, 316, *21, 33, 36, 87, 180, 271*
Mulliken, T.（ムッリキン，T.） 52
村井吉敬 14, 282, 310, 316, 321
村山伝兵衛 125

長津一史 49, 121–122, 298, 331, 333–334, 336
永積洋子 316
中原正二 48
中野秀樹 84
中曾根康弘 275, 321, 326
中山時子 174
Nicholls, Henry（ニコルズ，ヘンリー） 56, 60, 85, 270
Novaczek, I.（ノヴァチェック，I.） 14
Nur Misuari（ミスワリ） 42

岡本定 336
奥村彪生 162
Ono, Dave（オノ，デイブ） 252–253
大林太良 175
大江健三郎 275
大曲佳代 84
大島廣 186

朴正熙（Park, Chung-hee） 229
Perez, Jaime（ペレス，ハイメ） 54, 57, 318
Perez-Plascecia, German（ペレス=プラセシア，ゲルマン） 253, 270
Perezrul, Dinorah Herrero（ペレスルール，ディノラ・エレロ） 320
Pet-Soede, Lida（ペット=ソエデ，リダ） 28–29, 47–48
Philipson, P. W.（フィリップソン，P. W.） 186, 266
Porter, Gareth（ポーター，ガレス） 12
Preston, Garry（プレストン，ギャリー） 186, 268, *184*
Purcell, Steven（パーセル，スティーヴ） *57*

Ramirez-Soberon, G.（ラミレス=ソベロン，G.） 320
Ramos, Fidel Valdez（ラモス大統領） 50
任勉芝（Ren, Mian Zhi） 188
任同軍（Ren, Tong Jun） 214–215
Ruddle, Kenneth Richard（ラドル，ケネス） 166

佐野眞一 336
佐々木道雄 164, 172, 175, 187
Savelle, James（サヴィール，ジェームス） 14
Shepherd, S. A.（シェパード，S. A.） 57, 60
澁澤敬三 162
篠田統 167
Sommerville, William（ソムメリヴィル，ウィリアム） 257
Sonnenholzner, J.（ソンネホルツナー，J.） 56, 253, 255, 270
Sopher, David（ソーファー，デイヴィッド） 178
Stutz, Bruce（ストゥッツ，ブルース） 51, 59
菅谷成子 187
Sutherland, Heather（サザーランド，ヘザー） 311
Sutherland, Ian（サザーランド，イアン） 253
鈴木博 168
鈴木隆史 84, 349

事項索引

ア行

カ行

サ行

タ行

ナ行

ハ行

マ行

ヤ行

ラ行

ワ行

A–Z

地名索引

ロシア

東アジア

東南アジア

オセアニア

ヨーロッパ

中東

アフリカ

ナマコ名索引

学名A–Z

Actinopyga lecanora（イシクロイロナマコ／烏料参） 94, 106, 123, 148, *94, 100–101, 104–105, 107, 148, 184–185, 311*
Actinopyga mauritiana（クリイロナマコ／沙参） 148, *101, 104, 107, 184–185, 311*
Actinopyga miliaris（クロジリナマコ／烏元参, 烏圓参） 106, 123, 225, *94, 100–101, 104–105, 107, 184–185, 311*
Astchopus multifidus 270
Athyonidium chilensis 270

Bohadschia argus（ジャノメナマコ／花斑参, 紋参） 311, *100–101, 104–105, 107, 184–185*
Bohadschia graeffei（サンカクナマコ／三方参） 310, *100–101, 104–105, 107, 184–185, 309*
Bohadschia marmorata（ハクボクナマコ） *185*
Bohadschia similis *311*
Bohadschia vitiensis（フタスジナマコ） 146, 152, *185, 311*

Cucumaria frondosa（キンコナマコ／拳参） 156, 158–159, 184, 239–240, 242–246, 254, 345, *165, 240*

Holothuria arenicola 270
Holothuria atra（クロナマコ／黒虫参） 123, 262, 270, *100–101, 104–105, 107, 184–185, 311*
Holothuria coluber *311*
Holothuria decorata（フジナマコ） 159, *159*
Holothuria edulis（アカミジキリ） *100–101, 104–105, 311*
Holothuria fuscogilva（チブサナマコ／猪婆参, 白石参, 岩参） 93, 97–100, 102, 106–108, 113, 118–119, 122, 178–180, 182–184, 188–189, 214–215, 255–257, 261, 266, 270, 310, *93, 98–99, 101, 104–105, 107, 157, 178–179, 184–185, 309, 311*
Holothuria fuscopunctata（ゾウゲナマコ／象牙参, 象鼻参, 虎皮参） 102, *100–101, 104–105, 107, 184–185, 309, 311*
Holothuria impatiens 270
Holothuria inornata 270
Holothuria kefersteini 270
Holothuria leucospilota（ニセクロイロナマコ／虫龍参） *101, 104–105, 107, 184–185*
Holothuria mexicana 270
Holothuria nobilis（イシナマコ／顔参, 烏石参, 烏岩参, 黒参） 152, 178, 265, 310, *101, 104, 107, 178, 184–185, 309, 311*
Holothuria scabra（ハネジナマコ／禿参, 頽参, 脱皮参, 白脱参） 106, 146, 152, 178–179, 188, 214–215, 255–256, 261–262, 266, 308, 310, *101, 104–105, 107, 184–185, 215, 309, 311*
Holothuria theelii 270

Isostichopus bandionotus 270
Isostichopus fuscus（フスクス・ナマコ） 54, 56, 60, 64–65, 69, 76, 181–182, 239, 252–255, 257–259, 262, 264–265, 269–270, 317–318, 320–322, *57, 182, 259, 264*
→事項［フスクス開発史］

Parastichopus californicus（カリフォルニアナマコ） 252–254, 257, 268
Parastichopus nigripunctatus（オキナマコ／沖子海参） 158, 189, 239, 260–261, *260–261*
Parastichopus parvimensis（イボナマコ） 253–254, 258, 270
Pattalus mollis 270

Stichopus chloronotus（シカクナマコ／方刺参，四方参，小方参） 102, 122, 149–153, 155, 175, 181, 183, 189, 243–244, 307–310, 312–315, *100–101, 104, 107, 149, 151, 184–185, 309, 311*
Stichopus hermanni（ヨコスジナマコ／黄肉参，黄刺参） 102, 106, 225, 232, 245, 257, 301, 310, *100–101, 104–105, 107, 184–185, 234, 238, 301, 309, 311*
Stichopus horrens（タマナマコ／黄肉参，黄玉参，玉参） 102, 106, 189, 225, 232, 234, 236, 240–243, 245, 259, 262, 270, 301, 310, *100–101, 104–105, 107, 184–185, 234, 238, 242, 301, 309, 311*
Stichopus japonicus（マナマコ／遼参） 149, 152, 158, 166, 169, 178–181, 183, 189, 214, 225, 233–234, 236, 238–240, 242–243, 248–249, 257–260, 265, 308, *143, 149, 180, 238, 242, 260*
Stichopus mollis（ニュージーランドナマコ） 158
Stichopus variegatus 245, *185*

Thelenota ananas（バイカナマコ／梅花参） 94, 146, 153, 181, 189, 214, 225, 256, 258, 303–305, *100–101, 104–105, 107, 184–185, 303, 311*
Thelenota anax（ヒダアシオオナマコ／美人腿参） 102, *100–101, 104–105, 107, 184–185, 311*

調理法・料理名索引

ピンインA–Z

扒（ba） 213
拌（ban） 214
爆（bao） 213, 225
爆香（baoxiang） 213
鮑汁梅花参（baozhi meihuashen） 225

炒碼麵（chaomamian） 227
陳醋拌活海参（chencu ban huohaishen） 215, *216*
豉油活海参（chiyou huohaishen） *216*
葱焼海参（congshao haishen） 234

大滷麵（dalumian） 227

番茄海参羹（fanqie haishengeng） *216*

羹（geng） 213
過橋海参（guoqiao haishen） 215, *216*

海南風味活海参（hainan fengwei huohaishen） *216*
海参沙拉（haishen shala） 215, *216*
海参焼蹄筋（haishen shao tijin） 225
海参寿司（haishen shousi） 214
海参煎（haishenjian） 164
海参絲（haishensi） 164, 240, 242–243, 246, 262, *240*
海参湯（haishentang） 164
海参蒸（haishenzheng） 164

海鮮醬 (haixianjiang) 215, 225
紅焼 (hongshao) 188, 214
紅焼大烏参 (hongshao dawushen) 177–178
紅焼海参 (hongshao haishen) 213, 234, *161*
虎芽海参 (huya haishen) 215, *216*

家常海参 (jiachang haishen) 213
醬爆活海参 (jiangbao huohaishen) *216*
荊芥拌活海参 (jingjie ban huohaishen) 215, *216*
韭黄海参 (jiuhuang haishen) *216*

凉拌 (liangban) 214
流三絲 (liusansi) 166, *165*

麻辣梅花参 (mala meihuashen) 225
燜 (men) 213, 215
秘制黄刺参 (mizhi huangcishen) 225

粘醬紅燜肉末焼 (nianjiang hongmen roumoshao) 210

清湯活海参 (qingtang huo haishen) *216*
清蒸 (qingzheng) 110, 200, *110*

三鮮炸醬麵 (sanxian zhajiangmian) 227
沙参焼方肉 (shashen shaofangrou) 215
生拌海参 (shengban haishen) 214–215
生吃活海参 (shengchi huohaishen) 215, *216*
什錦活海参 (shijin huohaishen) 215, *216*
水蛋芙蓉海参 (shuidan furong haishen) 215, *216*
酸辣湯 (suanlatang) 240
蒜泥活海参 (suanni huo haishen) *216*

特色拌活海参 (tese banhuo haishen) 215, *216*
特色焼烏元参 (tese shao wuyuanshen) 225

煨 (wei) 213, 225
五彩梅花参 (wucai meihuashen) 225

香爆海参片 (xiangbao haishenpian) 213
香酥海参 (xiangsu haishen) 225
蝦子大烏参 (xiazi dawushen) 176–179, *177*
蝦子海参 (xiazi haishen) 188, 213
XO醬爆海参 (XO jiang bao haishen) 213

養生活海参 (yangsheng huohaishen) *216*
養顔海参 (yangyan haishen) *216*
一品海参 (yipin haishen) 213, *216*
一品活海参 (yipin huohaishen) *216*
玉龍吐珠 (yulong tuzhu) 225

炸 (zha) 226
炸醬麵 (zhajiangmian) 226–227, 229, 239
整焼白猪婆参 (zhengshao baizhuposhen) 215
蜇頭拌活海参 (zhetou ban huohaishen) *216*
至尊活海参 (zhizun huohaishen) *216*

文献・資料一覧

Aguilar-Ibarra, Alonso and Georgina Ramirez-Soberon [2002] "Economic Reasons, Ecological Actions and Social Consequences in the Mexican Sea Cucumber Fishery," *SPC Beche-de-mer Information Bulletin*, 17: 33–36.

赤嶺淳 [1999a]「南沙諸島海域におけるサマの漁業活動」,『地域研究論集』2(2): 123-152.

——— [1999b]「大衆化する宮廷料理」,『エコソフィア』4: 56–59.

——— [2000a]「熱帯産ナマコ資源利用の多様化——フロンティア空間における特殊海産物利用の一事例」,『国立民族学博物館研究報告』25(1): 59–112.

——— [2000b]「ダイナマイト漁に関する一視点——タカサゴ塩干魚の生産と流通をめぐって」,『地域漁業研究』40(2): 81–100.

——— [2001]「東南アジア海域世界の資源利用」,『社会学雑誌』18: 42–56.

——— [2002a]「ダイナマイト漁民社会の行方——南シナ海サンゴ礁からの報告」, 秋道智彌・岸上伸啓編『紛争の海——水産資源管理の人類学』人文書院, 84–106頁.

——— [2002b]「鶴見良行『海道の社会史』」, 松田素二・川田牧人編『エスノグラフィー・ガイドブック——現代世界を複眼でみる』嵯峨野書院, 246–247頁.

——— [2003]「干ナマコ市場の個別性——海域アジア史再構築の可能性」, 岸上伸啓編『先住民による海洋資源利用と管理』国立民族学博物館調査報告46, 国立民族学博物館, 265–297頁.

——— [2005]「資源管理は地域から——地域環境主義のすすめ」,『日本熱帯生態学会ニューズレター』58: 1–7.

——— [2006a]「当事者はだれか——ナマコ資源利用から考える」, 宮内泰介編『コモンズをささえるしくみ——レジティマシーの環境社会学』新曜社, 173–196頁.

——— [2006b]「同時代を見つめる眼——鶴見良行の辺境学とナマコ学」,『ビオストーリー』6: 50–59.

——— [2006c]「見えないアジアを歩く9　ダイナマイトに湧く海」,『あとん』5月号, 50-53頁.

——— [2006d]「「テロとの戦い」のかげで——フィリピンのムスリム問題のいま」,『人間文化研究所年報』1: 36–39.

——— [2007]「環境主義をこえて——利尻島にみるナマコの自主管理」, 秋道智彌編『資源とコモンズ』資源人類学8, 弘文堂, 279–307頁.

――――［2008］「刺参ブームの多重地域研究――試論」，岸上伸啓編『海洋資源の流通と管理の人類学』みんぱく実践人類学シリーズ3，明石書店，195–220頁.
――――［2009］「ユーザー不在の議論（今日のワシントン条約―Day 5） 2007年6月8日」http://balat.ti-da.net/e2395601.html.
Akamine, Jun［2001］"Holothurian Exploitation in the Philippines: Continuities and Discontinuities," *Tropics*, 10(4): 591–607.
――――［2002］"Trepang Exploitation in the Philippines: Updated Information," *SPC Beche-de-mer Information Bulletin*, 17: 17–21.
――――［2003］*A Basic Grammar of Southern Sinama*, ELPR Publication Series A3-012, Suita: Faculty of Informatics, Osaka Gakuin University, 145pp.
――――［2004］"The Status of Sea Cucumber Fisheries and Trade in Japan: Past and Present,"［Lovatelli et al. eds. 2004：39–47］.
秋道智彌［1995］『海洋民族学――海のナチュラリストたち』東京大学出版会.
――――［2000］「海と人類」，尾本惠市・濱下武志・村井吉敬・家島彦一編『海のパラダイム』海のアジア1，岩波書店，3–30頁.
――――［2001］「空飛ぶ熱帯魚とグローバリゼーション」，『エコソフィア』7: 34–41.
――――［2004］『コモンズの人類学――文化・歴史・生態』人文書院.
Aliño, P. M., C. L. Nanola Jr., D.G. Ochavillo and M. C. Ranola［1998］"The Fisheries Potential of the Kalayaan Island Group, South China Sea," in B. Morton ed., *The Marine Biology of the South China Sea*, Hong Kong: Hong Kong University Press, pp. 219–226.
網野善彦［2000］『「日本」とは何か』日本の歴史00，講談社.
安藤百福編［1988］『麺ロードを行く』講談社.
荒居英次［1975］『近世海産物貿易史の研究――中国向け輸出貿易と海産物』吉川弘文館.
安里進［2002］「沖縄学――交易を軸に発展したサンゴ礁の島々」，『AERA MOOK　古代史がわかる.』朝日新聞社，142–144頁.
Bain, Mark ed.［1999］*The Conservation of Sea Cucumbers in Malaysia-Their taxonomy, Ecology and Trade: Proceedings of an International Conference, 25 February 1999, Department of Agriculture, Kuala Lumpur, Malaysia*, Orkney, Scotland: Heriot-Watt University.
Bain, Mark and Choo Poh Sze［1999］"Sea Cucumber Fisheries and Trade in Malaysia,"［Bain ed. 1999：49–63］.
Barsky, Kristine［1997］"Fishery in California in 1995," *SPC Beche-de-mer Information Bulletin*, 9: 12.
Barsky, Kristine and Dave Ono［1995］"Developments in California Sea Cucumber Landings,"

SPC Beche-de-mer Information Bulletin, 7: 20–21.

Bradbury, Alex [1990] "Sea Cucumber Research in Washington State," *SPC Beche-de-mer Information Bulletin*, 2: 11–12.

——— [1994] "Sea Cucumber Dive Fishery in Washington State: An Update," *SPC Beche-de-mer Information Bulletin*, 6: 15–16.

——— [1997] "Fishery in Washington State," *SPC Beche-de-mer Information Bulletin*, 9: 11.

——— [1999] "Holothurian Fishery in Washington (USA)," *SPC Beche-de-mer Information Bulletin*, 12: 25.

Bradbury, Alex and C. Conand [1991] "The Dive Fishery of Sea Cucumbers in Washington State," *SPC Beche-de-mer Information Bulletin*, 3: 2–3.

Bremner, Jason and Jaime Perez [2002] "A Case Study of Human Migration and the Sea Cucumber Crises in the Galapagos Islands," *Ambio*, 31(4): 306–310.

Bruckner, Andrew W. ed. [2006] *Proceedings of the CITES Workshop on the Conservation of Sea Cucumbers in the Families Holothuridae and Stichopodidae: 1–3 March 2004 Kuala Lumpur, Malaysia*, NOAA Technical Memorandum NMFS-OPR-34, Washington D.C.: U.S. Department of Commerce.

Buck, Susan J. [1998] *The Global Commons: An Introduction*, Washington D.C.: Island Press.

Camhi, Merry [1995] "Industrial Fisheries Threaten Ecological Integrity of the Galapagos Islands," *Conservation Biology*, 9(4): 715–724.

Cannon, L. R. G., H. Silver, and K. Step [1994] *North Australian Sea Cucumbers*, CD-Rom edition, Amsterdam: Expert-Center for Taxonomic Identification, University of Amsterdam.

Castro, Lily R. S. [1995] "Management Options of the Commercial Dive Fisheries for Sea Cucumbers in Baja California, Mexico," *SPC Beche-de-mer Information Bulletin*, 7: 20.

——— [1997] "Review of Recent Developments in the Baja California, Mexico, *Isostichopus fuscus, Holothuria impatiens* and *Parastichopus parvimensis* Fisheries," *SPC Beche-de-mer Information Bulletin*, 9: 26–27.

Caulfield, Richard A. [1994] "Aboriginal Subsisntece Whaling in West Greenland," in Milton M. R. Freeman and Urs P. Kreuter eds., *Elephants and Whales: Resources for Whom?*, Postfach: Gordon and Breach Publisher, pp. 263–292.

CITES [n.d.] "The CITES Species," http://www.cites.org/eng/disc/species.shtml (2009年3月31日取得).

Conand, Chantal [1990] *The Fishery Resources of Pacific Island Countries part 2: Holothurians*, FAO

Fisheries Technical Paper 272.2, Rome: FAO.

Crawfurd, John F. R. S. [[1820]1968] *History of the Indian Archipelago III*, Edinburgh: Archibald Constable. Reprints of Economic Classics, New York: Augustus M. Kelley Publishers.

CRTF (Coral Reef Task Force) [2000] *The National Action Plan to Conserve Coral Reefs*, Washington D.C.: CRTF.

Dai, Yifeng (戴一峰) [2002] "Food Culture and Overseas Trade: The Trepang Trade Between China and Southeast Asia During the Qing Dynasty," in David Y. H. Wu and Sidney C. H. Cheung eds., *The Globalization of Chinese Food*, Anthropology of Asia, Honolulu: University of Hawai'i Press, pp. 21–42.

堂本暁子 [1995a]『生物多様性——生命の豊かさを育むもの』同時代ライブラリー227，岩波書店.

———— [1995b]『立ち上がる地球市民——NGOと政治をつなぐ』河出書房新社.

江上幹幸・小島曠太郎 [2000]「インドネシア，ラマレラ村における生存捕鯨——その食文化と流通」，『沖縄国際大学社会文化研究』3(1): 91–119.

江後迪子 [2002]『大名の暮らしと食』同成社.

Erdmann, M. V. and L. Pet-Soede [1998] "B6+M3=DFP; An Overview of Destructive Fishing Practices in Indonesia," in *Proceedings of the APEC Workshop on the Impacts of Destructive Fishing Practices on the Marine Environment 16–18 December 1997*, Hong Kong: Agriculture and Fisheries Department, Hong Kong, pp. 25–34.

van Eys, S. and P. W. Philipson [1989] "The Market for Beche-de-mer from the Pacific Islands," in P. W. Philipson ed., *Marketing of Marine Products from the South Pacific*, Suva: Institute of Pacific Studies, University of the South Pacific, pp. 207–223.

Feeny, David, Fikret Berkes, Bonnie McCay and James Acheson [1990] "The Tragedy of the Commons: Twenty-two Years Later," *Human Ecology*, 18: 1-19.（=1998, 田村典江訳「『コモンズの悲劇』その22年後」，『エコソフィア』1: 76–87.）

Flinders, Mathews [1814] *A Voyage to Terra Australis in the Years 1801, 1802, and 1803*, 2 volumes, London: G. & W. Nicol.

Fox, H. E. and M. V. Erdmann [2000] "Fish Yields from Blast Fishing in Indonesia," *Coral Reefs*, 19: 114.

Frank, Andre Gunder [1998] *ReOrient: Global Economy in the Asian Age*, Berkeley: University of California Press.（=2000, 山下範久訳『リオリエント——アジア時代のグローバル・エコノミー』藤原書店.）

Freeman, Milton M. R. ed. [1988] *Small-Type Coastal Whaling in Japan: Report of an International*

Workshop, Edmonton: Boreal Institute for Northern Studies, The University of Alberta. (＝1989, 高橋順一ほか訳『くじらの文化人類学――日本の小型沿岸捕鯨』海鳴社.)
藤林泰［2001］「若い人に伝えたい」,『鶴見良行著作集10』月報第9号, みすず書房, 7–10頁.
傅培梅(Fu, Pei Mei)［2000］『江浙, 湘, 京輯』名菜精選2, 台北縣中和市：三友圖書公司.
古川彰［1999］「環境の社会史研究の視点と方法」, 舩橋晴俊・古川彰編『環境社会学入門――環境問題研究の理論と技法』文化書房博文社, 125–152頁.
耿瑞(Geng, Rui)・佐野雅治・久賀みず保［2009］「中国ナマコ加工産業の発展と企業行動――大連市を中心として」,『地域漁業研究』49(2): 1–20.
Gutierrez-Garcia, Alexandra［1999］"Potential Culture of Sea Cucumber in Mexico," *SPC Beche-de-mer Information Bulletin*, 11: 26–29.
濱下武志［1997］「歴史研究と地域研究」, 濱下武志・辛島昇編『地域史とは何か』世界の地域史1, 山川出版社, 16–52頁.
Hamel, Jean-Francois and Annie Mercier［1995］"Spawning of the Sea Cucumber *Cucumaria frondosa* in the St. Lawrence Estuary, Eastern Canada," *SPC Beche-de-mer Information Bulletin*, 7: 12–18.
――――［1999］"Recent Developments in the Commercialization of the Northern Sea Cucumber *Cucumaria frondosa*," *SPC Beche-de-mer Information Bulletin*, 11: 21–22.
Hardin, Garrett［1968］"The Tragedy of the Commons," *Science*, 162: 1243-1248.(＝1993, シュレーダー・フレチェット編, 京都生命倫理研究会訳『環境の倫理』晃洋書房, 下445–470頁.)
早瀬晋三［2003］『海域イスラーム社会の歴史――ミンダナオ・エスノヒストリー』岩波書店.
――――［2009］『未完のフィリピン革命と植民地化』世界史リブレット123, 山川出版社.
林史樹［2005a］「外来食の「現地化」過程――韓国における中華料理」,『アジア遊学』77: 56–69.
――――［2005b］「海外移民にともなう「韓国式中華料理」のグローバル化」,『アジア遊学』77: 168–175.
――――［2006］「グローバル化した韓国式中華料理――再現地化する食」, 河合利光編『食からの異文化理解――テーマ研究と実践』時潮社, 91–111頁.
平野雅章訳［1988］『料理物語――日本料理の夜明け』教育社新書原本現代訳131, 教育社.
北海道庁大連貿易調査所編［1934］『滋養美味花色參』北海道庁大連貿易調査所.
Holland, Alexandra［1994］"The Beche-de-mer Industry in the Solomon Islands: Recent Trends and Suggestions for Management," *SPC Beche-de-mer Information Bulletin*, 6: 2–9.
李盛雨(I, Seong-u)［1999］『韓国料理文化史』鄭大聲・佐々木直子訳, 平凡社.

井田純［2008］「揺れる捕鯨の村：インドネシア・ラマレラから（上）観光化説くNGO——「援助」で誘う「文化」の断絶」，『毎日新聞』2008年8月26日，朝刊.
INFOFISH［2000］*INFOFISH Trade News*, 19.
井上敬勝編［1997］『中国料理用語辞典　決定版』日本経済新聞社.
石毛直道・ケネス・ラドル［1990］『魚醤とナレズシの研究——モンスーン・アジアの食事文化』岩波書店.
石井正子［2002］『女性が語るフィリピンのムスリム社会——紛争・開発・社会的変容』明石書店.
石川清［1996］「清潔シンドロームがヤシを招く」，鶴見良行・宮内泰介編『ヤシの実のアジア学』コモンズ，37–55頁.
伊藤秀三［2002］『ガラパゴス諸島——世界遺産　エコツーリズム　エルニーニョ』角川書店.
Jenkins, M. and T. Mulliken［1999］"Evolution of Exploitation in the Galapagos Islands: Ecuador's Sea Cucumber Trade," *TRAFFIC Bulletin*, 17(3): 107–118.
全鎮植（Jeon, Jin-sik）・鄭大聲（Jeong, Dae-seong）編［1986］『魚介料理』朝鮮料理全集2，柴田書店.
鄭大聲（Jeong, Dae-seong）編訳［1982］『朝鮮の料理書』東洋文庫416，平凡社.
鹿熊信一郎［2004］「フィリピンにおける沿岸水産資源共同管理の課題と対策——パナイ島バナテ・ネグロス島カディス・ミンダナオ島スリガオの事例」，『地域漁業研究』45(1): 1–34.
加治佐敬［1996］「アブラヤシ生産とマレーシア」，鶴見良行・宮内泰介編『ヤシの実のアジア学』コモンズ，258–280頁.
金田禎之［1989］『日本漁具・漁法図説』増補改訂版，成山堂書店.
金子与止男［2005］「ワシントン条約」，西井正弘編『地球環境条約——生成・展開と国内実施』有斐閣，97–113頁.
姜仁姫（Kang, In-hui）［2000］『韓国食生活史——原始から現代まで』玄順恵訳，藤原書店.
春日直樹［1995］「世界システムのなかの文化」，米山俊直編『現代人類学を学ぶ人のために』世界思想社，100–118頁.
Kim, Kwang-ok［2001］"Contested Terrain of Imagination: Chinese Food in Korea," in David Y. H. Wu and Tan Chee-beng eds., *Changing Chinese Foodways in Asia*, Hong Kong: The Chinese University Press, pp. 201–217.
金尚寶（Kim, Sang-bo）［1995］『朝鮮王朝宮中宴會食儀軌飲食の實際』ソウル：修学社.
————［1996］『朝鮮王朝宮中儀軌飲食文化』ソウル：修学社.
————［2004］『宮中飲食』ソウル：修学社.
木村春子［2005］『火の料理 水の料理——食に見る日本と中国』図説中国文化百華10，農文

協.

木村春子監修［2001］『乾貨の中国料理』柴田書店.

King, Philip P.［1827］*Narrative of a Survey of the Intertropical and Western Coasts of Australia: Performed Between the Years 1818 and 1822*, London: John Murray.

Kishigami, Nobuhiro and James M. Savelle eds.［2005］*Indigenous Use and Management of Marine Resources*, Senri Ethnographical Studies 67, Suita: National Museum of Ethnology.

鬼頭清明［2004］『木簡の社会史——天平人の日常生活』講談社学術文庫1670，講談社.

鬼頭秀一［1996］『自然保護を問いなおす——環境倫理とネットワーク』ちくま新書68，筑摩書房.

小松正之編［2001］『くじら紛争の真実——その知られざる過去・現在，そして地球の未来』地球社.

熊谷伝［2007］「乾なまこの価格形成の仕組みと貿易について」，『今　ナマコを考える——平成18年度「育てる漁業研究会」講演要旨集』北海道栽培漁業振興公社.

沓名景義・坂戸直輝［1976］『海図の知識』成山堂書店.

Lambeth, Lyn［2000］"The Subsistence Use of *Stichopus variegates* (now *S. hermanni*) in the Pacific Islands," *SPC Beche-de-mer Information Bulletin*, 13: 18–21.

劉泉編（Liu, Quan）［2007］『吃海参』第2版，青島市：青島出版社.

Lokani, Paul［1990］"Beche-de-mer Research and Development in Papua New Guinea," *SPC Beche-de-mer Information Bulletin*, 2: 8–10.

Lovatelli, Alessandro［2002］"Sea Cucumber Workshop, China 2003." (An e-mail sent to the author from Alessandro Lovatelli dated on August 1, 2002.)

Lovatelli, Alessandro, Chantal Conand, Steven Purcell, Sven Uthicke, Jean-Francois Hamel and Annie Mercier eds.［2004］*Advances in Sea Cucumber Aquaculture and Management*, FAO Fisheries Technical Paper 463, Rome: FAO.

前田盛暢彦・廣田将仁［2009］「中国のナマコ市場とその消費構造」第56回漁業経済学会一般報告（東京海洋大学品川キャンパス，2009年5月30日）.

真栄平房昭［1998］「琉球王国における海産物貿易——サンゴ礁海域の資源と交易」，秋道智彌編『海人の世界』同文舘，219–236頁.

Malaval, Catherine［1994］"The Sea Cucumber Should Stay Under," *SPC Beche-de-mer Information Bulletin*, 6: 14–15.

Marcus, George E.［1998］*Ethnography Through Thick and Thin*, Princeton: Princeton University Press.

Martinez, Priscilla C.［2001］"The Galapagos Sea Cucumber Fishery: A Risk or an Opportunity

for Conservation?," *SPC Beche-de-mer Information Bulletin*, 14: 22–23.
松田裕之［2006］「2001年IUCNレッドリストカテゴリー」，松田裕之・矢原徹一・石井信夫・金子与止男編『ワシントン条約附属書掲載基準と水産資源の持続可能な利用』増補改訂版，自然資源保全協会，126–138頁.
松浦章［1972］「日清貿易による俵物の中国流入について」，『千里山文学論集』7: 19–38.
――――［2002］『清代海外貿易史の研究』朋友書店.
――――［2003］『清代中国琉球貿易史の研究』溶樹書林.
松浦晃一郎［2008］『世界遺産――ユネスコ事務局長は訴える』講談社.
McCay, B. J. and J. M. Acheson eds. [1996] *The Question of the Commons: The Culture and Ecology of Communal Resources*, Tuscon: The University of Arizona Press.
McElroy, Seamus [1990] "Beche-de-mer Species of Commercial Value: An Update," *SPC Beche-de-mer Information Bulletin*, 2: 2–7.
McManus, J. W. [1997] "Tropical Marine Fisheries and the Future of Coral Reefs: A Brief Review with Emphasis on Southeast Asia," *Coral Reefs*, 16(S): 121–127.
McManus, J. W., R. B. Reyes Jr. and C. L. Nanola Jr. [1997] "Effects of Some Destructive Fishing Methods on Coral Cover and Potential Rates of Recovery," *Environmental Management*, 21(1): 69–78.
Meyer, Walter G. [1993] "Sea Cucumbers," *SPC Beche-de-mer Information Bulletin*, 5: 10–11.
宮本常一・岡本定［1982］『東和町誌』東和町.
宮内泰介［2001］「コモンズの社会学――自然環境の所有・利用・管理をめぐって」，鳥越皓之編『自然環境と環境文化』講座環境社会学3，有斐閣，25–46頁.
宮澤京子・門田修［2004］『アジアの海から1　毒とバクダン』Bahari―海と森と人の映像シリーズ2（DVD），海工房（www.umikoubou.co.jp）.
門田修［1986］『フィリピン漂海民――月とナマコと珊瑚礁』河出書房新社.
村井吉敬［1985］「東インドネシア諸島民と北オーストラリア先住民の交流史」，『上智アジア学』3: 56–79.
――――［1988］『エビと日本人』岩波新書（新赤版）20，岩波書店.
――――［1998］『サシとアジアと海世界』コモンズ.
――――［2007］『エビと日本人 II ――暮らしのなかのグローバル化』岩波新書（新赤版）1108，岩波書店.
長津一史［1995］「海の民サマ人の生計戦略」，『季刊民族学』74: 18–31.
――――［1999］「海サマとダイナマイト漁――サンゴ礁「保護」をめぐる視点」，『日本熱帯生態学会ニューズレター』37: 1–7.

――――［2001］「海と国境――移動を生きるサマ人の世界」，尾本惠市・濱下武志・村井吉敬編『島とひとのダイナミズム』海のアジア3，岩波書店，173–202頁．

――――［2004］「越境移動の構図――西セレベス海におけるサマ人と国家」，関根政美・山本信人編『海域アジア』叢書現代東アジアと日本4，慶應義塾大学出版会，91–128頁．

――――［2008］「サマ・バジャウの人口分布に関する覚書――スラウェシ周辺域を中心に」，『アジア遊学』106: 92–106.

永積洋子編［1987］『唐船輸出入品数量一覧1637～1833年――復元　唐船貨物改帳・帰帆荷物買渡帳』創文社．

中原正二［1988］『火薬学概論』産業図書．

中野秀樹［2007］『海のギャング　サメの真実を追う』ベルソーブックス28，成山堂書店．

中山時子監修［1988］『中国食文化事典』角川書店．

National Research Council［2002］*The Drama of the Commons*, Washington D.C.: National Academy Press.

NHKスペシャル「日本人」プロジェクト編［2001］『日本人はるかな旅4　イネ，知られざる一万年の旅』日本放送出版協会．

Nicholls, Henry［2006］Lonesome George: *The Life and Loves of a Conservation Icon*, New York: Macmillan.（＝2007，佐藤桂訳『ひとりぼっちのジョージ――最後のガラパゴスゾウガメからの伝言』早川書房．）

NOAA［n.d.］"International Trade in Coral Reef Resources," http://www.nmfs.noaa.gov/habitat/ead/internationaltrade.htm（2009年3月10日取得）．

日本ホテル・レストランサービス技能協会［1997］『中国料理のマナーマニュアル』チクマ秀版社．

農商務省水産局［1935］『日本水産製品誌』第2版，水産社．

Novaczek, I., I. H. T. Harkes, J. Sopacua and M. D. D. Tatuhey［2001］*An Institutional Analysis of Sasi Laut in Maluku, Indonesia*," ICLARM Tech. Rep. 59, Penang: ICLARM-The World-Fish Center.

On Kee［n.d.］「安記海味有限公司」http://www.onkee.com/b5/index.html（2009年12月20日取得）．

大林太良編［1986］『海をこえての交流』日本の古代3，中央公論社．

大曲佳代［2003］「鯨類資源の利用と管理をめぐる国際対立」，岸上伸啓編『先住民による海洋資源利用と管理』国立民族学博物館調査報告46，国立民族学博物館，419–452頁．

大島廣［1962］『ナマコとウニ』内田老鶴圃．

Perez-Plascecia, German［1996］"Beche-de-mer Fishery in Baja California," *SPC Beche-de-mer Information Bulletin*, 8: 15–16.

Perezrul, Dinorah Herrero [2006] "National Report-Mexico," [Bruckner ed. 2006 : 166–168].
Pet-Soede, C., H. S. J. Cesar and J. S. Pet [1999] "An Economic Analysis of Blast Fishing on Indonesian Reefs," *Environmental Conservation*, 26(2): 83–93.
Pet-Soede, L. and M. V. Erdmann [1998] "Blast Fishing in Southwest Sulawesi, Indonesia," *Naga, The ICLARM Quarterly*, April-June 1998: 4–9.
Porter, Gareth and Janet Welsh Brown [1996] *Global Environmental Politics*, 2nd edition, Dilemmas in World Politics, Boulder: Westview Press. (=2001, 細田衛士監訳『入門地球環境政治』有斐閣.)
Preston, Garry L. [1990] "Mass Beche-de-mer Production in Fiji," *SPC Beche-de-mer Information Bulletin*, 1: 4–5.
——— [1993] "Beche-de-mer," in Andrew Wright and Lance Hill eds., *Nearshore Marine Resources of the South Pacific*, Suva: Institute of Pacific Studies, pp. 371–407.
任勉芝 (Ren, Mian Zhi) [1997]『天然食療』香港 : 南粤出版社.
佐野眞一 [2001]『宮本常一が見た日本』日本放送出版協会.
サラヤ株式会社 [n.d.]「原料供給地」http://www.saraya.com/env/07env10.html (2009年3月10日取得).
佐々木道雄 [2002]『韓国の食文化——朝鮮半島と日本・中国の食と交流』明石書店.
Shepherd, S. A., P. Martinez, M. V. Toral-Granda and G. J. Edgar [2004] "The Galapagos Sea Cucumber Fishery: Management Improves as Stock Decline," *Environmental Conservation*, 31(2): 102-110.
澁澤敬三 [1992]「『延喜式』内水産神饌に関する考察若干」,『澁澤敬三著作集』第1巻, 平凡社, 491–536頁.
篠田統 [1974]『中国食物史』柴田書店.
Sommerville, William [1993] "Marketing of Beche-de-mer," *SPC Beche-de-mer Information Bulletin*, 5: 2–4.
Sonnenholzner, J. [1997] "A Brief Survey of the Commercial Sea Cucumber Isostichopus fuscus (Ludwig, 1875) of the Galapagos Islands, Ecuador," *SPC Beche-de-mer Information Bulletin*, 9: 12–15.
Sopher, David [1965] *The Sea Nomads: A Study of the Maritime Boat People of the Southeast Asia*, Singapore: National Museum Singapore. Reprinted in 1977 with postscript.
SPC (South Pacific Commission) [1994] *Sea Cucumbers and Beche-de-mer of the Tropical Pacific*, Handbook 18, Noumea: South Pacific Commission.
SPC (Secretariat of the Pacific Community) [2004] *Pacific Island Sea Cucumber and Beche-de-mer*

Identification Cards, Noumea: Secretariat of the Pacific Community.
SSN (Species Survival Network) [2002] *CITES Digest*, Vol. 3, Issue 3: 33.
Stutz, Bruce [1995] "The Sea Cucumber War," *Audubon*, May-June 1995: 16–18.
菅谷成子 [2001]「スールー海域世界――スペイン領マニラと中国貿易」, 尾本惠市・濱下武志・村井吉敬・家島彦一編『ウォーレシアという世界』海のアジア4, 岩波書店, 179–208頁.
Sutherland, Heather [2000] "Trepang and Wangkang: The China Trade of Eighteenth-century Makassar c. 1720s–1840s," *Bijdragen tot de Taal-, Lann- en Volkenkunde*, 156(3): 73–94.
Sutherland, Ian [1996] "Sea Cucumber Culture Developments on the West Coast of Canada," *SPC Beche-de-mer Information Bulletin*, 8: 41–43.
鈴木博 [1988]「中国食文化文献解題」, [中山監修 1988：540–554].
鈴木隆史 [1994]『フカヒレも空を飛ぶ』暮らしのなかのアジア2, 梨の木舎.
――― [1997]「フカヒレ価格の高騰とサメ延縄漁業の発展――インドネシア, 西ジャワ州, インドラマユ県, カランソン村の事例」,『上智アジア学』15: 83–98.
立本成文 [1999]『地域研究の問題と方法――社会文化生態力学の試み』増補改訂版, 京都大学学術出版会.
田島佳也 [1994a]「解題『唐方渡俵物諸色大略図絵』」, 佐藤常雄・徳永光俊・江藤彰彦編『農産加工1』日本農書全集50, 農文協, 297–360頁.
――― [1994b]「海産物をめぐる近世後期の東と西」, 青木美智男編『東と西　江戸と上方』日本の近世17, 中央公論社, 287–340頁.
Takacs, David [1996] *The Idea of Biodiversity: Philosophy of Paradise*, Baltimore: The Johns Hopkins University Press.（＝2006, 狩野秀之・新妻昭夫・牧野俊一・山下恵子訳『生物多様性という名の革命』日経BP社.）
高谷好一 [1990]『コメをどう捉えるのか』NHKブックス602, 日本放送出版協会.
高山伊太郎 [1914]『南洋之水産』農商務省水産局.
田中耕司 [1999]「東南アジアのフロンティア論にむけて――開拓論からのアプローチ」, 坪内良博編『〈総合的地域研究〉を求めて――東南アジア像を手がかりに』京都大学学術出版会, 75–102頁.
田中静一編 [1997]『中国食物事典』第3版, 柴田書店.
田和正孝 [1995]『変わりゆくパプアニューギニア』丸善ブックス29, 丸善.
Toral-Granda, Veronica [2005] "Requiem for the Galapagos Sea Cucumber Fishery?," *SPC Beche-de-mer Information Bulletin*, 21: 5–8.
――― [2008a] "Population Status, Fisheries and Trade of Sea Cucumbers in Latin America and the Caribbean," [Toral-Granda et al. eds. 2008：213–229].

——— [2008b] "Galapagos Islands: A Hotspot of Sea Cucumber Fisheries in Latin America and the Caribbean," [Toral-Granda et al. eds. 2008 : 231–253].
Toral-Granda, V., A. Lovatelli, and M. Vasconcellos eds. [2008] *Sea Cucumbers: A Global Review of Fisheries and Trade*, FAO Fisheries and Aquaculture Technical Paper 516, Rome: FAO.
土佐昌樹 [2006]「現代韓国犬事情——ポシン文化とペット文化の相克と共存」,『季刊東北学』9: 48-59.
坪井清足監修 [1985]『平城京再現』新潮社.
鶴見良行 [1981]『マラッカ物語』時事通信社.
——— [1982]『バナナと日本人——フィリピン農園と食卓のあいだ』岩波新書(黄版) 199, 岩波書店.
——— [1984]『マングローブの沼地で——東南アジア島嶼文化論への誘い』朝日新聞社.
——— [1987]『海道の社会史——東南アジア多島海の人びと』朝日選書330, 朝日新聞社.
——— [1990]『ナマコの眼』筑摩書房.
——— [1995]『東南アジアを知る——私の方法』岩波新書(新赤版) 417, 岩波書店.
——— [1999]『ナマコ』鶴見良行著作集9, みすず書房.
——— [2000]『海の道』鶴見良行著作集8, みすず書房.
——— [2002]『アジアとの出会い』鶴見良行著作集3, みすず書房.
——— [2004]『フィールドノートII』鶴見良行著作集12, みすず書房.
鶴見良行・山口文憲 [1986]『越境する東南アジア』平凡社.
梅崎義人 [1986]『クジラと陰謀——食文化戦争の知られざる内幕』ABC出版.
——— [2001]『動物保護運動の虚像——その源流と狙い』第2版, 成山堂書店.
魚住雄二 [2006]「IUCNレッドリストの水産資源への適用をめぐる問題点——1996年海産魚類レッドデータブックをめぐる議論」, 松田裕之・矢原徹一・石井信夫・金子与止男編『ワシントン条約附属書掲載基準と水産資源の持続可能な利用』増補改訂版, 自然資源保全協会, 149–155頁.
浦野起央 [1997]『南海諸島国際紛争史』刀水書房.
Valencia, Mark J. [1995] *China and the South China Sea Disputes: Conflicting Claims and Potential Solutions in the South China Sea*, Oxford: Oxford University Press.
稚内市史編纂室 [1968]『稚内市史』稚内市.
稚内市史編さん委員会 [1999]『稚内市史』第2巻, 稚内市.
王綿長(Wan, Mian Chang) [2003]「泰国華商——開創南北行及其対香港轉口貿易的貢献」,『汕頭大学学報(人文社会科学版)』19(1): 79-88.
Warren, James F. [1981] *The Sulu Zone: The Dynamics of External Trade, Slavery and Ethnicity in*

the Transformation of a Southeast Asian Maritime State, Singapore: Singapore University Press. Reprinted by New Day Publishers, Quezon City, 1985.
渡辺弘之［1989］『東南アジアの森林と暮し』人文書院.
謝肇淛（Xie, Zhao Zhe）［1998］『五雜組5』岩城秀夫訳，東洋文庫629，平凡社.
山田勇［1999］「生態資源をめぐる人々の動態」，『Tropics』9(1): 41–54.
———［2000］『アジア・アメリカ生態資源紀行』岩波書店.
———［2006］『地球森林紀行』岩波書店.
山脇悌二郎［1995］『長崎の唐人貿易』日本歴史叢書6，吉川弘文館.
柳田国男［1979］『木綿以前の事』岩波文庫青138–3，岩波書店.
Yang, Young-Kyun［2005］"Jajangmyeon and Junggukjip: The Changing Position and Meaning of Chinese Food and Chinese Restaurants in Korean Society," *Korea Journal*, 45(2): 60–88.
米本昌平［1994］『地球環境問題とは何か』岩波新書（新赤版）331，岩波書店.
吉見俊哉［2005］「鶴見良行とアメリカ——もうひとつのカルチュラル・スタディーズ」，『思想』980: 201–222.
袁枚（Yuan, Mei）［1980］『随園食単』青木正児訳，岩波文庫青262–1，岩波書店.
———［1982］『随園食單』中山時子監訳，中国料理技術選集，柴田書店.
尹瑞石（Yun, Seo-seok）［2005］『韓国食生活文化の歴史』佐々木道雄訳，明石書店.
趙學敏（Zhao, Jiao Min）［1933］『註頭國譯本草綱目』白井光太郎監訳，春陽堂.
———［1971］『本草綱目拾遺』香港：商務印書館香港分館.
———［1977］『新註校定國譯本草綱目』木村康一新註校定代表，春陽堂.
Zorc, David Paul［1983］*Core Etymological Dictionary of Filipino: Fascicle 1*, 2nd edition, Manila: Linguistic Society of the Philippines.

著者紹介

赤嶺　淳（あかみね・じゅん）

1967年，大分県生まれ.
1996年，Ph. D.（フィリピン学，フィリピン大学）.
日本学術振興会特別研究員（PD），国立民族学博物館COE研究員を経て，
現在，名古屋市立大学人文社会学部准教授.
東南アジア地域研究，海域世界論，フィールドワーク技術論.

ナマコを歩く——現場から考える生物多様性と文化多様性

2010年5月15日　初版第1刷発行

著　者＝赤嶺　淳
発行所＝株式会社 新 泉 社
東京都文京区本郷2－5－12
振替・00170－4－160936番　TEL 03（3815）1662　FAX 03（3815）1422
印刷・製本　萩原印刷

ISBN978-4-7877-0915-8　C1036

西原和久 編
羅紅光，嘉田由紀子，宇井純ほか 著

水・環境・アジア
——グローバル化時代の公共性へ

A5判・192頁・定価2000円＋税

グローバルにひろがる環境問題の解決に向けて，水俣・琵琶湖・メコン川などアジア各地域発の取り組みを紹介し，公共的・実践的アプローチを提案する．宇井純「水俣の経験と専門家の役割」，嘉田由紀子「近い水・遠い水」，羅紅光「アジアと中国・環境問題の争点」他を収録．

郷司正巳 写真・文

ベトナム海の民

A5判・144頁・定価2000円＋税

魚醤ヌクマムの産地として知られるファンティエット近郊の海岸線．早朝4時，竹で編んだ直径2メートルの「一寸法師の舟」が漁に出る．漁船の大型化やリゾート開発など時代の荒波のなかでも，昔ながらの営みを続ける漁民の生活を，気鋭の写真家がオールカラーで活写する．

八木澤高明 写真・文

ネパールに生きる
——揺れる王国の人びと

A5変判上製・288頁・定価2300円＋税

ヒマラヤの大自然に囲まれたのどかな暮らし．そんなイメージと裏腹に，反政府武装組織マオイスト（ネパール共産党毛沢東主義派）との内戦が続いたネパール．軋みのなかに生きる人々の姿を気鋭の写真家が丹念に活写した珠玉のノンフィクション．全国学校図書館協議会選定図書

松浦範子 文・写真

クルド人のまち
——イランに暮らす国なき民

A5変判上製・288頁・定価2300円＋税

国境で分断された土地クルディスタンに暮らす中東の先住民族クルド人．歴史に翻弄され続けた彼の地を繰り返し訪ねる写真家が，痛ましい現実のなかでも矜持をもって日々を大切に生きる人びとの姿を丹念に描き出す．『クルディスタンを訪ねて』（トルコ編）に続く，イラン編．

上野清士 著

ラス・カサスへの道
——500年後の〈新世界〉を歩く

A5変判上製・384頁・定価2600円＋税

〈新世界〉発見直後の16世紀．ヨーロッパ人植民者による先住民への暴虐行為を糾弾し，彼らの生命と尊厳を守る闘いに半生を捧げたカトリック司教ラス・カサス．カリブ中南米各地にその足跡を訪ね歩き，ラテンアメリカの500年間を照射する紀行ドキュメント．池澤夏樹氏推薦

追手門学院大学東洋文化研究会 編

アジア，老いの文化史
——青春との比較において

四六判上製・274頁・定価2400円＋税

「老い」「青春」をキーワードとして，日本や中国の古今のさまざまな人物の生きざまを通し，古代から近代にいたるアジアの「老いの文化」を検討する比較文化論の共同研究成果報告．原田達「鶴見俊輔の青春のかたち——トラウマと再生」のほか計12本の気鋭の論考を収録する．